屠宰与肉食品加工业废水达标处理技术

单连斌 等 编著

科 学 出 版 社

北 京

内 容 简 介

屠宰与肉类加工业属资源能源消耗较大、污染较重的行业。本书系统全面地对该行业的污染现状进行了分析，并对该行业产生的废水、废气、固体废物、噪声的治理技术进行了介绍，同时列举了部分废水、废气的治理案例。全书内容共分为9章，包括绪论、屠宰及肉类加工行业环保政策、屠宰及肉类加工行业污染预防技术、水污染控制技术、挥发性有机污染物控制技术、固体废物处理处置技术、噪声污染控制技术、屠宰及肉类加工业废水处理案例、屠宰及肉类加工业废气治理案例。

本书可为环境科学与工程、屠宰及肉类加工行业的工程技术人员、科研人员提供参考。

图书在版编目(CIP)数据

屠宰与肉食品加工业废水达标处理技术/单连斌等编著. —北京：科学出版社，2019.11

ISBN 978-7-03-062562-5

Ⅰ. ①屠…　Ⅱ. ①单…　Ⅲ. ①屠宰污水-废水处理②肉制品-食品加工-废水处理　Ⅳ. ①X792.03

中国版本图书馆CIP数据核字（2019）第218640号

责任编辑：李明楠 / 责任校对：杜子昂
责任印制：吴兆东 / 封面设计：蓝正设计

科学出版社出版
北京东黄城根北街16号
邮政编码：100717
http://www.sciencep.com
北京虎彩文化传播有限公司印刷
科学出版社发行　各地新华书店经销
*
2019年11月第 一 版　开本：720×1000 1/16
2020年 1 月第二次印刷　印张：16 3/4
字数：335 000

定价：98.00元
（如有印装质量问题，我社负责调换）

作 者 名 单

沈阳环境科学研究院

单连斌　张　磊　赵勇娇　王允妹

天津市环境保护科学研究院

许丹宇　段云霞　石　岩

中国环境保护产业协会

王玉红　王鸯鸯

河南双汇投资发展股份有限公司

刘士军　陈　星

沈阳环科检测技术有限公司

魏春飞

前　言

环境污染是经济发展的副产物。随着我国经济的高速发展，工业污染问题日益突出。虽然工业企业对于环保的投入越来越大，但是由于“三高一低”（高污染、高排放、高能耗、低效率）的经济增长方式难以转变，经济发展带来的环境问题没有得到根本改善，“发展-污染-治理”循环已经给中国环境带来了严重后果。

屠宰与肉类加工业属资源能源消耗较大、污染较重的行业。本书系统全面地对该行业的污染现状进行了分析，并对该行业产生的废水、废气、固体废物、噪声的治理技术进行了介绍，同时列举了部分废水、废气的治理案例。全书内容共分为9章，包括绪论、屠宰及肉类加工行业环保政策、屠宰及肉类加工行业污染预防技术、水污染控制技术、挥发性有机污染物控制技术、固体废物处理处置技术、噪声污染控制技术、屠宰及肉类加工业废水处理案例、屠宰及肉类加工业废气治理案例。

本书主要由单连斌、许丹宇编著，参与编撰工作的还有张磊、赵勇娇、段云霞、王允妹、刘士军、陈星、石岩、王玉红、王鸯鸯、魏春飞等。撰写中，本书的案例部分得到了河南双汇投资发展股份有限公司的大力支持，其中8.4节由陈星编写，9.1节、9.2节由刘士军编写。本书在资料收集、插图绘制和审定过程中，得到了唐运平、张志扬等同志的大力支持，在此一并表示感谢！此外，本书参考了大量的国家标准、行业标准、技术指南、技术政策等资料，参考了科研及教学领域同行的文献著作，也使用了相关单位提供的工程实例资料。作者谨在此一并表示衷心的感谢。

本书涵盖面广，内容简明扼要，图文结合紧密，具有较强的实用性和指导性，可供环境保护技术及管理等领域的相关人员参考，也可供大专院校、研究院等师生使用。

本书虽经多次修改校正，但由于作者水平和时间有限，疏漏和不足之处在所难免，恳请广大同行和读者朋友批评指正。

作　者

2019年8月

目　录

前言

第一章　绪论 ······ 1

1.1　行业概况 ······ 1

1.1.1　国内行业概况 ······ 1

1.1.2　国际行业概况 ······ 3

1.2　发展趋势 ······ 6

1.2.1　国内行业发展趋势预测 ······ 6

1.2.2　国际行业发展趋势预测 ······ 7

1.3　行业排污现状 ······ 8

1.3.1　污染物产生量及种类 ······ 8

1.3.2　行业产排污水平分析 ······ 10

第二章　屠宰及肉类加工行业环保政策 ······ 16

2.1　国内相关环保政策及要求 ······ 16

2.1.1　国内相关环保政策 ······ 16

2.1.2　国家及环保主管部门的相关要求 ······ 18

2.2　国外相关环保政策标准及要求 ······ 20

2.2.1　国外相关环保政策及标准 ······ 20

2.2.2　国外相关要求 ······ 21

2.3　部分国家和地区相关排放限值比较 ······ 27

2.3.1　排放源排放限值比较 ······ 27

2.3.2　厂界排放限值比较 ······ 28

第三章　屠宰及肉类加工行业污染预防技术 ······ 29

3.1　屠宰行业产污节点分析 ······ 29

3.1.1　屠宰加工主要生产工艺 ······ 29

3.1.2　废水排污节点分析 ······ 30

3.1.3　废气排污节点分析 ······ 31

3.1.4　固体废物排污节点分析 ······ 32

3.1.5　噪声排污节点分析 ······ 32

3.2　肉类加工行业产污节点分析 …… 33
3.2.1　肉制品加工主要生产工艺 …… 33
3.2.2　废水排污节点分析 …… 33
3.2.3　废气排污节点分析 …… 34
3.2.4　固体废物排污节点分析 …… 34
3.2.5　噪声排污节点分析 …… 35
3.3　生产过程污染预防技术 …… 35
3.3.1　清洁生产 …… 35
3.3.2　生产过程中污染物预防减量化技术 …… 37
第四章　水污染控制技术 …… 40
4.1　屠宰和肉类加工过程污染物废水情况及水质特点 …… 40
4.1.1　废水来源及污染物情况 …… 40
4.1.2　屠宰和肉类加工过程废水水质特点 …… 41
4.2　预处理技术 …… 41
4.2.1　格栅 …… 41
4.2.2　沉砂沉淀池 …… 42
4.2.3　捞毛机 …… 43
4.2.4　撇油机 …… 44
4.2.5　混凝技术 …… 46
4.2.6　小结 …… 49
4.3　生化处理技术 …… 49
4.3.1　厌氧技术 …… 50
4.3.2　水解酸化技术 …… 56
4.3.3　好氧技术 …… 57
4.4　深度处理技术 …… 72
4.4.1　过滤技术 …… 72
4.4.2　絮凝技术 …… 75
4.4.3　混凝沉淀技术 …… 78
4.4.4　人工湿地技术 …… 78
4.4.5　紫外消毒技术 …… 81
4.4.6　小结 …… 83
4.5　剩余污泥处理 …… 84
4.5.1　污泥处理类型 …… 84
4.5.2　污泥处理常见技术 …… 85

4.5.3 污泥处理新技术……87
第五章 挥发性有机污染物控制技术……89
5.1 概述……89
5.2 生物处理技术……91
5.2.1 生物洗涤法……93
5.2.2 生物过滤法……93
5.2.3 生物滴滤法……94
5.3 燃烧技术……94
5.3.1 直接燃烧……96
5.3.2 热力燃烧……96
5.3.3 蓄热燃烧……97
5.3.4 催化燃烧……97
5.4 等离子体技术……98
第六章 固体废物处理处置技术……100
6.1 畜禽粪便处理处置技术……100
6.1.1 畜禽粪便的性质及危害……100
6.1.2 厌氧消化技术……101
6.1.3 好氧堆肥技术……106
6.2 动物无害化处理技术……109
6.2.1 动物无害化处理概述……109
6.2.2 焚烧处理技术……112
6.2.3 化制处理技术……117
6.2.4 掩埋处理技术……118
6.2.5 发酵处理技术……119
6.3 生产生活垃圾的收集……119
第七章 噪声污染控制技术……121
7.1 概述……121
7.1.1 噪声的基本概念……121
7.1.2 噪声的评价与计量……123
7.1.3 噪声的危害……126
7.2 噪声污染防治……127
7.2.1 吸声降噪……127

7.2.2 隔声降噪 …… 131
7.2.3 消声降噪 …… 134
7.3 振动污染防治 …… 134
7.3.1 隔振技术 …… 134
7.3.2 阻尼减振 …… 137
第八章 屠宰及肉类加工业废水处理案例 …… 139
8.1 黑龙江省绥化市某屠宰加工厂 3600 t/d 污水处理扩建工程 …… 139
8.1.1 工程概况 …… 139
8.1.2 原工艺、设备存在问题分析 …… 139
8.1.3 改造扩建方案 …… 140
8.1.4 污水处理工艺各单位去除效果 …… 150
8.1.5 经济技术分析 …… 150
8.1.6 平面布置图 …… 151
8.2 内蒙古乌兰察布市某肉制品加工企业 1500 t/d 污水处理改造工程 …… 152
8.2.1 工程概况 …… 152
8.2.2 原工艺、设备存在问题分析 …… 152
8.2.3 改造扩建方案 …… 153
8.2.4 污水处理工艺各单位去除效果 …… 161
8.2.5 经济技术分析 …… 161
8.2.6 平面布置图 …… 161
8.3 唐山市某屠宰与肉食品加工企业 1000 t/d 污水处理工程 …… 163
8.3.1 工程概况 …… 163
8.3.2 工艺流程设计 …… 163
8.3.3 工艺设计参数及设备参数 …… 165
8.3.4 污水处理工艺各单元去除效果 …… 178
8.3.5 污水处理站平面布置图 …… 178
8.4 沈阳市某屠宰与肉食品加工企业 6000 t/d 污水处理工程 …… 180
8.4.1 工程概况 …… 180
8.4.2 工艺流程设计 …… 180
8.4.3 工艺设计参数及设备参数 …… 182
8.4.4 污水处理工艺各单元去除效果 …… 198
8.4.5 污水处理站平面布置图 …… 200
8.5 昆明市某屠宰与肉食品加工企业 1000 t/d 污水处理工程 …… 201
8.5.1 工程概况 …… 201

8.5.2 工艺流程设计 …… 202
8.5.3 工艺设计参数及设备参数 …… 204
8.5.4 污水处理工艺各单元处理效果 …… 217
8.5.5 污水处理站现场平面图 …… 217
8.6 天津市蓟州区某屠宰与肉类加工企业 800 t/d 污水处理工程 …… 219
8.6.1 工程概况 …… 219
8.6.2 工艺流程设计 …… 220
8.6.3 工艺设计参数及设备参数 …… 221
8.6.4 污水处理工艺各单元去除效果 …… 228
第九章 屠宰及肉类加工业废气治理案例 …… 230
9.1 哈尔滨市某屠宰与肉食品加工企业污水处理站废气治理设计 …… 230
9.1.1 项目概况 …… 230
9.1.2 设计基本参数 …… 231
9.1.3 设计标准 …… 231
9.1.4 工艺流程设计 …… 231
9.1.5 除臭工程技术方案 …… 231
9.1.6 运行费用 …… 237
9.2 广东省某屠宰厂污水处理站臭气治理工程方案设计 …… 238
9.2.1 项目概况 …… 238
9.2.2 设计基本参数 …… 238
9.2.3 设计标准 …… 239
9.2.4 工艺流程说明及工艺流程图 …… 239
9.2.5 除臭工程技术方案 …… 240
9.2.6 土建设计 …… 247
9.2.7 运行费用 …… 247
9.3 天津市某屠宰厂污水处理站臭气治理工程方案设计 …… 248
9.3.1 项目概况 …… 248
9.3.2 设计基本参数 …… 248
9.3.3 生物滤池除臭系统装置组成 …… 249
9.3.4 运行费用 …… 251
参考文献 …… 253

第一章 绪 论

1.1 行 业 概 况

1.1.1 国内行业概况

1. 行业规模现状

我国是世界上最大的肉类生产国。自 1990 年以来，我国肉类总产量始终位居世界首位，在全球肉类生产中的市场份额不断上升。2015 年，我国肉类总产量达到 8625 万吨，约占世界总产量的四分之一。2011～2015 年全国肉类总产量增长情况如图 1-1 所示。

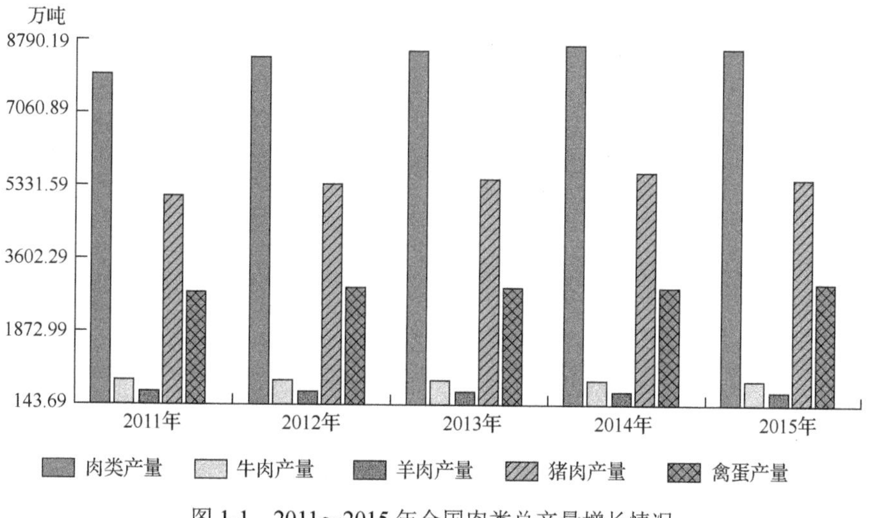

图 1-1 2011～2015 年全国肉类总产量增长情况

2016 年，全国肉类加工行业规模以上企业主营业务收入 14 527.32 亿元，同比增长 7.77%。其中，牲畜屠宰 5875.05 亿元，同比增长 8.48%；禽类屠宰 3420.31 亿元，同比增长 2.54%；肉制品及副产品加工 4934.99 亿元，同比增长 10.53%。屠宰利润增幅大于肉制品加工，扭亏增盈的效益明显。2016 年，全国肉类加工行业规模以上企业利润 729.78 亿元，同比增长 8.8%。其中，牲畜屠宰 287.4 亿元，同比增长 10.9%；禽类屠宰 143.52 亿元，同比增长 12.94%；肉制品及副产品加工 283.09 亿元，同比增长 5.09%。

据 2015 年环境统计数据显示，我国规模以上屠宰及肉类加工企业总数达到

4814 家，占农副食品加工工业企业总数的 38%。其中，牲畜屠宰企业 3220 家，禽类屠宰企业 743 家，肉制品及副产品加工企业 851 家，分别占农副食品加工工业企业总数的 25.4%、5.9%和 6.7%。

2016 年，全国生猪定点屠宰企业总数为 1.12 万家，其中规模以上屠宰企业 2907 家；全国生猪定点屠宰企业总屠宰量约 3.07 亿头，其中规模屠宰企业生猪屠宰量 2.09 亿头，占全国生猪总屠宰量的 68%。

2. 行业内企业地理分布

根据 2015 年环境统计数据，我国 31 个省、自治区和直辖市（未统计我国香港、澳门和台湾地区）屠宰及肉类加工企业数量共计 4814 家，其中拥有 200 家以上相关企业的省份共 7 个，分别为四川、广东、山东、河南、辽宁、安徽和内蒙古自治区，其屠宰及肉类加工企业总数占全国企业总数的 51.4%。从当年的工业总产值来看，达到 150 亿元以上的省份共 6 个，分别为河南、山东、四川、安徽、广东、河北，其工业总产值之和占全国的 56%。

3. 行业主要产品状况

从产品结构上看，2015 年全国肉类总产量达 8625 万吨，其中猪肉产量达到 5487 万吨，牛肉产量为 700 万吨，羊肉产量为 441 万吨，禽肉产量 1826 万吨，其他畜肉 171 万吨。由此可见，我国肉类生产仍以猪肉为主，猪肉产量约占肉类总产量的 63.6%。2015 年全国各种肉类产品产量情况如图 1-2 所示。

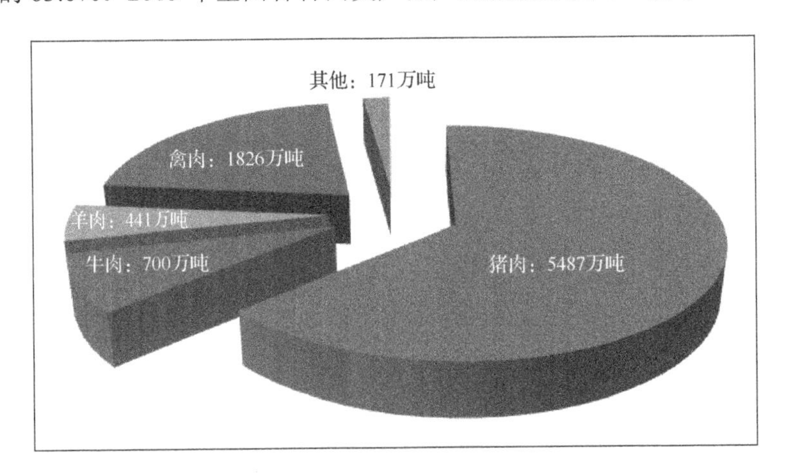

图 1-2 2015 年全国各种肉类产量分布图

4. 行业产品市场供应、进出口状况

我国肉类总产量已经连续近 30 年稳居世界第一，肉类产量整体呈上升的趋势。2015年，我国肉类总产量约占世界总产量的四分之一。但近两年受猪肉去产能影响总产量小幅下降，肉类结构逐步优化。在进出口方面，2015年我国肉类出口总量7.1万吨，出口量仅占总产量的0.08%；同年肉类进口总量77.8万吨，占国内总产量的0.9%。由此可见，我国肉类加工工业以国内消费为主。

肉类贸易逆差加大，供应仍处于紧平衡的状态。2011～2015年，五年间肉类贸易逆差从101万吨增加到223万吨，增加了120.8%，且有逐步扩大的趋势。牛羊肉进口量快速增加，2015年我国进口牛肉47.4万吨，是2011年的24倍；进口羊肉22.3万吨，约为2011年的4倍。

5. 资源能源消耗

屠宰及肉类加工业属资源能源消耗较大、污染较重的行业。根据全国169个行业产值及水耗、能耗统计结果，屠宰及肉类加工业产值水耗为7.199立方米/万元，远高于农副食品加工业的4.535立方米/万元的整体水平；行业能源使用以电力和煤炭为主，按标煤折算后分别占行业能源消耗总量的63.8%和24.3%；产值能耗为0.099吨标煤/万元，略低于农副食品加工业的0.105吨标煤/万元的整体水平。此外，由于我国肉类加工企业采用的主要工艺、设备及管理水平差别较大，造成能源消耗及污染物排放量差异巨大。为改变肉类加工行业耗能大、污染重的局面，2009年国家发展和改革委员会开展相关清洁生产评价工作，分别对屠宰加工企业和肉制品加工企业的资源能源消耗、资源综合利用等方面设置了定量指标和评价标准，以促进整个行业的节能降耗。

1.1.2 国际行业概况

1. 行业内企业数量及地理分布状况

从世界总的发展状况看，过去10年，肉类产量增长了约20%。2015年世界肉类总产量3.21亿吨。目前，肉类产量较多的国家主要包括中国、美国、巴西、俄罗斯、德国、墨西哥、法国、西班牙、阿根廷和澳大利亚等，中国肉类总产量约为美国肉类总产量的2倍、巴西肉类总产量的3.5倍、俄罗斯和德国肉类总产量的10倍。

美国的肉制品加工行业在20世纪80年代至21世纪初经历了较大规模的行业整合。目前美国约有生猪屠宰厂900个，前5名的屠宰加工企业加工的猪肉量占总量的71%；2005年，前10大公司屠宰加工能力占全国的82.8%。

鉴于食品安全与管理的需求，欧盟地区的屠宰业近年也呈现企业数量不断减少，产量不断提升的趋势。1998年，欧盟15个成员国的屠宰量约为1.4亿多头牛（约2.8亿多头猪，其他牲畜等均按一定标准折算为牛的数量），比1987年增长了约12%。在欧盟国家中，德国的畜禽屠宰量最大，约占到欧盟的18%。在企业规模上，行业集中度不断增加，欧盟的前4大牛屠宰企业的屠宰量占到了整个欧盟的11%，平均每家企业的年屠宰量为60万头牛；猪的屠宰主要集中在丹麦，其前两大猪屠宰企业的屠宰量占到了整个欧盟的8%，平均每家企业的年屠宰量为800多万头猪；禽类屠宰主要集中在法国，其前两大禽类屠宰企业的屠宰量占到了整个欧盟的14%。欧盟国家屠宰业的自动化水平较高，一般生产线都能达到每小时屠宰80头牛，350只羊或300头猪，禽类的屠宰水平能达到每分钟100只。

2. 行业主要产品年产量及产能

2002～2017年16年间的全球肉类产量年增长变化如图1-3所示，其主要是由巴西、中国、欧盟和美国主导。

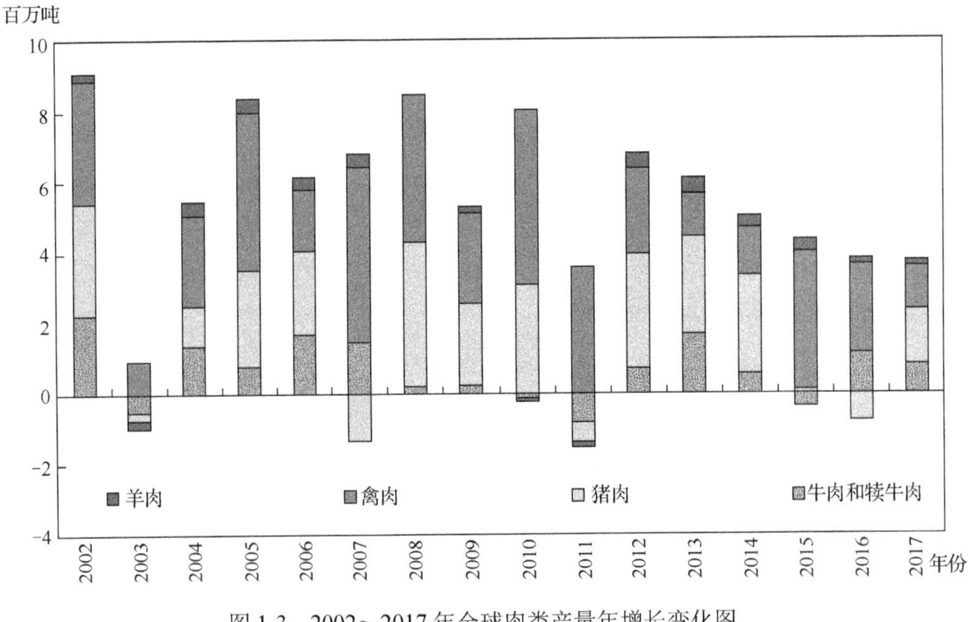

图1-3　2002～2017年全球肉类产量年增长变化图

以2014年为例，世界肉类产量3.118亿吨，其中：①牛肉产量约6800万吨（其中约60%来自发展中国家）。发达国家的产量约为2850万吨，比2013年下降1.9%。美国，作为世界上最大的牛肉生产国，长期而广泛的干旱条件导致犊牛产量降至1100万吨，为1994以来的最低水平。欧盟作为世界第三大牛肉生产地，2014年牛肉产量为740万吨。②猪肉生产量约为1.155亿吨，比2013年增长1.1%。其中，60%以上的生产来自发展中国家，但产量在发达国家也有扩大趋势。③禽肉生产量约为1.087亿吨，比2013年增长1.6%。美国作为主要生产国，产量达到

2060 万吨的纪录，比 2013 年增长 1.8%。欧盟、巴西和墨西哥等也增长明显。特别值得关注的是，俄罗斯和印度产量分别增长 8%及 6%。④羊肉生产量约为 1400 万吨，比 2013 年仅增长 0.5%。发展中国家的产量占世界产量的 3/4，按产量排序依次为中国、印度、苏丹、尼日利亚和巴基斯坦。欧盟作为第二大生产区，生产量的长期下降在这一年明显放缓。

3. 行业产品市场供应、进出口情况

2014～2016 年，全球肉类市场仍以禽肉、牛肉、猪肉为主，其中，家禽市场需求增长迅速，2016 年需求量超过了猪肉作为首选动物蛋白。预计到 2026 年，所有肉类的消费量将增加近 45%。如图 1-4 给出了全球肉类各大区人均不同种类的肉类需求情况，同时给出了 2026 年的预计变化情况。

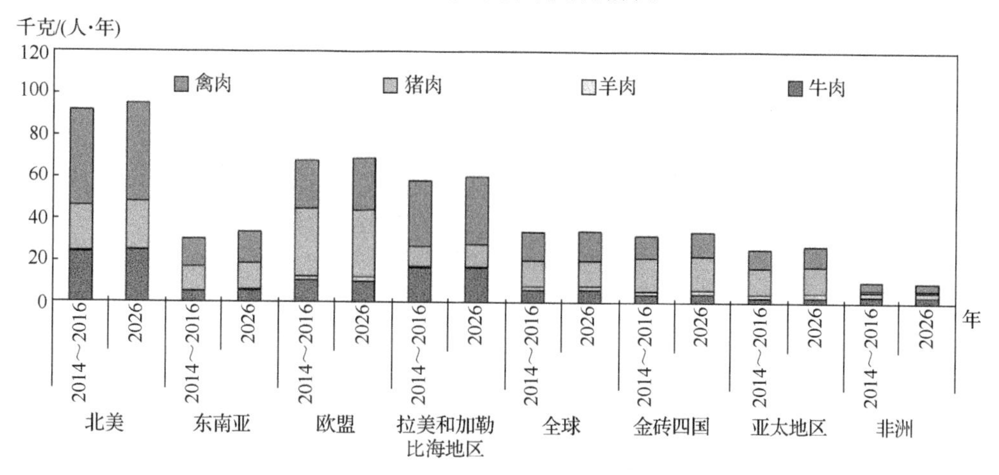

图 1-4 按国家和地区划分的人均肉类消费量 2014～2016 年分布图及 2026 年预测分布图

2014 年全球肉类贸易 3130 万吨，比 2013 年增长 1.4%，占总产量的 10%。其中，家禽是交易的主要产品，占总数的 43%，其次是牛、猪和绵羊肉。

《经合组织-粮农组织农业展望（2017—2026）》（*OECD-FAO Agricultural Outlook 2017-2026*）*显示，在全球范围内，肉类产量的交易份额（预计）在 2017～2026 年这十年将保持相对稳定，在预测期内将增长约 10%，其中大部分来自禽肉。我国和俄罗斯的进口量降低是导致增长缓慢的主要原因。由于发展中国家的进口增长，预计后几年的进口需求将有所增加。进口需求的最显著增长将出现在菲律宾、越南及撒哈拉以南的非洲，其中非洲将占据肉类进口增长量的大部分。

* 经济合作与发展组织（Organization for Economic Co-operation and Development，OECD），简称“经合组织”；联合国粮食及农业组织（Food and Agriculture Organization of the United Nations，FAO），简称“粮农组织”。

在出口方面，发达国家将占全球肉类出口量的一半以上。另一方面，巴西和美国这两个最大的肉类出口国在全球肉类出口中所占的份额预计将增加到44%左右，在2017年后十年全球肉类出口预计将增加近70%。

4. 资源能源消耗

屠宰及肉类加工行业能耗主要来源于开动各种电气设备、制冷和空调压塑机，以及用于加工和清洗时烧水和生产蒸汽。该行业日均能耗分配图如图1-5所示。

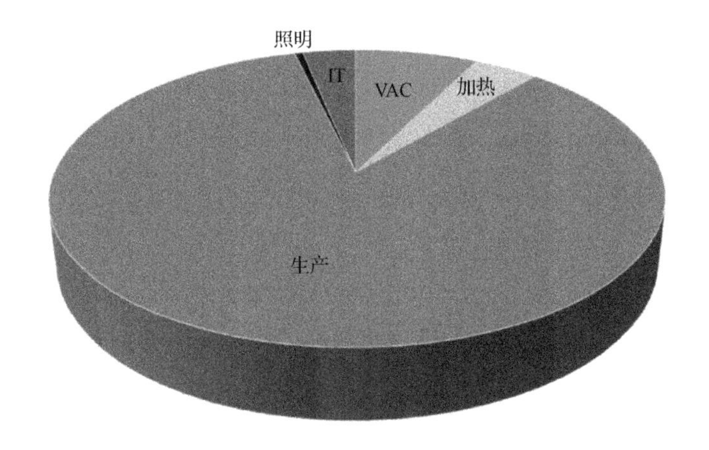

图1-5 按类别划分的每日能源消费量

VAC：肉类加工包装的抽真空过程；IT：信息技术相关（如计算机、智能控制等）的能源消耗

针对资源能源消耗，《环境、健康与安全指南》（*Environment, Health and Safety Guidelines*，简称《EHS指南》）提出以下节能建议：①通过废水厌氧消化生产沼气，用作锅炉燃料，可发电；②浸猪热水缸加盖隔热，控制水位，循环用水，用蒸汽替代开水退毛，用绝缘消毒器为道具消毒；③为冷藏室及门窗隔热，提高冷却效率，安装自动关门装置，使用气锁、安装报警器，在冷藏室门和室外装料门打开时报警；④在油脂提炼过程中使用多效蒸发器回收蒸汽能；⑤使用自动化系统，以确保只有在动物躯体到位时才将火焰升起。

1.2 发展趋势

1.2.1 国内行业发展趋势预测

当前，中国的肉类加工业已基本建立起以现代肉类加工业为核心，涵盖畜禽养殖、屠宰及精深加工、冷藏储运、批发配送、商品零售及相关服务的完整产业链，在行业规模、技术水平和产业素质等方面取得了突破性的进步。未来，屠宰与肉类加工工业将在产业集中、产业链延伸、清洁生产等方面进一步发展，集约化、规模化发展的趋势较明显。2016 年 4 月，农业部印发《全国生猪生产发展规划（2016—2020 年）》，规划到 2020 年规模企业屠宰量占比提高到 75%。2017 年 11 月，全国规模以上肉类屠宰及肉类加工企业为 4254 家，比上年同期增加 118 家；主营业务收入、利润总额分别同比增长 5.38%和 1.11%。规模型屠宰加工企业之间的竞争已成为主流，一些中小企业将被淘汰出局或被兼并，新一轮竞争将围绕生猪资源、成本控制、产品开发、品牌管理等方面展开。

行业内的优势企业延伸产业链的趋势明显。2015 年 8 月，国务院办公厅发布了《关于加快转变农业发展方式的意见》（国办发〔2015〕59 号），其中第十条要求“加大标准化生猪屠宰体系建设力度，支持屠宰加工企业一体化经营”。《全国生猪生产发展规划（2016—2020 年）》提出，未来将加强生猪屠宰管理，以集中屠宰、品牌经营、冷链流通、冷鲜上市为主攻方向，提高生猪屠宰现代化水平。行业内优势企业通过建立规模化养猪场向上游延伸，从源头进行质量控制；同时通过建立品牌专卖渠道，销售冷鲜肉和低温肉制品等中高端产品向下游延伸，通过品牌宣传提高产品附加值，能够有效地消化成本上升的不利影响，保持经营业绩的持续增长，增强盈利能力。

推行清洁生产、加强规范管理趋势明显。2016 年 2 月，《生猪屠宰管理条例》（国务院令 666 号修订），对生猪定点屠宰厂（场）的水源条件、车间、设备、技术人员、污染防治设施、无害化处理设施、防疫条件等方面提出了要求。2016 年 12 月 5 日，国务院印发《“十三五”生态环境保护规划》，要求大力推进畜禽养殖污染防治，限期关闭禁养区内养殖场等，还明确提到要实施专项治理，推动包括屠宰行业在内的重点行业治污减排。国家对行业环保要求的提高及整改力度的增强，将促使整个行业进一步规范生产管理，淘汰落后设备，改善加工工艺，合理综合利用资源、能源，提高污染物治理技术水平，营造肉类产品的绿色产业链。

1.2.2 国际行业发展趋势预测

OECD-FAO Agricultural Outlook 2017-2026 显示，在过去的十年中，全球肉类产量增长了近 20%，预计到 2026 将再增长 13%。在生产过程中更为广泛地使用饲料，使得发展中国家成为肉类生产总量增长的主要动力。预计未来几年，不同种类肉类产业将呈现如下发展趋势：

① 禽肉将是全球肉类产量增长的主要驱动力。低廉的生产成本和较低的产品价格使家禽成为发展中国家生产者和消费者的首选肉。

② 在肉牛方面，一些主要产区正在重建牛存栏，但这些地区的牛屠宰量的下降预计将被较高的单体重量所抵消。随着重建周期的进一步增加，屠宰数量将进一步增加，预计产量将加速增长。

③ 我国生猪屠宰量的增加，将促使全球猪肉产量持续增长。但是，逐步严格的环保法规可能会使增长速率放缓。

④ 在全球范围内羊肉将以每年2%的速率增长，这一速率将高于过去十年。我国将是促使这一增长的主要动力，按增长贡献率其他国家依次为阿尔及利亚、澳大利亚、孟加拉国、伊朗、尼日利亚、巴基斯坦和苏丹。

图1-6给出了全球范围内肉类产量大国或地区分别在牛肉、猪肉、禽肉、羊肉产量增加中的贡献值。

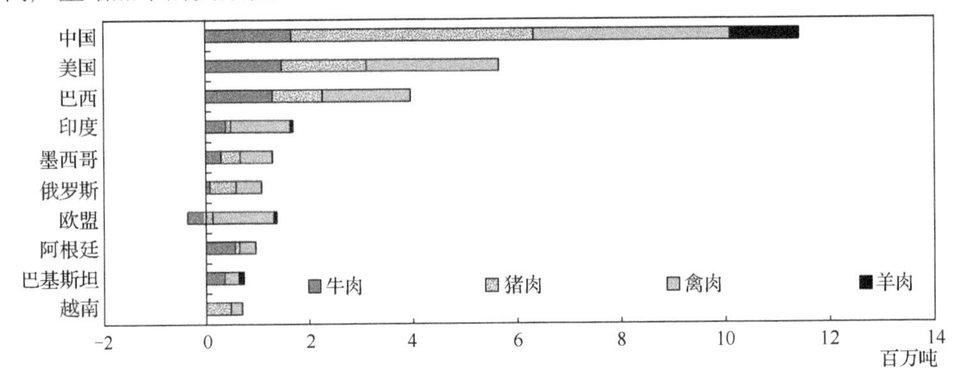

图1-6　肉类产量大国（或地区）对世界肉类产量增加的贡献（2026年 *vs.* 2014～2016年）

1.3　行业排污现状

1.3.1　污染物产生量及种类

屠宰及肉类加工业是轻工领域有机污染比较严重的工业之一。为控制污染、保护环境，屠宰及肉类加工业在污染防治工作中虽然取得了较大的进展，每吨产品废水排放量有较大程度的降低，但随着产品产量的增长，废水、废气及污染物排放总量仍有增长的趋势。

1. 废水情况

据2015年环境统计数据显示，屠宰及肉类加工业废水排放量为4.63亿吨，COD（化学需氧量）排放量为11.45万吨，氨氮排放量为0.8万吨，总氮排放量为1.5万吨，总磷排放量为0.18万吨，分别占农副食品加工业各项排放量的33.3%、28.6%、44.4%、46.2%和53.4%（详见图1-7），污染物种类见表1-1。

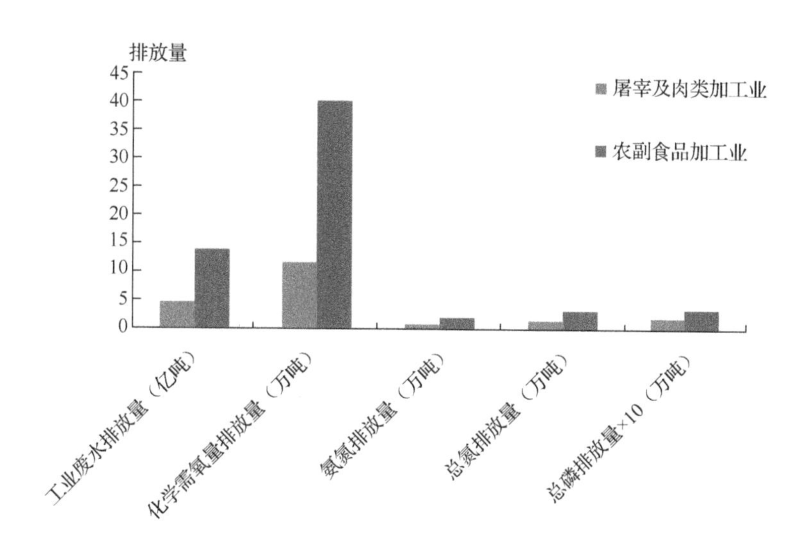

图 1-7　屠宰及肉类加工业与农副食品加工业各项排放量占比情况

表 1-1　屠宰及肉类加工行业排放废水类别、污染控制项目及排放方式一览表

<table>
<tr><th colspan="2">废水类别</th><th>污染控制项目</th><th>排放方式</th></tr>
<tr><td colspan="2">清洁下水
（肉类热加工冷凝水或汽凝水、锅炉循环冷却水等）</td><td>pH、悬浮物、氨氮、动植物油、总氮、总磷、含盐量</td><td>不外排[a]</td></tr>
<tr><td colspan="2" rowspan="3">生活污水</td><td rowspan="3">pH、化学需氧量、五日生化需氧量、悬浮物、氨氮、动植物油、大肠菌群数</td><td>不外排[a]</td></tr>
<tr><td>间接排放[b]</td></tr>
<tr><td>直接排放[c]</td></tr>
<tr><td rowspan="4">厂内综合污水处理站的综合污水（生产废水、生活污水等）</td><td rowspan="2">含羽绒清洗</td><td rowspan="2">pH、化学需氧量、五日生化需氧量、悬浮物、氨氮、动植物油、大肠菌群数、总氮、总磷、阴离子表面活性剂</td><td>间接排放[b]</td></tr>
<tr><td>直接排放[c]</td></tr>
<tr><td rowspan="2">不含羽绒清洗</td><td rowspan="2">pH、化学需氧量、五日生化需氧量、悬浮物、氨氮、动植物油、大肠菌群数、总氮、总磷</td><td>间接排放[b]</td></tr>
<tr><td>直接排放[c]</td></tr>
</table>

a. 不外排指废水经处理后循环使用、排入厂内综合污水处理站，以及其他不通过排污单位污水排放口的排放方式；

b. 间接排放指进入城镇污水集中处理设施、进入工业废水集中处理设施，以及其他间接进入环境水体的排放方式；

c. 直接排放指直接进入江河、湖、库等水环境，直接进入海域、城市下水道（再入江河、湖、库）、城市下水道（再入沿海海域），以及其他直接进入环境水体的排放方式。

2. 废气情况

屠宰及肉类加工业的工业废气排放量为 1055 亿立方米，颗粒物排放量为 2.07 万吨，氮氧化物排放量为 1.02 万吨，二氧化硫排放量为 3.4 万吨，分别占农副食品加工业各项排放量的 20.5%、12.9%、11.2%和 14.2%，污染物种类见表 1-2。

表 1-2　屠宰及肉类加工行业排放废气种类、污染控制项目及排放方式一览表

<table>
<tr><th colspan="2">废气产污环节</th><th>废气种类</th><th>污染控制项目</th><th>排放方式</th></tr>
<tr><td rowspan="4">屠宰</td><td>待宰圈</td><td rowspan="2">恶臭气体</td><td rowspan="2">氨、硫化氢、臭气浓度</td><td>无组织排放</td></tr>
<tr><td>肠胃内容物清理</td><td>无组织排放</td></tr>
<tr><td>燎毛设备</td><td>燃烧废气</td><td>颗粒物、二氧化硫、氮氧化物</td><td>无组织排放</td></tr>
<tr><td>羽绒清洗</td><td>粉尘</td><td>颗粒物</td><td>有组织排放</td></tr>
<tr><td rowspan="2">肉类加工</td><td>烟熏炉</td><td>烟熏废气</td><td>颗粒物</td><td>有组织排放</td></tr>
<tr><td>中式、土烤炉、油炸锅、煎盘</td><td>油炸废气</td><td>油烟</td><td>有组织排放</td></tr>
<tr><td rowspan="5">公共单元</td><td>供热系统（燃气锅炉、燃煤锅炉、燃油锅炉等）</td><td>燃烧废气</td><td>颗粒物、二氧化硫、氮氧化物等</td><td>有组织排放</td></tr>
<tr><td>制冷系统（冷冻库、制冷压缩机、管线）</td><td>制冷废气</td><td>氨</td><td>无组织</td></tr>
<tr><td>无害化处理系统（焚烧炉）</td><td>燃烧废气</td><td>颗粒物、二氧化硫、氮氧化物</td><td>有组织排放</td></tr>
<tr><td>无害化处理系统（化制间）</td><td>化制废气</td><td>非甲烷总烃</td><td>有组织排放</td></tr>
<tr><td>污水处理系统</td><td>恶臭气体</td><td>氨、硫化氢、臭气浓度</td><td>无组织排放</td></tr>
</table>

1.3.2　行业产排污水平分析

1. 废水

屠宰废水主要是由生产过程中产生的血污、油脂、碎肉、畜毛、未消化的食物及粪便、尿液、清洁冲洗水等构成。废水主要具有以下特点：悬浮物含量高、色度高；含有大量的毛皮、碎肉、碎骨、内脏杂物等体积较大的悬浮杂物；还含有大量血水，有明显的恶臭味；属高浓度的有机废水。屠宰场产生废水典型排污浓度见表 1-3。

表 1-3　屠宰废水设计水质

单位：mg/L（pH 除外）

污染物指标	COD	BOD_5（五日生化需氧量）	SS（悬浮物）	氨氮	动植物油	pH
废水浓度范围	1500～2000	750～1000	750～1000	40～150	50～200	6.2～7.2

肉类加工废水主要是由含碎肉、脂肪、血液、蛋白质、油脂、清洁冲洗水及一些加工工序所产生的较高浓度含盐废水等构成。其典型水质见表 1-4。

表 1-4　肉类加工厂废水水质设计取值

单位：mg/L（pH 除外）

污染物指标	COD	BOD_5	SS	氨氮	动植物油	pH
废水浓度范围	800～2000	500～1000	500～1000	40～150	30～100	6.2～7.2

根据《第一次全国污染源普查工业污染源产排污系数手册》，畜禽屠宰行业畜类产生的废水水量详见表 1-5，禽类产生的废水水量详见表 1-6，肉类加工废水水量详见表 1-7。

表 1-5　屠宰场产生的废水水量（畜类）

屠宰类型	规模等级	工业废水量	单位
猪	≥1500 头/天	0.496	吨/头-原料
	＜1500 头/天	0.561	吨/头-原料
羊	≥1500 头/天	0.261	吨/头-原料
	＜1500 头/天	0.287	吨/头-原料

表 1-6　屠宰场产生的废水水量（禽类）

单位：吨/百只

屠宰动物类型	鸡	鸭	鹅
屠宰单位动物废水产生量	1.0～1.5	2.0～3.0	2.0～3.0

表 1-7　肉类加工废水水量

加工类型	规模等级/（吨/年）	工业废水量/（吨/吨产品）
酱卤制品	≥5000	22.660
	＜5000	24.759
蒸煮香肠制品	所有规模	14.055

经过对所调研企业废水排放特征统计分析，从 COD 和氨氮两个主要污染物的平均排放浓度来看（表 1-8、表 1-9），屠宰及肉类加工企业的整体排放水平均好于现行标准的要求，但仍有个别企业存在超标情况。

表 1-8　屠宰及肉类加工企业废水 COD 排放情况

统计项目	畜类屠宰	禽类屠宰	肉制品加工
平均排放浓度（mg/L）	70.1（现行标准一级：80）	61.2（现行标准一级：70）	60.6（现行标准一级：80）
最大值（mg/L）	132	101.6	162.3
最小值（mg/L）	20	30	21.3

表 1-9 屠宰及肉类加工企业废水氨氮排放情况

统计项目	畜类屠宰	禽类屠宰	肉制品加工
平均排放浓度（mg/L）	13.9（现行标准一级：15）	8.8（现行标准一级：15）	7.8（现行标准一级：15）
最大值（mg/L）	54	15	15
最小值（mg/L）	0.363	3	2

对排放数据进行累积分布分析（表 1-10、表 1-11、表 1-12）。畜类屠宰企业中有约 63%的企业 COD 排放浓度能满足现行标准（80 mg/L）的要求，有约 25%的企业 COD 排放浓度低于 60 mg/L。禽类屠宰企业中有约 77%的企业 COD 排放浓度能满足现行标准（70 mg/L）的要求，有约 46%的企业 COD 排放浓度低于 60 mg/L。肉制品加工企业中有约 85%的企业 COD 排放浓度能满足现行标准（80 mg/L）的要求，有约 61%的企业 COD 排放浓度水平低于 60 mg/L。

表 1-10 畜类屠宰企业废水 COD 排放情况

排放浓度（mg/L）	≤50	50～60	60～70	70～80	80～100	≥100
比例	19.1%	5.9%	16.1%	22%	22%	14.9%
累计比例	19.1%	25%	41.1%	63.1%	85.1%	100%

表 1-11 禽类屠宰企业废水 COD 排放情况

排放浓度（mg/L）	≤50	50～60	60～70	≥70
比例	7.7%	38.5%	30.7%	23.1%
累计比例	7.7%	46.2%	76.9%	100%

表 1-12 肉制品加工企业废水 COD 排放情况

排放浓度(mg/L)	≤50	50～60	60～70	70～80	≥80
比例	23.1%	38.5%	7.7%	15.4%	15.3%
累计比例	23.1%	61.6%	69.3%	84.7%	100%

2015 年国控重点污染源中共有 31 家屠宰及肉类加工企业，其中直排企业 17 家。对其中 16 家企业 2015 年全年的废水排放自动监测数据进行统计，结果如表 1-13 所示。统计结果显示，16 家企业 COD 日均值的中位数均能满足现行标准一级标准（80 mg/L）的要求，有 13 家企业 COD 日均值 90%分位数达到现行标准一级标准的要求，有 10 家企业 COD 日均值 95%分位数达到现行标准一级标准的要求。16 家企业中，15 家企业氨氮日均值的中位数达到现行标准一级标准（15 mg/L）

的要求，12家企业氨氮日均值的90%和95%分位数能达到现行标准一级标准的要求。

表1-13 16家国控重点屠宰及肉类加工企业2015年废水排放情况

序号	企业类型	COD排放浓度（mg/L）			氨氮排放浓度（mg/L）		
		中位数	90%分位数	95%分位数	中位数	90%分位数	95%分位数
1	屠宰及肉类加工	33.6	50.7	52.4	2.9	9.7	11.6
2	肉制品及副产品加工	25.2	59.5	68.1	5.5	10.6	11.5
3	屠宰及肉类加工	43.7	52.4	54.2	7.8	11.7	12.4
4	畜禽屠宰	64.3	76.4	80.3	1.4	4.5	7.9
5	屠宰及肉类加工	72.4	112.4	128.6	—	—	—
6	肉制品及副产品加工	56.1	88.0	99.9	23.7	37.5	39.8
7	肉制品及副产品加工	19.5	33.2	37.9	—	—	—
8	畜禽屠宰	21.2	70.4	131.0	38.0	46.0	46.8
9	畜禽屠宰	16.8	24.1	26.6	0.6	5.3	6.4
10	畜禽屠宰	39.7	40.6	40.8	4.6	5.0	5.1
11	肉制品及副产品加工	19.4	35.1	39.8	0.5	2.4	4.1
12	畜禽屠宰	56.3	64.4	66.2	10.8	11.5	11.7
13	肉制品及副产品加工	32.6	65.2	88.0	1.3	5.8	9.6
14	畜禽屠宰	47.1	84.9	95.6	8.0	30.0	36.2
15	肉制品及副产品加工	29.3	59.8	71.2	7.2	15.9	17.1
16	畜禽屠宰	64.7	98.2	105.6	11.3	25.6	30.5

经调研，我国目前大部分小型屠宰点的废水经过三级化粪池处理（有的再经湿地处理）后排放，达标排放难度较大；有的则是经过化粪池处理后进行农田灌溉，执行《农田灌溉水质标准》（GB 5084—1992）的有关要求。此外，我国约有30%的屠宰企业为间接排放，经预处理后进入市政污水管网排到城镇污水处理厂进行处理。

2. 废气

屠宰及肉类加工生产的恶臭物质主要包括氨、硫化氢、硫醇类、酮类、胺类、吲哚类和醛类，主要来源于待宰间、屠宰加工车间及污水处理站。待宰间的恶臭气体主要为畜禽的粪便和尿液产生的 H_2S、NH_3 等恶臭气体，若清除后不能及时处理，将会使臭味成倍增加，进一步产生甲基硫醇、二甲基二硫醚、甲硫醚、二甲胺等恶臭气体，此外肠胃内容物、血、肉或脂肪残留如不及时处理，会迅速腐烂并孳生大量蚊蝇。恶臭污染物浓度如表1-14所示。

表 1-14　废气排污浓度参考值

单位：mg/m^3

污染物指标	氨气	硫化氢
浓度参考范围	15～30	1.0～8.0

3. 固废

畜禽粪便中污染物平均含量见表 1-15。

表 1-15　畜禽粪便中污染物平均含量

单位：kg/d

项目	COD	BOD	NH_3-N（氨氮）	总磷	总氮
牛粪	31.0	24.53	1.7	1.18	4.37
牛尿	6.0	4.0	3.5	0.40	8.0
猪粪	52.0	57.03	3.1	3.41	5.88
猪尿	9.0	5.0	1.4	0.52	3.3
鸡粪	45.0	47.9	4.78	5.37	9.84
鸭粪	46.3	30.0	0.8	6.20	11.0

屠宰及肉类加工车间产生的工业固体废物主要包括粪便、废弃血、残渣、残留粪便等。生活垃圾一般分为两类：一类是干垃圾，主要成分是废纸、垃圾袋、清扫垃圾、废包装物等；另一类是湿垃圾，主要成分是食物、肉类等，含水分较多。根据《第一次全国污染源普查工业污染源产排污系数手册》，畜禽粪便排泄系数见表 1-16。

表 1-16　畜禽粪便排泄系数

项目	单位	牛	猪	鸡	鸭
粪	kg/d	20.0	2.0	0.12	0.13
	kg/a	7300.0	398.0	25.2	27.3
尿	kg/d	10.0	3.3	—	—
	kg/a	3650.0	656.7	—	—
饲养周期	d	365	199	210	210

4. 噪声

主要噪声源为待宰圈内牲畜的鸣叫和设备噪声，其中设备噪声源主要包括锅炉房、空压机、污水处理站泵房、鼓风机等，具体见表 1-17。

表 1-17 噪声排污浓度参考值

单位：dB（A）

声源源强	峰值
牲畜鸣叫	103
鼓风机	90～100
泵房	70～75
锅炉房	90～95
空压机	85～105

第二章　屠宰及肉类加工行业环保政策

2.1　国内相关环保政策及要求

2.1.1　国内相关环保政策

为了有效控制水污染，保护自然环境，我国制定了《中华人民共和国水污染防治法》(1996 年 5 月 15 日修正，2017 年 6 月 27 日第二次修正)，对水环境质量标准和污染物排放标准的制定（修订）、实施、管理监督作了具体规定。

1992 年，我国颁布了国家标准《肉类加工工业水污染物排放标准》(GB13457—1992)，作为肉类加工行业首个水污染物排放标准一直沿用至今。

2007 年，为保证肉制品质量，规范屠宰行业，修订的《中华人民共和国动物防疫法》第 32 条规定，“国家对生猪等动物实行定点屠宰，集中检疫”。

2009 年，商务部制定《全国生猪屠宰行业发展规划纲要（2010—2015 年）》(商秩发〔2009〕620 号)，旨在统领我国生猪屠宰行业的良性发展，优化产业布局，淘汰落后产能，加快产业升级改造，规范企业经营。

2010 年，环境保护部（现生态环境部）颁布《屠宰与肉类加工废水治理工程技术规范》(HJ2004—2010)，规范屠宰与肉类加工废水治理工程的建设与运行管理，规定了屠宰与肉类加工废水治理工程设计、施工、验收和运行管理的技术要求。

2015 年 4 月，国务院发布了《水污染防治行动计划》(国发〔2015〕17 号)(以下简称“水十条”)，提出要对“造纸、焦化、氮肥、有色金属、印染、农副食品加工、原料药制造、制革、农药、电镀”等十大重点行业进行专项整治，并提出要完善标准体系。“健全重点行业水污染物特别排放限值”、“深化污染物排放总量控制”、“选择对水环境质量有突出影响的总氮、总磷、重金属等污染物，研究纳入流域、区域污染物排放总量控制约束性指标体系”。

《“十三五”生态环境保护规划》提出了主要污染物排放总量显著减少，化学需氧量和氨氮排放减少 10%的约束性指标。节约能源、降低能耗、减少污染物排放是转变发展思路、创新发展模式、提高发展质量、加快经济结构调整、彻底转变经济增长方式的重要途径。

《国务院办公厅关于印发控制污染物排放许可制实施方案的通知》(国办发〔2016〕81 号）中提到，建立健全基于排放标准的可行技术体系、推动企事业单位污染防治措施升级改造和技术进步，屠宰与肉类行业是要求核发排污许可证的行业之一。根据环境保护部制定的排污许可证申请与核发技术规范，企业和环保部门在填报和审核排污许可申请材料时，需要参考行业可行技术来判断企业是否具备符合规定的防治污染设施或污染物处理能力。

目前我国屠宰与肉类加工行业相关的环保法规、标准、规范、政策如下：

①《水污染防治行动计划》（国发〔2015〕17号）；

②《肉类加工工业水污染物排放标准》（GB13457—1992）；

③《恶臭污染物排放标准》（GB14554—1993）；

④《农副食品加工业卫生防护距离 第1部分：屠宰及肉类加工业》（GB18078.1—2012）；

⑤《畜禽养殖业污染物排放标准》（GB18596—2001）；

⑥《畜禽规模养殖污染防治条例》（国务院令第643号）；

⑦《全国生猪屠宰行业发展规划纲要（2010—2015年）》（商秩发〔2009〕620号）；

⑧《生猪屠宰管理条例》（国务院令666号修订）；

⑨《肉类加工厂卫生规范》（GB12694—1990）；

⑩《农业部关于做好2015年畜禽屠宰行业管理工作的通知》（农医发〔2015〕2号）。

近年来，地方也相继出台了一系列畜禽屠宰的管理条例及办法，如：《辽宁省畜禽屠宰管理条例》（辽宁省人民代表大会常务委员会办公厅公告第20号）、《吉林省畜禽屠宰管理条例》（吉林省人民代表大会常务委员会公告第63号）、《安徽省生猪屠宰管理办法》（安徽省人民政府令〔2010〕228号）、《山东省生猪屠宰管理办法》（山东省人民政府令第240号）、《上海市家畜屠宰管理规定》（上海市人民政府令〔1997〕第46号）、《福建省人民政府办公厅关于进一步加强畜禽屠宰行业管理工作的意见》（闽政办〔2016〕119号）、《贵州省牲畜屠宰条例》（贵州省第十一届人民代表大会常务委员会公告2011第12号）、《天津市生猪屠宰销售管理办法》（天津市人民政府令〔2011〕第21号）、《青海省畜禽屠宰管理办法》（青政办〔2009〕217号）、《新疆维吾尔自治区畜禽屠宰管理条例》（新疆维吾尔自治区第十一届人民代表大会常务委员会公告第12号）、《山西省畜禽屠宰管理条例》（晋政办发〔2010〕24号）、《浙江省生猪屠宰管理条例》（浙政令〔2010〕274号）、《江苏省生猪屠宰管理办法》（江苏省人民政府令〔1997〕第135号）、《陕西省牲畜屠宰管理条例》（陕西省人民代表大会常务委员会公告第10号）、《广东省生猪屠宰管理规定》（广东省人民政府令〔2011〕162号）、《内蒙古自治区牛羊屠宰管理办法》（内蒙古自治区人民政府令〔2016〕218号）、《河北省畜禽屠宰管理办法》

（河北省人民政府令〔2009〕3 号）、《宁夏回族自治区牛羊屠宰管理办法》（宁夏回族自治区人民政府令〔2011〕42 号）、《湖北省畜牧条例》（湖北省人民代表大会常务委员会公告第 170 号）、《湖南省生猪屠宰管理条例》（湖南省第十一届人民代表大会常务委员会公告第 60 号）、《河南省生猪屠宰管理条例实施办法》（河南省人民政府令〔2000〕55 号）、《北京市畜禽定点屠宰管理办法（暂行）》（京农发〔2014〕196 号）、《重庆市生猪定点屠宰管理实施办法》（重庆市人民政府令〔1994〕63 号）、《甘肃省家畜屠宰管理办法》（甘肃省人民政府令〔2005〕23 号）、《四川省生猪定点屠宰管理办法》（四川省人民政府令第 244 号）。

上述这些地方文件对畜禽定点屠宰厂应当具备水源、厂房、设备、屠宰人员资质、检验人员资质、消毒设施、污染防治、动物防疫等方面的条件作出了明确要求。随着屠宰与肉类加工行业的发展，对屠宰及肉类加工的环保管理需求和技术要求也在不断地提高，屠宰与肉类加工行业亟须不断地提高技术水平，以适应该行业日益严格的环保需求和发展需要，促进整个行业污染治理、清洁生产技术和装备水平的提升。

2.1.2 国家及环保主管部门的相关要求

《中华人民共和国环境保护法》要求企业应当优先使用清洁能源，采用资源利用率高、污染物排放量少的工艺和设备，采用废物综合利用技术和污染物无害化处理技术，以减少污染物的产生。

在国家发展和改革委员会出台的《产业结构调整指导目录（2011 年本）》中要求，限制年屠宰生猪 15 万头及以下、肉牛 1 万头及以下、肉羊 15 万只及以下、活禽 1000 万只及以下的屠宰建设项目（少数民族地区除外）；淘汰桥式劈半锯、敞式生猪烫毛机等生猪屠宰设备，以及猪、牛、羊、禽手工屠宰工艺。同时，“水十条”要求：自 2015 年起，各地要依据部分工业行业淘汰落后生产工艺装备和产品指导、产业结构调整指导目录及相关行业污染物排放标准，结合水质改善要求及产业发展情况，制定并实施分年度的落后产能淘汰方案。

2015 年 8 月，国务院办公厅发布了《关于加快转变农业发展方式的意见》（国办发〔2015〕59 号），其中第十条要求“加大标准化生猪屠宰体系建设力度，支持屠宰加工企业一体化经营”。

2016 年 2 月，国务院令第 666 号公布《生猪屠宰管理条例》（修订稿），其中第八条提出生猪定点屠宰厂（场）应当具备下列条件：①有与屠宰规模相适应、水质符合国家规定标准的水源条件；②有符合国家规定要求的待宰间、屠宰间、急宰间及生猪屠宰设备和运载工具；③有依法取得健康证明的屠宰技术人员；④有经考核合格的肉品品质检验人员；⑤有符合国家规定要求的检验设备、消毒设施及符合环境保护要求的污染防治设施；⑥有病害生猪及生猪产品无害化处理设施；⑦依法取得动物防疫条件合格证。

2016年4月，农业部印发《全国生猪生产发展规划（2016—2020年）》，规划到2020年规模企业屠宰量占比提高到75%，同时要加强生猪屠宰管理，以集中屠宰、品牌经营、冷链流通、冷鲜上市为主攻方向，提高生猪屠宰现代化水平。

由此可见，屠宰与肉类加工工业未来将在规范管理、淘汰落后产能、提高产业集中度等方面进一步发展。

1. 国家《恶臭污染物排放标准》概况

我国《恶臭污染物排放标准》（GB14554—1993）的制定于20世纪90年代初，该标准于1993年8月6日正式发布，1994年1月15日正式实施。另外，由于受当时科学技术水平和环境管理思路的制约，GB14554—1993已无法适应当前及未来一段时期内环境保护的需要。目前，《恶臭污染物排放标准（征求意见稿）》（GB14554）已出台。

（1）现行《恶臭污染物排放标准》（GB14554—1993）

标准目的旨在控制恶臭污染物对大气的污染，保护和改善环境。其适用范围是全国所有向大气排放恶臭气体单位及垃圾堆放场的排放管理及建设项目的环境影响评价、设计、竣工验收及其建成后的排放管理。标准规定了8种恶臭污染物（氨、三甲胺、硫化氢、甲硫醇、甲硫醚、二甲二硫、二硫化碳、苯乙烯）的一次最大排放速率限值、臭气浓度限值及无组织排放源的厂界浓度限值。

（2）《恶臭污染物排放标准（征求意见稿）》（GB14554）

《恶臭污染物排放标准（征求意见稿）》（GB14554）适用于现有工业企业、市政设施或其他生产设施的恶臭污染物排放管理，以及建设项目的环境影响评价、环境保护设施设计、竣工环境保护验收及其投产后的恶臭污染物排放管理。标准规定了14项特定恶臭物质和1项臭气浓度共15项指标的限值，在保留原有8种特定恶臭物质和臭气浓度综合控制指标的基础上，增加6种特定恶臭物质（丙醛、正丁醛、异丁醛、正戊醛、异戊醛、乙酸丁酯）。

2. 相关行业型标准及其他相关标准概况

（1）相关行业型标准

《炼焦化学工业污染物排放标准》（GB16171—2012）针对冷鼓库区焦油各类贮槽、脱硫再生塔和硫胺结晶干燥三个污染物排放环节制定了氨、硫化氢的排放限值；

《无机化学工业污染物排放标准》（GB31573—2015）针对车间、生产设施排气筒及企业边界制定了硫化氢及氨的大气污染物排放限值；

《石油化学工业污染物排放标准》（GB31571—2015）规定了相关企业根据使用原料和生产工艺过程生产的产品、副产品废气中苯乙烯的排放限值；

《畜禽养殖业污染物排放标准》（GB18596—2001）规定了集约化畜禽养殖业恶臭浓度的排放限值；

《城镇污水处理厂污染物排放标准》（GB18918—2002）针对城镇污水处理厂厂界规定了氨、硫化氢和臭气浓度的污染物排放限值；

《医疗机构水污染物排放标准》（GB18466—2005）针对污水处理站周边空气制定了氨、硫化氢、臭气浓度的大气污染物最高允许浓度。

（2）其他相关标准

在天津市地方标准中，《城镇污水处理厂污染物排放标准》（DB12/599—2015）规定了氨、硫化氢和臭气浓度的排放标准，当城镇污水处理厂位于 GB3095 规定的一类区时，执行 GB18918 中大气污染物排放的一级标准；当城镇污水处理厂位于 GB3095 规定的二类区时，氨、硫化氢和臭气浓度执行 DB12/599 规定的排放标准限值。

2.2　国外相关环保政策标准及要求

2.2.1　国外相关环保政策及标准

国外排放标准的制定主要分为两类，一类是环境总量控制，即根据当地的环境容量分配排放总量，与企业的生产量无关。以美国为例，该国将肉类加工业分为 A～L12 类，每个分类又分为不同的废水排放标准，包括按最佳实用处理技术制定的标准、按最佳可用处理技术制定的标准、按最佳可控技术制定的标准以及新源标准。其中新源标准污染物排放限值又分为最高日排放量和连续 30 天平均排放限值。美国环境保护总署允许企业排放的污水水质在标准的平均值附近上下波动，但最终平均值要低于标准的平均值，因此企业实际执行的排放浓度一般要大大低于允许的排放浓度。

美国的肉类加工排放废水排放标准中，主要包括 BOD_5、TSS（总悬浮物）、油脂、氨氮、pH 和粪大肠杆菌等污染物项目，污染物排放量以千克污染物/吨活体表示。

区别于环境总量控制，日本等国家则是执行污水综合排放标准，即由国家发布统一的排水标准，不分行业，实施统一标准值；对于处理技术难以达到统一标准的行业，执行较为宽松的暂行的行业排水标准，并逐步转为执行统一标准。1970 年日本颁布的《水质污浊防治法》中，将水质标准分为环境健康项目和生活环境项目两大类，采用浓度限值，但允许地方政府根据地方环境的需要制定严于国家标准的地方排水限值。生活环境项目排放标准如表 2-1 所示。为了改善封闭性海域的水体质量，近年来日本对工业集中、污染严重地区也开始实施主要污染物总量限值制度，将总量控制与浓度控制两种模式相互结合使用。

表 2-1　日本生活环境项目排放标准

序号	污染物项目		限值
1	COD（mg/L）		160（日平均 120）
2	BOD_5（mg/L）		160（日平均 120）
3	氮（mg/L）		120（日平均 60）
4	磷（mg/L）		16（日平均 8）
5	SS（mg/L）		200（日平均 150）
6	pH	向海域外的公共水域排水	5.8～8.6
		向海域排水	5.0～9.0
7	粪大肠菌群（个/cm^3）		3000

此外，俄罗斯、加拿大、欧盟等国家和地区都在肉类加工废水排放标准中对COD、BOD_5、SS 和油脂类规定了排放限值。除了上述主要指标外，新加坡还在肉类加工废水中增加了对硫化物的排放限值；欧盟国家还发布了《屠宰场和动物副产品行业最佳可行技术指南》，提出了废水、恶臭物及废弃物的处理处置方法和措施。

2.2.2　国外相关要求

1. 废水处理相关要求

（1）美国

《美国联邦法典》（*The Code of Federal Regulations,CFR*）40 卷的 432 部分为“肉类加工业点源控制标准”，该文件于 1974 年首次发布，2004 年又进行了修订，其适用范围包括牛、猪、羊、鸡、鸭等畜禽的屠宰，以及香肠、烟熏罐装等肉类制品加工及包装等行业。该文件中规定的各类工艺及产品的最高允许污染物排放限值，如表 2-2 所示。

表 2-2　美国肉类加工行业废水排放限值

分类及工艺	BOD_5（mg/L）		TSS（mg/L）		油脂（mg/L）		氨氮（仅适用于新源 mg/L）	
	1 天最大值	30 天平均值	1 天最大值	30 天平均值	1 天最大值	30 天平均值	1 天最大值	30 天平均值
A：简易屠宰厂（kg/吨活屠重）：指几乎不涉及副产品加工的屠宰厂，如有加工工艺，加工类型不超过 2 类								
Ⅰ：厂内屠宰或随后进行肉、肉制品及副产品加工	0.24	0.12	0.40	0.20	0.12	0.06	0.34	0.1
Ⅱ：现场畜禽皮毛简易加工	0.04	0.02	0.08	0.04	—	—		
Ⅲ：现场畜禽血液简易加工	0.04	0.02	0.08	0.04	—	—	0.06	0.03
Ⅳ：现场湿法（低温）化制	0.06	0.03	0.12	0.06	—	—	0.10	0.05
Ⅴ：现场干法化制	0.02	0.01	0.04	0.02	—	—	0.04	0.02
B：复杂屠宰厂（kg/吨活屠重）：指涉及副产品加工的屠宰厂，加工工艺类型至少在 3 类以上								
Ⅰ	0.42	0.21	0.50	0.25	0.16	0.08	0.48	0.24
（Ⅱ、Ⅲ、Ⅳ数据同简易屠宰厂）								
C：小型屠宰及肉制品加工厂（kg/吨活屠重）：包括屠宰及肉制品加工，加工量不超过屠宰量的工厂								
Ⅰ	0.34	0.17	0.48	0.24	0.16	0.08	0.48	0.24
（Ⅱ、Ⅲ、Ⅳ数据同简易屠宰厂）								
D：大型屠宰及肉制品加工厂（kg/吨活屠重）：包括屠宰及肉制品加工，加工量大于屠宰量的工厂								
Ⅰ	0.48	0.24	0.62	0.31	0.26	0.13	0.80	0.40
（Ⅱ、Ⅲ、Ⅳ数据同简易屠宰厂）								
E：小型肉制品加工厂（kg/吨产品）：指日产量小于 2730kg（6000 磅）新鲜肉及肉制品的加工厂								
现有源（BPT）	2.0	1.0	2.4	1.2	1.0	0.5		
新源及现有源（BCT）*	1.0	0.5	1.2	0.6	0.5	0.25		
F：肉类切割现有源及新源（kg/吨产品）：日产量大于 2730kg	0.036	0.018	0.044	0.022	0.012	0.006	8.0[a]	4.0[a]

续表

分类及工艺	BOD$_5$（mg/L）		TSS（mg/L）		油脂（mg/L）		氨氮（仅适用于新源 mg/L）	
	1 天最大值	30 天平均值	1 天最大值	30 天平均值	1 天最大值	30 天平均值	1 天最大值	30 天平均值
G：香肠和午餐肉加工现有源及新源（kg/吨产品）：日产量大于 2730kg	0.56	0.28	0.68	0.34	0.20	0.10	8.0[a]	4.0[a]
H：火腿生产现有源及新源（kg/吨产品）：日产量大于 2730kg	0.62	0.31	0.74	0.37	0.22	0.11	8.0[a]	4.0[a]
I：肉类罐头生产（kg/吨产品）：日产量大于 2730kg	0.74	0.37	0.90	0.45	0.26	0.12	8.0[a]	4.0[a]
J：化制动物油等[b]（kg/吨原料）：日加工量大于 75000 磅								
现有源（BPT）	0.34	0.17	0.42	0.21	0.20	0.10	0.14[a]	0.07[a]
新源及现有源（BCT）	0.18	0.09	0.22	0.11	0.10	0.05	—	—
K：禽类屠宰及初级加工（mg/L）：指年屠宰量大于 10 亿磅活屠重的工厂								
现有源及新源	26	16	30	20	14	8.0	8.0	4.0
最佳可用技术（BAT）							8.0 总氮：147	4.0 总氮：103
L：禽类肉制品深加工（mg/L）：指深加工量大于 700 万磅肉制产品的工厂								
现有源及新源	26	16	30	20	14	8.0	8.0	4.0
BAT							8.0 总氮：147	4.0 总氮：103
其他排放要求：								
pH	6.0～9.0							
粪大肠杆菌	400 MPN/mL							

a．采取 BAT 技术；
b．除了牛皮的熟化之外（该工艺的排放限值中 BOD$_5$ 和 TSS 要进行修正）；
*预处理标准：无限值要求。

从上表 2-2 可以看出，美国主要针对屠宰厂（场）、屠宰及肉制品加工厂、单纯肉制品加工厂，以及禽类屠宰及肉制品加工四类点源规定了水污染物排放限值。主要控制的指标有 BOD、SS、油脂类、pH、氨氮、总氮、粪大肠杆菌。

（2）欧盟

根据《国际植物保护公约》（IPPC）指令的有关规定，欧盟“屠宰及肉类加工业”BREF 文件（欧盟废弃物最佳可用技术参考文件）的适用范围为：每天屠宰量达 50 吨（约 700 头猪/天）及以上的屠宰厂和屠宰副产物加工量达 10 吨/天及以上的加工厂。在该文件中，列举了欧盟国家通过实施 BAT 技术所能达到的排放水平，如表 2-3 所示。

表 2-3　欧盟屠宰及肉类加工业采用 BAT 技术水污染物排放水平

单位：mg/L

项目	COD_{Cr}	BOD_5	SS	总氮	总磷
排放浓度	25～125	10～40	5～60	15～40	2～5

欧盟推荐的屠宰及肉类加工废水末端处理工艺为预处理+厌氧+好氧的生物处理方式，预处理包括隔油浮选、中和调节等，之后采用厌氧+好氧的生物处理工艺以达到降解有机物、脱氮除磷的效果。处理效果如表 2-4 和表 2-5 所示。

表 2-4　欧洲某工厂末端处理水污染物排放水平（案例 1）

单位：mg/L

污染物项目	进水浓度	出水浓度		
		平均	最小	最大
BOD_5	3460	3.1	1	8
COD	5040	65.4	35	125
NH_4-N	900	10.0	0.3	29
NO_3-N	—	2.4	0.3	7.7
NO_2-N	—	1.8	0.7	4
总磷	—	1.8	0.3	4.3

表 2-5　德国某工厂末端处理水污染物排放水平（案例 2）

单位：mg/L

污染物项目	进水浓度	出水浓度
BOD_5	2020	7
COD	—	47
氨氮	—	3.7
总氮	—	11
总磷	18	0.8

在废水量方面，BREF 文件中显示，欧盟国家牛屠宰工厂排水量在 1.6～9 m^3/吨活屠重（约 0.6～3.6 m^3/头），猪屠宰厂排水量在 1.6～6 m^3/吨活屠重（约 0.2～0.6 m^3/头），禽类屠宰厂排水量在 5～67.4 m^3/吨活屠重（约 3～30 m^3/百只）。

德国肉类加工行业污水排放标准限值如表 2-6 所示，该限值适用于大型屠宰及肉类加工企业，即处理前废水中 BOD_5 的负荷大于 10 kg/周。

表 2-6　德国肉类加工行业污水排放标准限值

单位：mg/L

污染物项目	随机取样或两小时混合样品
BOD_5	25
COD	110
氨氮	10
总氮	18～25
总磷	2

（3）日本

日本对工业行业实行统一的国家污染物排放标准，排放限值如表 2-7 所示。同时，地方可制订更加严格的排放标准，例如日本琵琶湖流域的排放标准要求废水量大于 1000 m^3/d 的新建企事业单位，废水 BOD_5 需达到 15 mg/L，COD 需达到 20 mg/L。

表 2-7　日本水污染物统一排放浓度

单位：mg/L

污染物项目	最高允许浓度	日平均浓度
BOD_5	160	120
COD	160	120
TKN（总凯氏氮）	120	60
TP（总磷）	16	8
SS	200	150
大肠菌群数	—	3×10^6 个/L

（4）世界银行

世界银行 2007 年 4 月 30 日发布了《环境、健康与安全指南》（简称《EHS 指南》），《EHS 指南》是技术参考文件，分为通用指南和行业指南，它所规定的指标和措施是通常认为在新设施中采用成本合理的现有技术就能实现的指标和措施。《肉类加工环境健康安全指南》和《禽加工业 EHS 指南》是《EHS 指南》中的两个行业指南。

《肉类加工环境健康安全指南》包括与肉类加工环境健康安全保护等有关的信息，重点是牛和猪的屠宰与加工，涉及从活牛、生猪等进厂到屠宰后成为待售成品或加工的半成品的全过程，该文件适用于对肉畜屠宰副产品进行简单加工的企业。此外，《禽加工业 EHS 指南》涵盖了鸡的加工的相关信息，其也适用于其他类似家禽，如火鸡和鸭的加工，指南涉及的加工步骤包括活禽接收、屠宰、取出内脏和简单化制处理等。两个文件提出了肉类及禽类加工排放指南，具体数值见表 2-8。

表 2-8　EHS 肉类及禽类加工业排放指南

污染物名称	指导值（mg/L，注明的除外）
pH（无量纲）	6～9
BOD_5	50
COD	250
总氮	10
总磷	2
油和油脂	10
总悬浮固体物	50
增温	<3℃
总大肠菌群数	400 MPN/100 mL
活性组织/抗生素	根据具体情况确定

（5）印度

印度区分屠宰和肉制品加工，分别规定了废水排放限值。污染物控制指标主要有 BOD（3 天）、悬浮物和油脂类。具体排放限值见表 2-9。

表 2-9　印度屠宰及肉制品加工业废水排放标准

单位：mg/L

分　类		BOD（3 天，27℃）	悬浮物	油脂类
屠宰厂（场）	大于 70 吨活屠重/天	100	100	10
	小于 70 吨活屠重/天	500	—	—
肉制品加工	冷冻肉加工	30	50	10
	屠宰厂内部肉源加工	30	50	10
	外部肉源加工	采取隔油措施		

注：①既有屠宰又有肉制品加工的工厂，其排放标准按肉制品加工的执行；
②排向市政污水管网的企业，需设置隔油装置。

2. 恶臭处理相关要求

通过对美国、英国、荷兰、澳大利亚、日本、韩国等主要国家的恶臭相关标准进行文献调研发现，世界各国恶臭标准的控制方式有较大的区别。

美国、欧洲、澳大利亚等国家和地区的恶臭标准主要关注的是环境敏感点的恶臭浓度水平，标准并不对排放源的排放进行具体的要求，只保证对周边环境敏感点不受到恶臭污染影响即可，因此多被称为恶臭环境标准。排放源的恶臭环境影响主要依赖于排放源的臭气浓度测定和大气扩散模型的计算，利用动态嗅觉计方法测定排放源的臭气浓度，然后将排放源的臭气浓度、排放参数、气象条件等因子输入到指定的大气扩散模型中进行计算，会得到环境敏感点在不同气象条件下的一组恶臭环境浓度，将计算值与标准值进行比较，判断恶臭排放单位是否超标；标准控制指标多为一年一定比例时间内的恶臭平均浓度不超过某一限值，严格限制工厂企业在大多数时间内对周围环境敏感地区造成的恶臭影响，同时允许极少数时间超标排放，这样一方面保障了周围环境敏感地区的利益，另一方面也考虑了企业生产发展的需要。

这种恶臭污染控制标准方式对扩散模型的计算模拟准确度要求较高，适用于土地面积大、人口密度小、恶臭排放源单一且分散的地区。之所以主要根据有组织排放源的恶臭浓度进行扩散计算，而对于无组织排放没有进行特别的规定，可能有两个方面的原因：一方面欧美发达国家清洁生产技术较为成熟，生产管理较为严格，恶臭无组织排放程度较轻；另一方面由于欧美国家地广人稀，排放源与环境敏感点之间一般有足够的缓冲距离，无组织排放的恶臭物质经过扩散稀释对环境敏感点的影响较小。

日本、韩国等国家的恶臭法规标准针对的是恶臭排放单位的控制，对有组织排放的排放筒、无组织排放的厂界均制定了排放限值。标准的应用依赖于现场样品采集、监测分析的数据，根据测定的结果与标准中相应的排放限值进行比较，判定恶臭排放单位是否超标。

这种恶臭标准方式适合于人口密度大、污染源复杂、密集的地区。

2.3 部分国家和地区相关排放限值比较

2.3.1 排放源排放限值比较

日本、韩国、中国台湾等国家和地区排放源排放限值比较如表 2-10。欧盟、美国、澳大利亚等国家和地区没有相应的排放源排放限值。

日本 15 m 以上排放筒采用臭气排放强度控制指标，15 m 以下采用臭气浓度控制指标，根据厂界排放限值、排放口口径和周边最大建筑物高度，利用公式计算获得各排放筒的排放限值。因此不同的排放筒执行的排放标准不同。韩国和中国台湾地区采用臭气浓度控制指标。

表 2-10　亚洲部分国家和地区排放源排放限值比较

单位：无量纲

国家或地区	排放限值
日本	适用于 15 m 以下排放筒，根据厂界排放限值、排放口口径和周边最大建筑物高度计算
韩国	工业区：1000 非工业区：500
中国台湾	排放口高度 h 划分为 3 级： $h \leqslant 18$：1000 $18 < h \leqslant 50$：2000 $h > 50$：4000

2.3.2　厂界排放限值比较

世界部分国家和地区的厂界排放限值或环境浓度限值如表 2-11。

表 2-11　世界部分国家和地区厂界或环境臭气浓度限值

国家或地区	控制对象	限值（前四行无量纲）
日本	厂界	10～126
日本东京	厂界	第一种区（居住区）：10 第二种区（商业区）：16 第三种区（工业区）：20
韩国	厂界	非工业区：15 工业区：20
中国台湾	厂界	非工业区：10 工业区新建：30 工业区现有：50
美国科罗拉多州	环境敏感点	7 D/T
美国康涅狄格州	环境敏感点	7 D/T
美国马萨诸塞州	环境敏感点	5 D/T
荷兰	环境敏感点	$C_{98.0,1\text{-小时}}$ =0.5～5 OU_E/m^3
英国	环境敏感点	$C_{98.0,1\text{-小时}}$ =1.5～6 OU_E/m^3
澳大利亚西澳	环境敏感点	$C_{99.9,1\text{-小时}}$ =2 OU/m^3
澳大利亚新南威尔士州	环境敏感点	$C_{99.9,3\text{-分钟}}$ =7 OU/m^3

第三章 屠宰及肉类加工行业污染预防技术

3.1 屠宰行业产污节点分析

3.1.1 屠宰加工主要生产工艺

畜类屠宰加工过程：待宰检疫、冲淋、致昏放血、浸烫脱毛、剥皮加工、胴体加工、内脏分解、剔骨分割、包装冷冻/冷藏和副产物加工。

屠宰加工主要生产工艺及产污节点见图3-1。

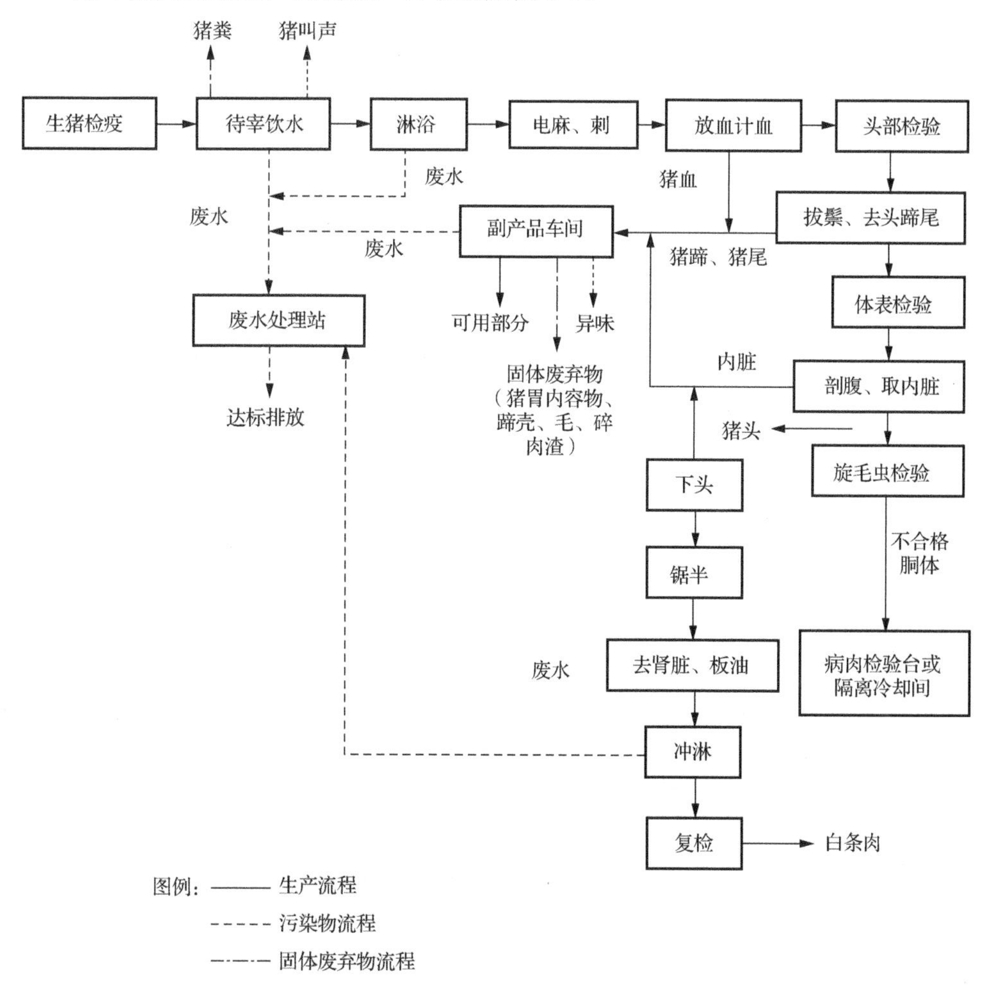

图3-1 生猪屠宰加工工艺流程及产污节点

禽类屠宰加工的过程：待宰检疫、宰杀、放血、烫毛脱毛、内脏分解、清洗、冷藏或副产物加工。

3.1.2　废水排污节点分析

屠宰行业的废水来源包含：预备工序（圈栏冲洗、宰前淋洗）、屠宰工序（放血、脱毛、胴体和内脏分解）、产品加工（油脂提取、剔骨分离等）及肉制加工（解冻、洗肉、喷淋冷却、清洗设备和车间等）产生的工业废水；冷冻机房的冷却水；配套设施的生活污水。

1. 废水水质

屠宰废水主要是由生产过程中产生的血污、油脂、碎肉、畜毛、未消化的食物及粪便、尿液、清洁冲洗水、泥沙等构成。废水主要具有以下特点：悬浮物含量高、色度高；废水中含有大量的毛皮、碎肉、碎骨、内脏杂物等体积较大的悬浮杂物；废水中还含有大量血水，有明显的恶臭味；属高浓度的有机废水。屠宰场产生废水典型排污浓度见表 3-1。

表 3-1　屠宰废水设计水质

单位：mg/L（pH 除外）

污染物指标	COD	BOD_5	SS	氨氮	动植物油	pH
废水浓度范围	1500～2000	750～1000	750～1000	40～150	50～200	6.2～7.2

2. 废水水量

屠宰种类、工艺等因素对排水量影响较大。每日产生的屠宰废水总水量，可按照公式进行计算：

$$Q=q\cdot s \tag{3-1}$$

式中：Q 为每日产生的屠宰废水总水量，吨；q 为屠宰单位动物废水产生量，头或百只；s 为每日屠宰动物总数量，头或百只。

根据《第一次全国污染源普查工业污染源产排污系数手册》，畜禽屠宰行业畜类产生的废水水量详见表 3-2，禽类产生的废水水量详见表 3-3。

表 3-2　屠宰场产生的废水水量（畜类）

屠宰类型	规模等级	工业废水量	单位
猪	≥1500 头/天	0.496	吨/头-原料
	＜1500 头/天	0.561	吨/头-原料

续表

屠宰类型	规模等级	工业废水量	单位
羊	≥1500 头/天	0.261	吨/头-原料
	<1500 头/天	0.287	吨/头-原料

表 3-3　屠宰场产生的废水水量（禽类）

单位：吨/百只

屠宰动物类型	鸡	鸭	鹅
屠宰单位动物废水产生量	1.0～1.5	2.0～3.0	2.0～3.0

3.1.3　废气排污节点分析

屠宰行业的废气来源包含：待宰圈、屠宰车间散发的恶臭气体；屠宰废水处理单元产生的恶臭；副食品加工产生的锅炉烟气及其他配套设施产生的无组织排放源。

待宰圈的恶臭气体主要为畜禽的粪便和尿液产生的 H_2S、NH_3 等恶臭气体，若清除后不能及时处理，将会使臭味成倍增加，进一步产生甲基硫醇、二甲基二硫醚、甲硫醚、二甲胺等恶臭气体。

屠宰车间内许多作业都要使用热水或冷水，地面上容易积有大量冷热水，所以空气湿度很高。由于工作场所很大，而且通常又无隔墙，因而空气流动量相当大。屠宰过程中血、胃肠内容物和粪便等的臭气混杂在一起，产生刺鼻的腥臭味，并扩散至整个厂区及周围地区。如果有血、肉或脂肪残留而不及时处理，便会迅速腐烂，腥臭气更为严重。恶臭污染物浓度如表 3-4 所示。

表 3-4　废气排污浓度参考值

单位：mg/m^3

污染物指标	氨气	硫化氢
浓度参考范围	15～30	1.0～8.0

屠宰加工企业废水处理一般采用生化处理为主的工艺，污水处理的一般工艺包括粗格栅、细格栅、隔油沉淀池、气浮、厌氧处理（包括 ABR、UASB 等），在这个过程中主要产生 H_2S、NH_3、甲硫醇、甲基硫、甲基化二硫等物质产生，带来环境恶臭影响。随季节温度的变化臭气强度有所变化，夏季气温高、臭气强，冬季气温低、臭气弱。

燃煤锅炉烟气的主要成分为烟气中的 CO_x，NO_x，SO_x，汞等重金属等。天然气锅炉烟气中的主要成分为 CO_x, NO_x, SO_x。

3.1.4　固体废物排污节点分析

屠宰行业的固体废物来源：待宰圈产生的畜禽粪、屠宰车间及副产物加工产生的废物、污水处理产生的污泥、生活垃圾等；此外，特殊条件下有一类、二类传染病和寄生虫病的废物。

屠宰及肉类加工车间产生的工业固体废物主要包括粪便、废弃血、残渣、残留粪便等。生活垃圾一般分为两类：一类是干垃圾，主要成分是废纸、垃圾袋、清扫垃圾、废包装物等；另一类是湿垃圾，主要成分是食物、肉类等，含水分较多。根据《第一次全国污染源普查工业污染源产排污系数手册》，畜禽粪便排泄系数见表3-5。

表3-5　畜禽粪便排泄系数

项目	单位	牛	猪	鸡	鸭
粪	kg/d	20.0	2.0	0.12	0.13
	kg/a	7300.0	398.0	25.2	27.3
尿	kg/d	10.0	3.3	—	—
	kg/a	3650.0	656.7	—	—
饲养周期	d	365	199	210	210

畜禽粪便中污染物平均含量见表3-6。

表3-6　畜禽粪便中污染物平均含量

单位：kg/d

项目	COD	BOD	NH_3-N	总磷	总氮
牛粪	31.0	24.53	1.7	1.18	4.37
牛尿	6.0	4.0	3.5	0.40	8.0
猪粪	52.0	57.03	3.1	3.41	5.88
猪尿	9.0	5.0	1.4	0.52	3.3
鸡粪	45.0	47.9	4.78	5.37	9.84
鸭粪	46.3	30.0	0.8	6.20	11.0

3.1.5　噪声排污节点分析

屠宰行业的噪声来源：待宰圈内牲畜的鸣叫和设备噪声，其中设备噪声源主要包括锅炉房、空压机、废水处理站泵房、鼓风机等。噪声排污浓度参考值具体见表1-17。

3.2　肉类加工行业产污节点分析

3.2.1　肉制品加工主要生产工艺

目前，国内外以肉制品加工过程中加热温度的高低作为分类依据，可将肉制品分为两大类：高温肉制品和低温肉制品。

肉制品加工的过程：原料肉解冻、腌制、绞肉、斩拌、滚揉、填充、烟熏、蒸煮、干燥、喷淋冷却、包装杀菌、冷冻或冷藏。肉制品加工主要生产工艺及排污节点见图 3-2 及图 3-3。

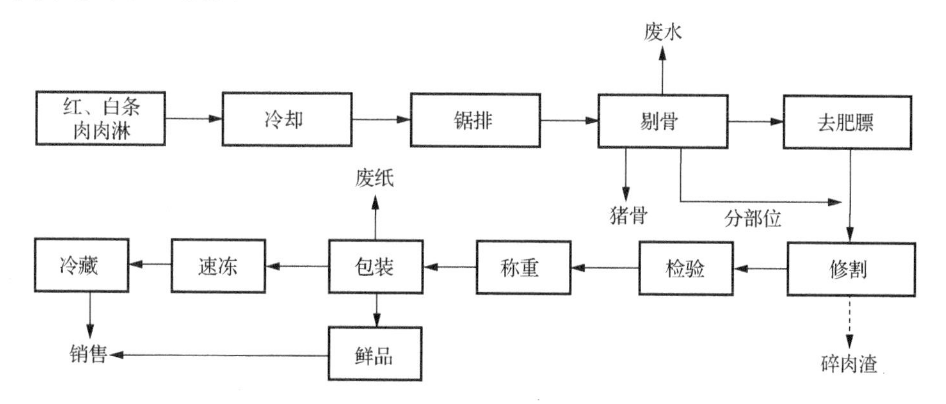

图 3-2　冷却分割工艺流程及产污位置图

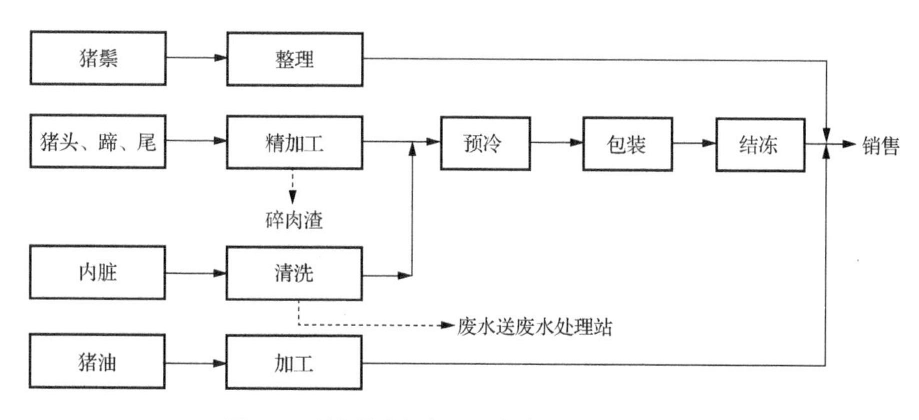

图 3-3　副产品车间加工工艺流程及产污位置图

3.2.2　废水排污节点分析

肉类加工行业的废水来源：解冻、洗肉、喷淋冷却、清洗设备等过程产生的工业废水。

肉类加工废水主要是由含碎肉、脂肪、血液、蛋白质、油脂、清洁冲洗水及一些加工工序所产生的较高浓度含盐废水等构成。其典型水质见表 3-7，加工废水水量见表 3-8。

表 3-7　肉类加工厂废水水质设计取值

单位：mg/L（pH 除外）

污染物指标	COD	BOD_5	SS	氨氮	动植物油	pH
废水浓度范围	800～2000	500～1000	500～1000	40～150	30～100	6.2～7.2

表 3-8　肉类加工废水水量

加工类型	规模等级/（吨/年）	工业废水量/（吨/吨产品）
酱卤制品	≥5000	22.660
	＜5000	24.759
蒸煮香肠制品	所有规模	14.055

3.2.3　废气排污节点分析

肉类加工行业的废气来源：副食品加工产生的油烟及锅炉烟气。

油烟是指食物烹饪、加工过程中挥发的油脂、有机质及其加热分解或裂解产物。油烟主要包括食物加热过程中产生的各种产物及燃料燃烧产生的尾气。

食用油主要成分的沸点在 300℃左右，当温度大于 270℃时高沸点的食用油分子开始气化，形成大量“青烟”，主要由直径在 10^{-7}～10^{-3}cm 的微油滴组成。此时加入食品，食品与食用油在高温下发生复杂变化，形成油烟污染物。不同的烹调方式和不同的食用油所产生的油烟污染物的种类不相同，污染物的浓度也不相同。

燃料烟气是燃料燃烧产生的有害气体，主要成分为 CO、SO_2、NO_x 与烟尘等。油烟中污染物的形态可以分为气态、液态和固态，其中小颗粒的液态和固态污染物能在空气中形成相对稳定的气溶胶，10 μm 以下的污染物可以长时间以气溶胶的形式在大气中漂浮。

燃煤锅炉烟气的主要成分为烟气中的 CO_x、NO_x、SO_x、汞等重金属等。天然气锅炉烟气中的主要成分为 CO_x、NO_x、SO_x。

3.2.4　固体废物排污节点分析

肉类加工行业的固体废物来源：副产物加工车间产生的废物。主要包含碎肉及碎骨、生活垃圾等。

3.2.5　噪声排污节点分析

肉类加工行业的噪声来源：设备噪声。设备噪声主要包括锅炉房、空压机、废水处理站的泵房和鼓风机等；其噪声排污浓度可参考表1-17。

3.3　生产过程污染预防技术

我国畜禽屠宰、加工企业主要有三类，一是纳入国家统计局统计范围的规模以上企业（指年销售额500万元以上的企业），这些企业一般都是机械化、现代化的屠宰加工厂；二是由县以上各级政府批准的畜禽定点屠宰企业，目前多为半机械化屠宰加工和手工屠宰加工企业；三是农民自宰自食和非法屠宰加工企业。屠宰及肉类加工行业不断发展的同时，带来了一些环境问题，其生产加工过程产生的废水、废气、固体废物及噪声等污染物给周围居民的日常生活带来不利影响，在一定程度上危害了人们的身体健康。

欧美发达国家探索多年，发现行业产业集中及清洁生产是一条可持续的发展道路。一方面现代化、规模化的屠宰加工企业具备产品生产环节升级与结构调整的实力及能力；另一方面，发展清洁生产能够使经济和环境协调、健康地向前推进。

3.3.1　清洁生产

清洁生产这一全新的概念受到人们不断地关注，它是实现可持续发展的全新思想。清洁生产和末端治理是有本质的区别的，它将全过程管理的环境思想应用到产品的整个生命周期中，是一种主动的污染预防思想，是从产品的源头控制污染物的产生。

《全国生猪屠宰行业发展规划纲要（2010—2015）》要求调整优化行业布局，大力淘汰落后产能，倡导清洁生产、节能减排和资源综合利用的屠宰生产方式。构建清洁生产指标体系可以对企业进行全面地系统分析，了解企业的清洁生产现状，发现企业存在的问题，提出相应的清洁生产措施和制定相应的政策，改善企业的生产现状和环境现状，使企业走上一条绿色可持续发展的道路。

1. 屠宰工艺及清洁生产技术

随着科技的进步，屠宰方式正朝着方便快捷、安全无害的方向发展。

宰杀方式：主要有常规电麻法、高压电麻法、低压高频电麻法等。采用电击晕方式宰杀，可以使屠体在很短时间内进入昏迷状态，整个刺杀放血过程在昏迷状态下进行，从而减少痛苦，符合动物福利要求。同时，也可减少应激反应，改善肉品质量，减少断骨、淤血等现象。

放血方式：可采用吊挂放血和卧式放血；从切断部位可分为切颈法、切断颈动脉静脉法、心脏穿刺法等。真空放血回收法，是利用真空吸收的原理将血抽出体外，该法血液回收率高、自动化程度高，可避免血液污染。

烫毛：主要方式有烫池类及隧道式烫毛。隧道式烫毛，包括喷淋式隧道烫毛、蒸汽式烫洗法和蒸汽、热水结合式隧道烫毛。蒸汽式烫洗法可通过屠体毛孔扩张及毛软化作用，有效防止脱毛不净，减少交叉污染，保证肉类品质。

固体废物收集系统：风送系统是将屠宰过程中产生的毛、肠胃内容物、皮等污物在密封管道内运送至储存处，避免常规输送过程中的遗洒，有效解决了污物对肉品的二次污染，减少进入冲洗水中的污染物，使猪毛回收率达到95%以上，肠胃内容物回收率达到80%以上。

2. 肉类加工工艺及清洁生产技术

冷却、保鲜技术：冷却冷藏的方法一般有空气冷藏、冰冷藏、冰水冷藏和气调冷藏等；干冰保鲜技术的原理为干冰在常压下升华吸热，使周围环境急速降温，制冷作用使二氧化碳覆盖于物品表面，起到隔氧作用，可有效抑制细菌繁殖生长，无二次污染。

非热技术解冻技术：传统的解冻方法有空气解冻、清水解冻、真空低温解冻、溶液浸渍解冻等，基本原理均为介质能量传递至冻品从而解冻。非热技术解冻法主要有电解冻（远红外解冻技术、高频解冻技术、微波解冻、低频解冻技术、高压静电解冻），该类技术不需外界热源，而是将不同形式的能量投射至冻品，使水分子振动产生内部能量，促使食品解冻，具有解冻快、节水、不易受微生物污染、产品的营养成分损失少等特点。

节水型冻肉解冻技术：在恒温、恒湿、恒流的条件下，以锅炉高温蒸汽作为热源，通过降压、调温转化为低温水蒸气对冷冻原料肉进行解冻。节水型冻肉解冻机节水效果显著，解冻1吨原料肉的用水量仅为流水解冻的0.5%，能够节约水资源消耗，减少废水排放量。该设备的应用，可大大节约企业的生产用水，每解冻1吨肉节水24吨，降低生产成本，减少废水排放量，节约废水处理费用，降低对企业周围环境的污染程度。

非加热杀菌技术：非加热杀菌技术是指在常温条件下采用非加热方式完成杀菌过程的技术。由于处理过程中不产生热效应或热效应较低，既可保证杀菌效果，又可有效避免传统热杀菌技术对肉类食品的营养破坏及因为过熟导致的口感变差等不利影响。目前应用较广泛的非加热杀菌技术有超高压灭菌、辐照灭菌、微波灭菌、紫外线杀菌灯。

包装技术：传统包装过程以铝丝为结扎主体，消耗量大。新型节能塑封包装技术采用原体 PVDC 塑料薄膜自封，实现塑料薄膜接扎包装，节约铝丝。

据了解，2012 年，肉类加工行业通过推广应用清洁生产重点技术，全行业年节约用电 1153 万千瓦时，折合约 1420 吨标准煤/年；年节约用水 22 515.5 万吨，年减少包装用铝丝 2.6 万吨；年减少废水排放量 21 390 万吨，减少 COD（化学需氧量）排放量 7.4 万吨、氨氮排放量 0.4 万吨，减少固体废物排放量 6.25 万吨。

3.3.2　生产过程中污染物预防减量化技术

推行清洁生产技术，改变传统的生产方式，可以从产品的源头控制污染物的产生、实现污染物减量化。在传统的生产过程中，也有一些污染物预防及减量化的方式及措施。

1. 生产过程恶臭预防技术

屠宰行业生产过程中的废气来源包含：待宰圈、屠宰车间散发的恶臭气体；副食品加工产生的锅炉烟气以及其他配套设施产生的无组织排放源。其生产过程中的恶臭预防技术如下。

（1）待宰圈

待宰圈产生的粪便要做到日产日清，清除后的粪便及时送至沼气池进行厌氧发酵。同时，喷洒各类除臭药物，控制恶臭气体的产生。

（2）屠宰车间

屠宰车间内的畜禽粪便、肠胃内容物、碎肉和碎骨等废弃物尽量减少临时堆存时间，提倡日产日清，及时送至沼气池；及时清洗屠宰车间地面，地面应铺设防血、防水和耐机械损坏的防水材料，其表面应防滑，地面应设计一定的坡度，并设排水沟，上铺铁篦子，以便于清洗地面及排水；在屠宰车间主要产生恶臭工序处增加通风次数，并在排气口处设活性炭吸附装置，去除恶臭气体。

（3）废水处理站

废水处理站是一个重要的恶臭污染源，产生的恶臭气体浓度高，且为无组织排放，对环境的影响相对较大，因此应对露天敞开式污水处理池进行封闭，对产生的废气进行收集，变无组织排放为有组织排放，并在排气口处设活性炭吸附装置去除恶臭气体。

（4）其他

项目在设计时除了要采取上述工程措施外，在选址及厂区布设时也要考虑恶臭气体影响，选址必须要满足《肉类联合加工厂卫生防护距离标准》（GB18078—2000）规定的卫生防护距离要求，厂区内要合理布局，在满足工艺流程的前提下，厂区功能分区要明确，将恶臭污染源设置在主导下风向，并尽量远离环境敏感区的位置，以最大限度地降低恶臭气体对周围环境的影响。另外，要加强厂区厂界的绿化美化，树种选择上既要考虑美化效果，还必须考虑除臭、防尘作用。

2. 生产过程中固体废物减量化技术

畜禽屠宰及肉类加工企业应采取有效措施提高固体废物综合利用水平，加强环境风险防范。待宰圈产生的畜禽粪、屠宰车间及副产物加工产生的废物、污水处理产生的污泥宜采取有效无害化、减量化、资源化技术进行处理，常用方法有生物技术法（分为发酵法和低等动物法）、热喷技术、生态工程学技术。

此外，对于待宰圈产生的粪便，应及时回收利用，既可以减少冲洗用水、节约成本、降低废水排放量，又能够产生很高的经济效益，并且选用合理的清粪方式可以减少污染。与水冲式和水泡式清粪工艺相比，干清粪工艺固态粪污含水量低，粪中营养成分损失少，肥料价值高，便于高温堆肥或其他方式的处理利用。生物技术处理畜禽粪便的方法比较见表3-9。

表3-9　生物技术处理畜禽粪便的方法比较

方法	厌氧池（沼气池）	好氧氧化池	高温堆肥
工艺	利用自然微生物或接种微生物，在无氧条件下将有机物转化为CO_2和CH_4	在有氧条件下利用自然微生物将有机物转化为CO_2和H_2O	利用混合机将粪便、碎肉、残渣等固体废物与添加物质按比例混合，在有氧条件下，利用微生物作用，使堆肥自行升温、除臭、降水，在短期内达到腐熟
优点	产生CH_4可作为能源利用	氧化池体积小	终产物臭气少，干燥，便于撒施
缺点	氨气挥发损失多，处理池体积大，只用于就地处理与利用	有大量氨气挥发损失，需要通气与增氧设备	不能完全控制臭气，需要场地大，处理时间长

沼气发酵技术是一种生态工程学技术，首先应将养殖业、屠宰业与种植业合理配置，周边农田、鱼塘、植物塘可完全消纳沼渣、沼液。若无法消纳，可将沼渣制成商品肥料，沼液经处理后达标排放。

3. 生产过程中噪声污染防治措施

屠宰厂及肉类加工厂主要噪声源为待宰圈内牲畜的鸣叫和设备噪声，其中设备噪声源主要包括锅炉房、空压机、污水处理站泵房、鼓风机等。针对噪声产生特点，主要降噪措施分为三种：吸声降噪、消声降噪及隔声降噪。

吸声降噪：指采用吸声的材料吸收噪声、降低噪声强度的方法。一般利用吸声装置（吸声饰面、空间吸声体等）吸收室内的声能以降低噪声。在吸声降噪工程中选择材料时，除考虑降噪效果外，还应注意防火、防潮、防腐蚀等工艺要求，并兼顾通信、采光、照明、装修等要求。

消声降噪：采用消声器降低噪声是主要的噪声控制措施之一，对于大多数以气流噪声为主要噪声源的设备和以气流通道为主要噪声传播途径的场所，消声器往往是有效的控制措施。屠宰场及肉类加工厂使用鼓风机、空压机等机械设备时均可采取此法进行降噪。

隔声降噪：在噪声控制工程中，通过隔声结构降低声波的透射是主要的噪声控制措施之一。经常采用的隔声方式包括隔声壁、隔声门窗、隔声罩、隔声间、户外声屏障和室内声屏障等。

第四章　水污染控制技术

4.1　屠宰和肉类加工过程污染物废水情况及水质特点

4.1.1　废水来源及污染物情况

屠宰加工生产的废水主要来自圈栏的冲洗、畜禽淋洗、屠宰及厂房地面冲洗和生活污水。肉类加工过程的废水主要来自原料处理、解冻、洗肉、盐浸及蒸煮等工序，其中解冻、洗肉等工序排出的废水量较多。屠宰厂废水的主要来源及污染物如表 4-1 所示。

表 4-1　屠宰厂废水来源及污染物情况分析

污水排放节点	项目	内容
宰前准备	污水来源	车辆冲洗、待宰圈冲洗、生猪清洗工序
	主要污染物	动物粪便等有机废物，毛（羽）、泥沙等固体悬浮物
	污染物特征指标	COD、BOD_5、SS、pH、氨氮、动植物油
	污水和污染负荷	污水总排放量占屠宰污水总排放量的 8.5%左右，污染负荷约占总排放量的 5%
屠宰车间	污水来源	放血、脱毛、开膛净膛、劈半、副产品整理等工序，设备冲洗、地面冲洗
	主要污染物	血液、粪便、毛皮、内脏杂物、碎肉等
	污染物特征指标	COD、BOD_5、SS、pH、氨氮、总磷、动植物油
	污水和污染负荷	污水总排放量占屠宰污水总排放量的 80%以上，污染负荷约占总排放量的 85%
辅助及公用设施	污水来源	循环冷却水、锅炉废水
	主要污染物	水质本身物质
	污染物特征指标	COD、BOD_5、SS、pH
	污水和污染负荷	锅炉废水回用、补充部分冷却水消耗，污水总排放量占屠宰污水总排放量的 7.5%左右。
办公及生活设施	污水来源	生活污水
	主要污染物	洗涤剂、食物残渣、粪便等
	污染物特征指标	COD、BOD_5、SS、pH、氨氮、动植物油
	污水和污染负荷	污水总排放量约占屠宰污水总排放量的 4%

4.1.2　屠宰和肉类加工过程废水水质特点

在家畜和禽类屠宰过程中，废水主要由待宰、淋浴、刺杀、放牛羊屠宰血、烫毛、脱毛、劈半等工段产生，在牛羊屠宰中废水主要来源为待宰圈的冲洗废水和屠宰过程中预剥、开膛等工段产生的冲淋废水，在禽类屠宰中废水主要来源为屠宰过程中浸烫、脱毛等工段产生的生产废水。屠宰废水主要由屠宰过程产生的废水、冷冻机房的冷却水、待宰圈、生产车间的地面冲洗水和配套设施的生活污水组成。污染物主要为 COD_{Cr}、BOD_5、动植物油、SS 及氨氮，具体水质成分见表 4-2。

肉类加工主要包括熏煮香肠火腿制品、酱卤肉制品、熏烧焙烤肉制品和腌腊肉制品加工。其过程中产生的废水和生活废水，包括在解冻、煮制、腌制和蒸煮设备冲洗工段和冲洗地面产生的废水，污染物主要为 COD_{Cr}、BOD_5、动植物油、SS 及氨氮，具体水质成分见表 4-2。

表 4-2　屠宰和肉类加工各工段水质成分

单位：mg/L

项目		COD_{Cr}	BOD_5	SS	氨氮	动植物油	总磷
生猪屠宰		2000～4000	950～1800	1500～3500	50～100	300～600	30～50
牛羊屠宰		1500～2000	750～1000	750～1000	50～150	50～200	—
禽类屠宰		1500～2000	750～1000	750～1000	50～150	50～200	—
肉类加工	熏煮香肠火腿制品	800～2000	400～1000	60～80	150～200	700	—
	酱卤肉制品	800～2000	400～1000	60～80	150～200	700	—
	熏烧焙烤肉制品	400～500	300～400	60～80	100～200	600～700	—
	腌腊肉制品	400～500	300～400	100～500	20～100	100～300	10～20

4.2　预处理技术

在家畜和禽类屠宰过程和肉加工过程中，废水中有皮毛、油脂、碎肉，还有禽类的羽毛，嗉囊中食物残渣和碎石块等物质，废水在处理之前需要通过预处理技术如过滤、沉淀、隔油、捞毛、撇油、气浮等固液分离措施将此类物质和液体进行物理化分离。该类废水的具体预处理措施如下。

4.2.1　格栅

格栅是由一组平行的金属栅条或筛网制成的框架，倾斜安装在污水渠道、泵房集水井的进水口或污水处理厂的端部，用于截留污水中较粗大的漂浮物或悬浮物，保护后续管道、设备，减轻后续处理构筑物的处理负荷，并使之正常运行。

1. 工作原理

格栅是一种可以连续自动拦截并清除流体中各种形状杂物的水处理专用设备，可广泛地应用于城市污水处理、自来水行业、电厂进水口，同时也可以作为纺织、食品加工、造纸、皮革、屠宰等行业废水处理工艺中的前级筛分设备。屠宰和肉类加工行业废水中含有大量鸡鸭的羽毛、屠宰和肉类加工中产生的碎肉以及屠宰中动物内脏中杂物等，在进入废水处理之前通过格栅可以将该类物质起到初步截留的作用。

2. 技术优势

格栅最大优点是自动化程度高、分离效率高、动力消耗小、无噪声、耐腐蚀性能好，在无人看管的情况下可保证连续稳定工作；过载安全保护装置，在设备发生故障时，会自动停机，可以避免设备超负荷工作；可以调节设备运行间隔，实现周期性运转；可以根据格栅前后液位差自动控制，并且有手动控制功能，以方便检修；设备具有很强的自净能力，不会发生堵塞现象，日常维修工作量很少。

4.2.2 沉砂沉淀池

在家畜和禽类屠宰过程和肉类加工过程中，废水中有家畜胃内的食物残渣和禽类嗉囊中碎石块等物质，如果不预先沉降分离去除，则会影响后续处理设备的运行，最主要的负面影响是磨损机泵、堵塞管网、干扰甚至破坏生化处理工艺过程。用于沉降分离的常见构筑物为沉砂沉淀池。污泥脱水处理后，通常可焚烧或填埋处置。

1. 技术原理

污水在迁移、流动和汇集过程中不可避免会混入泥砂。由于重力作用，密度比废水大的悬浮物通过自然沉降，从废水中分离的过程即为沉砂沉淀过程。沉砂池一般设在泵站及沉淀池之前，以保护管道、阀门等设施免受磨损和阻塞。其工作原理是以重力分离为基础，要控制沉砂池的进水流速，使得比重大的无机颗粒下沉，而有机悬浮颗粒能够随水流带走。

2. 沉砂沉淀池分类

沉砂池主要有平流沉砂池、曝气沉砂池、旋流沉砂池和多尔沉砂池等。屠宰和肉类加工过程中的沉砂池主要使用曝气沉砂池，曝气使砂粒与有机物分离，沉渣不容易腐败，气浮油脂可吹脱挥发性物质，预曝气充氧、氧化部分有机物，防止污水厌氧分解（脱臭作用）。

（1）平流沉砂池

平流沉砂池由入流渠、出流渠、闸板、水流部分及沉砂斗组成。污水在沉淀区水平流动，通过控制流速等参数理论上让无机颗粒进行自由沉淀。

（2）钟式沉砂池

钟式沉砂池是旋流沉砂池的一种，目前应用较广泛，利用机械力控制沉砂池内水流流态与流速，加速砂粒的沉淀，污水由流入口切线方向流入沉砂区，利用电动机及传动装置带动叶片将比重大的砂粒在离心力的作用下甩向池壁，掉入砂斗，有机物则留在污水中。最佳沉砂效果可由调整转速来控制。

（3）多尔沉砂池

多尔沉砂池上部为方形，底部为圆形，其沉砂机理与平流沉砂池类似，通常以表面水力负荷为设计参数，采用的池深很浅，通常池深＜0.9 m。进水经过整流器均匀分配进入沉砂池，然后通过溢流堰出水。砂粒在中心驱动的刮砂机作用下刮入集砂坑，由螺旋洗砂机排出同时被分离的有机物。

（4）曝气沉砂池

曝气沉砂池的原理：利用侧向鼓入的空气的作用使池内水做旋流运动，增加了无机颗粒之间的互相碰撞、摩擦的机会和强度，导致颗粒表面附着的有机物脱落，比重大的被甩向池的外侧下沉，而比重较轻的则被水流带走，克服了平流沉砂池中夹杂约15%有机物的缺点。

优点：①由于曝气沉砂池有占地小、能耗低、土建费用低的优点，故屠宰和肉类加工过程中的沉砂池主要多采用曝气沉砂池。②曝气沉砂池是在平流沉砂池的侧墙上设置一排空气扩散器，使污水产生横向流动，形成螺旋形的旋转状态。其构造上由进水装置、出水装置、沉淀区、曝气系统和排泥装置组成。曝气沉砂池的水流部分是一个长形渠道，在池壁一侧的整个长度距池底0.6～0.9 m高度处设有空气扩散装置，并设有集砂槽，池底设有 $i = 0.1 \sim 0.5$ 的坡度，以保证砂砾能够滑入。

缺点：曝气作用要消耗能量，对生物脱氮除磷系统的厌氧段或缺氧段的运行存在不利影响。

4.2.3　捞毛机

禽类屠宰中废水含有大量的羽毛，在进行预处理时需要将羽毛和废水分离，实现固液二相分离的目的。

1. 捞毛机原理

捞毛机是一种机械过滤的方法，它适用于液体中存在的微小悬浮颗粒（毛发、纸浆纤维、细小颗粒）最大限度地被分离，广泛用于食品、造纸、矿山、煤矿、化工、污水、印染等行业的预处理中，实现固液二相分离的目的。与其他方法的区别在于过滤介质空隙特别小，借助筛网回转的离心力，在较低的水力阻力下，具有较高流速，能截留住悬浮固体。其截留方式分为：①机械截留：在静压力差的作用下，小于膜孔的粒子通过过滤膜，大于膜孔的粒子被截留，筛分；②吸附截留：由于膜表面的吸附作用截留杂质粒子；③架桥截留：与表面过滤相似，由于架桥作用使得小于孔膜的粒子被截留；④膜内部网络中截留：杂质微粒不仅在膜表面被截留，在网络内部也被截留。

2. 捞毛机工作过程

捞毛机为滚筒式结构，主要由转动装置、溢流堰布水器、冲洗装置、浮筒、底座等主要部件组成。滤网为不锈钢丝网，滤网有内网和外网构成。捞毛机采用微孔筛网固定在转鼓型过滤设备上，通过截留水体中固体毛发颗粒，实现固液分离，并且在过滤的同时，可以通过转鼓的转动和反冲水的作用力，使微孔筛网得到及时地清洁，使设备始终保持良好的工作状态。

该机器适用于屠宰废水、工业废水的固液分离，可去除悬浮颗粒大于 0.2 mm 的污染物，污水由进口进入缓冲槽，特殊的缓冲槽使得污水平缓均匀步入内网筒，内网筒通过旋转叶片将截留物质排出。

3. 捞毛技术主要特点

捞毛技术主要特点为：

① 结构简单、紧凑，运转平稳，维修方便；

② 能耗低，运行平稳，噪声小；

③ 对降低污染物的 SS、COD 和 BOD 有明显的效果；

④ 占地小、费用低、低速运转、自动保护、安装方便、节水节电；

⑤ 过滤能力大、效率高，一般纤维回收率大于 80%，毛发去除率高，可达到 99%以上；

⑥ 全自动连续工作，不需要专人看管，回收纤维浓度可高达 12%以上。

4.2.4 撇油机

屠宰及肉类加工业废水含有可生化性较强的动植物油脂，应单独进行除油处理，以保证后续污水处理工艺过程正常运行。

撇油机用于污水处理厂、机械制造厂、炼钢厂、油田、矿产、金属加工厂、码头、港湾、水力发电厂、食品加工厂等行业大型设备设施及餐饮、屠宰场、停车场、汽车修理厂、加油站等服务设施的污水池表面漂浮油污的去除，保证水的清洁度，避免污染环境，而回收的浮油可被循环使用。

1. 撇油机原理

撇油机也叫做除油机，是一种除油的设备。油分子是非极性的，水分子是极性的，按相似相溶物理原理它们是不相溶的，而油的密度小于水的密度，不加以搅拌油便会漂浮于水的表面。撇油机是利用油和水之间的物理特性，通过环形钢带连续工作吸附去除液体中表面浮油，减少油对水的污染程度，可用作过滤前的预处理。撇油机的核心部件撇油器的工作原理可分为以下几种：

刷式撇油器：是指利用刷子黏附溢油的机械装置。溢油黏附在旋转的刷子上并被刮下来导入到集油槽中，通过泵将溢油泵入储存设置中。

真空撇油器：是指利用吸入泵或真空储油罐内建立真空并通过撇油器头部的压力差回收油水混合物的装置。

盘式撇油器：是指利用亲油材料制作的盘片在油水混合中旋转，盘片旋出时，吸附的溢油被刮片刮入到集油槽中，并被泵到储存装置溢油回收设备。

绳式撇油器：它是一种亲油式撇油器。它是利用由亲油材料制成的漂浮于水面的一定长度的环形绳式器具来吸附水面的溢油，通过辊子挤压装置将绳中吸附的油挤出并存放在集油槽中的装置。

涡旋浮油收集器：通过流体压力产生均匀的离心场，实现流体离心分离。

2. 撇油器分类

撇油器具有多种类型，如堰式撇油器、管式撇油器、带式撇油器等，被广泛应用于钢铁厂、机床加工和喷涂领域、食品加工厂、地下水池、废水池、冷却剂池、清洗池、汽修厂、停车场等漏油处理，大型设备也可用于海上浮油清理。

堰式撇油器：是利用油和水的比重不同，浮油漂浮在水面的原理，调节撇油器的堰口高度到正好在油层下面，使油流入集油槽中，然后被泵抽走，而水则被挡在堰口外面。

管式撇油器：它是利用由亲油材料制成的漂浮于水面的一定长度的环形管来吸附水面的溢油，通过刮板装置将环形管吸附的油刮出并存放在集油槽中的装置。

带式撇油器：是指利用传动带回收水面溢油的机械装置。传动带的运转将水面的溢油黏附在上面，经过刮片将油导入到集油槽中，再由泵泵到储存装置。刮油带是用特殊耐蚀钢和特殊设计的高分子材料制成，耐磨持久。

3. 撇油器主要特点

撇油器主要特点有：

① 结构简单、设计巧妙、安装操作方便、维护量小；

② 通用性强，适用于室内/外大中型污水处理池，同时也适用于某些场合的临时应急除油；

③ 站立式结构，可固定安装或移动式安装；

④ 手动/自动模式，可实现24小时内任意时间自动停止/启动，无需人工管理；

⑤ 双面除油，除油效果好；

⑥ 物理分离，无化学污染。

4.2.5 混凝技术

通过投加混凝剂、助凝剂，废水中的悬浮物、胶体生成絮状体，从废水中分离的过程称为混凝过程。混凝技术主要包括混凝气浮技术和混凝沉淀技术。

1. 混凝气浮技术

（1）概念

气浮分离的基本原理与絮凝沉淀法有部分相似，气浮法也称为浮选法，分离前，先在悬浮液中加入絮凝剂，使悬浮的微生物或细胞产生絮凝，然后从气浮池底部通过气体分配头释放出无数微细气泡，从而形成水、气及被去除物质的三相混合体，在界面张力、气泡上升浮力和静水压力差等多种力的共同作用下，这些小气泡在上浮中碰到絮凝团粒则吸附其上，使得絮状物或细小悬浮物因黏附气泡后整体密度变小而浮升到液体表面，由此悬浮物被气泡带至水面形成浮渣，从而使水中杂质被分离去除，再由刮渣机刮入贮槽而达到悬浮物的分离或采收的目的。

气浮过程包括气泡产生、气泡与固体或液体颗粒附着及上浮分离等步骤组成，因此实现气浮分离的必要条件有两个：①必须向水中提供足够数量的微小气泡，气泡的直径越小越好，常用的理想气泡尺寸是15～30 μm；②须使杂质颗粒呈悬浮状态而且具有疏水性。

（2）气浮技术原理

气浮法是一种高效、快速固液分离方法，其基本原理是通过某种方式在水中产生微气泡，使其与水中的疏水性物质（即接触润湿角$\theta>90°$的物质）黏附，形成整体比重小于水的浮体，从而使固体颗粒与气泡的整体密度小于水而上浮，达到去除的目的。采用气浮法净水时，因水中存在着多种溶解性和非溶解性的有机和无机杂质、净水药剂以及大量的微细气泡，所以它们之间的混合、絮凝及黏附的过程是一种十分复杂的物理和化学过程。水中杂质、混凝剂、微气泡以及相互黏附后形成的带气絮粒的性质都会影响气浮净水的效果。

气浮过程大体上有四个步骤：①在水中加入气浮剂或絮凝剂使细小的悬浮颗粒变成疏水颗粒或絮凝体；②产生大量的微细气泡；③形成良好的气泡－絮粒－水－絮凝剂的结合体；④结合体上浮与水分离。

2. 混凝沉淀技术

（1）原理

调节池出水至气浮设备内进行处理，用于去除残留于废水中粒径较小的分散油、乳化油、绒毛、细小悬浮颗粒等杂物，以保证后续厌氧等处理单元的稳定运行及处理效果。絮体作为化学污泥，通过污泥泵排至污泥浓缩池，待浓缩后通过带式压滤机进行污泥脱水。上清液进入水解酸化池。

混凝沉淀池是废水处理中沉淀池的一种。混凝过程是工业用水和生活污水处理中最基本也是极为重要的处理过程，混凝沉淀法即通过向水中投加一些药剂（通常称为混凝剂或助凝剂），使废水中的胶体和细微悬浮物凝聚成絮凝体，然后予以分离除去的水处理法。

水中的胶体和细小悬浮颗粒的本身质量很轻，受水的分子热运动的碰撞而做无规则的布朗运动。颗粒都带有同性电荷，它们之间的静电斥力阻止微粒间彼此接近而聚合成较大的颗粒；带电荷的胶粒和反离子都能与周围的水分子发生水化作用，形成一层水化壳，阻碍各胶体的聚合。一种胶体的胶粒带电越多，其电位就越大；扩散层中反离子越多，水化作用也越大，水化层也越厚，因此扩散层也越厚，稳定性越强。

废水中投入混凝剂后，因混凝剂为电解质，在废水里形成胶团，与废水中的胶体物质发生电中和，胶体因电位降低或消除，破坏了颗粒的稳定状态（称脱稳）。脱稳的颗粒相互聚集为较大的颗粒。未经脱稳的胶体也可形成大的颗粒，形成绒粒沉降。难以沉淀的颗粒能互相聚合而形成胶体，然后与水体中的杂质结合形成更大的絮凝体。絮凝体具有强大的吸附力，不仅能吸附悬浮物，还能吸附部分细菌和溶解性物质。絮凝体通过吸附，体积增大而下沉。不同的化学药剂能使胶体以不同的方式脱稳、凝聚或絮凝。按机理，混凝可分为压缩双电层、吸附电中和、吸附架桥、沉淀物网铺四种。

混凝沉淀不但可以去除废水中的粒径为10^{-6}～10^{-3}mm的细小悬浮颗粒，而且还能够去除色度、浑浊度、油分、微生物、氮和磷等富营养物质、重金属及有机物等。

影响废水混凝沉淀的原因：

① 对不同水样，由于废水中的成分不同，同一种混凝剂的处理效果可能会相差很大。

② 水温的影响，其影响主要表现在：影响药剂在一定水中碱度下起化学反应的速率，对金属盐类混凝影响很大，因其水解是吸热反应；影响矾花地形成和质

量，水温较低时，絮凝体成形缓慢，结构松散，颗粒细小；水温低时水的黏度大，布朗运动强度减弱，不利于脱稳胶粒相互凝聚，水流剪力也增大，影响絮凝体的成长。该因素主要影响金属盐类的混凝，对高分子混凝剂影响较小，一般来说，远水温度最好在 20～30℃。

③ pH 的影响，pH 对悬浮颗粒的表面电荷和电位、絮凝剂的性质和作用等都有很大的影响，直接影响絮凝效果。

④ 水中杂质的影响，水中的杂质颗粒级配越单一，颗粒越小，对混凝越不利，大小不一的颗粒有利于混凝。

⑤ 搅拌速率和时间的影响，混凝分为混合与反应两个过程，前者要求快速使混凝剂与水混合均匀，后者要求随着矾花的增大而逐步降低搅拌速率，以免增大的矾花重新破碎，过程时间由最佳工艺效果决定。

⑥ 混凝剂的用量影响，混凝效果一般随着混凝剂的用量增加而增强，但是混凝剂的用量达到一定值时，会出现最佳混凝效果，再增加用量反而混凝效果会下降。

混凝沉淀工艺在水处理上的应用已有几百年的历史，与其他物理、化学方法相比具有出水水质好、工艺运行稳定可靠、经济实用、操作简便等优点。

（2）混凝剂的分类

无机混凝剂：主要是一些无机电解质，如明矾、铁盐（硫酸铁、氯化铁、聚合硫酸铁、聚合氯化铁）、石灰等。起作用机理是通过外加离子改变胶粒的电势，使之发生聚沉。

有机混凝剂：主要是一些表面活性剂，如脂肪酸钠盐、季铵盐、壳聚糖、羟甲基纤维素钠等，它们属于离子型的有机物，能显著降低胶粒的电势，并且它们能够强烈地吸附在胶粒表面，使胶粒周围的水层减小，容易繁盛聚沉。

高分子混凝剂：

包括天然高分子化合物如明胶以及人工合成高分子，如聚丙烯酰胺。

另外，pH 调节剂、活化剂和氧化剂属于助凝剂。

（3）混凝沉淀的优缺点

优点：效率高，操作简单，处理方式成熟稳定，电耗较低。

缺点：①投入过多的药剂时，药剂本身也对水体造成污染（增大 COD 的含量）；②水质千变万化，最佳的投药量各不相同，必须通过实验来确定；③占地较大；污泥需要经过浓缩后脱水。

3. 混凝气浮技术与混凝沉淀技术比较

与混凝沉淀技术相比较，混凝气浮技术具有以下特点：

① 不仅对难以用混凝沉淀法处理的废水中的污染物可以有较好的去除效果，

而且对能用混凝沉淀法处理的废水中的污染物往往也能取得较好的去除效果。

② 气浮池的表面负荷有可能超过 12 m^3/(m^2·h)，水流在池中的停留时间只需要 10～20 min，而池深只需要 2 m 左右，因此占地面积只有混凝沉淀法的 1/8～1/2，池容积只有混凝沉淀法的 1/8～1/4。

③ 浮渣含水率较低，一般在 96%以下，是混凝沉淀法产生同样干重污泥的体积的 1/10～1/2，简化了污泥处置过程、节省了污泥处置费用，而且气浮表面除渣比沉淀池底排泥更方便。

④ 气浮池除了具有去除悬浮物的作用以外，还可以起到预曝气、脱色等作用，出水和浮渣中都含有一定量的氧，有利于后续处理，泥渣不易腐败变质。

⑤ 气浮法所用药剂比沉淀法要少，使用絮凝剂为脱稳剂时，药剂的投加方法与混凝处理工艺基本相同，所不同的是气浮法不需要形成尺寸很大的矾花，因而所需反应时间较短。但气浮法电耗较大，一般电耗为 0.02～0.04 kW·h/m^3。

⑥ 气浮法所用的释放器容易堵塞，室外设置的气浮池浮渣受风雨的影响很大，在风雨较大时，浮渣会被打碎重新回到水中。

4.2.6 小结

预处理技术（一级处理技术）主要工艺参数总结见表 4-3。

表 4-3　一级处理技术主要工艺参数

序号	名称	技术参数	污染物去除效率
1	格栅	过栅流速：0.6～1.0 m/s；栅条间隙宽度：粗格栅机械清除时宜为 16～25 mm，人工清除时宜为 25～40 mm，细格栅宜为 1.5～10 mm	COD_{Cr}：5%～10% SS：5%～10%
2	沉淀	初次沉淀池表面负荷：1.5～4.5 m^3/（m^2·h）；水力停留时间：0.5～2.0 h；斜管（板）沉淀池表面水力负荷可按普通沉淀池 2 倍计	COD_{Cr}：5%～10% SS：5%～10%
3	混凝	采用混凝沉淀池，混合区速率梯度（G）值 300～600 s^{-1}；混合时间 30～120 s；反应区 G 值 30～60 s^{-1}，反应时间 5～20 min；分离区表面负荷 1.0～1.5 m^3/(m^2·h)，水力停留时间：2.0～3.5 h	COD_{Cr}：25%～35% SS：40%～60%
		采用混凝气浮池，气水接触时间：30～100 s； 表面负荷：5～8 m^3/(m^2·h)；水力停留时间：20～35 min	
4	除油	平流式隔油池宜用于去除粒径大于 150 μm 的油珠，斜板隔油池宜用于去除粒径大于 80 μm 的油珠，溶气气浮宜用于去除污水中比重接近于 1 的微细悬浮物和粒径大于 0.05 μm 的油污	COD_{Cr}：15%～20% SS：10%～50%

4.3　生化处理技术

分析 4.1 节关于屠宰和肉类加工废水水质特点可知，废水 B/C（BOD/COD）值在 0.5～0.8，说明该类废水的可生化性较强。基于此类废水可生化性较强的特点，二级处理方法选取生化处理法。生化处理法种类比较多，目前分为两大类，一类是厌氧技术，另一类是好氧技术。屠宰和肉类加工废水水质 COD 浓度较高，该类废水首先用厌氧法处理，将大约 65%～75%的 COD 去除后，其次再进行好氧处理。

4.3.1　厌氧技术

1. 技术原理

废水厌氧生物处理是指在无分子氧条件下通过厌氧微生物（包括兼氧微生物）的作用，将废水中的各种复杂有机物分解转化成甲烷和二氧化碳等物质的过程，也称为厌氧消化。对批量污泥静置考察，可以见到污泥的消化过程明显分为两个阶段。固态有机物先是液化，称液化阶段；接着降解产物气化，称气化阶段；在常温下，整个过程历时半年以上。

传统的厌氧消化理论为两阶段理论：

第一阶段是酸化阶段，最显著的特征是液态污泥的 pH 迅速下降。污泥中的固态有机物或污水中的大分子化合物，如淀粉、纤维素、油脂、蛋白质等，在无氧环境中降解时，转化为有机酸、醇、醛、水分子等液态产物和 CO_2、H_2、NH_3、H_2S 等气体分子，气体大多溶解在泥液中。转化产物中有机酸是主体。低 pH 有抑制细菌生长的作用，NH_3 的溶解产物 NH_4OH 有中和作用。

第二阶段是气化阶段，由低分子的有机酸经微生物作用转化为气体，气体类似沼泽散发的气体，可称沼气，主体是 CH_4，CO_2 也相当多，还有微量 H_2、H_2S 等，因此气化阶段常称甲烷化阶段。

厌氧生物处理是一个复杂的微生物化学过程，依靠三大主要类群的细菌，即产酸细菌、产氢产乙酸细菌和产甲烷细菌的联合作用完成。参与硝化的细菌，酸化阶段的统称产酸细菌或酸化细菌，几乎包括所有的兼性细菌；甲烷化阶段的细菌统称产甲烷细菌。

2. 影响因素

控制厌氧技术处理效率的基本因素有两类：一类是基础因素，包括微生物量（污泥浓度）、营养比、混合接触状况、有机负荷等；另一类是环境因素，如温度、pH、氧化还原电位、有毒物质等。产甲烷细菌是决定厌氧消化效率和成败的主要微生物，对于一般工业废水，甲烷化阶段是厌氧过程的速率限制步骤。

（1）温度因素

各类微生物适宜的温度范围是不同的，一般认为，产甲烷细菌的温度范围为 25～60℃。在 35℃和 53℃上下可以分别获得较高的消化效率，温度为 40～45℃时，厌氧消化效率较低。据产甲烷细菌适宜温度条件的不同，厌氧法可分为常温消化、中温消化和高温消化三种类型。

（2）pH

每种微生物可在一定的 pH 范围内活动，产酸细菌对酸碱度不及产甲烷细菌敏感，其适宜的 pH 范围较广，在 4.5～8.0。产甲烷细菌要求环境介质 pH 在中性附近，最适宜 pH 为 7.0～7.2。在厌氧法处理废水的应用中，由于产酸和产甲烷大多在同一构筑物内进行，故为了维持平衡，避免过多的酸积累，常保持反应器内的 pH 在 6.5～7.5（最好在 6.8～7.2）的范围内。

（3）氧化还原电位

无氧环境是严格厌氧的产甲烷细菌繁殖的最基本条件之一。产甲烷细菌对氧和氧化剂非常敏感，这是因为它不像好氧菌那样具有过氧化氢酶。氧是影响厌氧反应器中氧化还原电位条件的重要因素，但不是唯一因素。挥发性有机酸的增减、pH 的升降及铵离子浓度的高低等因素均影响系统的还原强度。pH 低，氧化还原电位高；pH 高，氧化还原电位低。

（4）有机负荷

在厌氧法中，有机负荷通常指容积有机负荷，简称容积负荷，即消化器单位有效容积每天接受的有机物量，即 kg $COD/(m^3 \cdot d)$。对悬浮生长工艺，也有用污泥负荷表达的，即 kg COD/(kg 污泥·d)。在污泥消化中，有机负荷习惯上以投配率或进料率表达，即每天所投加的湿污泥体积占消化器有效容积的百分数。由于各种湿污泥的含水率、挥发组分不尽一致，投配率不能反映实际的有机负荷，为此，又引入反应器单位有效容积每天接受的挥发性固体重量这一参数，即 kg MLVSS/（$m^3 \cdot d$）。

（5）搅拌和混合

通过搅拌可消除池内梯度，增加食料与微生物之间的接触，避免产生分层，促进沼气分离。在连续投料的消化池中，还使进料迅速与池中原有料液相混匀。在传统厌氧消化工艺中，也将有搅拌的消化器称为高效消化器。搅拌程度与强度要适当。

（6）废水的营养比

厌氧微生物的生长繁殖需按一定的比例摄取碳、氮、磷及其他微量元素。工程上主要控制进料的碳、氮、磷比例，因为其他营养元素不足的情况较少见。厌氧法中碳∶氮∶磷控制为（200～300）∶5∶1 为宜。

3. 厌氧技术特点

厌氧技术的优点包括：

① 应用范围广。

因供氧限制，好氧法一般适用于中、低浓度有机废水的处理，而厌氧法适用于中、高浓度有机废水。有些有机物对好氧生物处理法来说是难降解的，但对厌氧生物处理是可降解的，如固体有机物、着色剂蒽醌和某些偶氮染料等。

② 能耗低。

好氧法需要消耗大量能量供氧，曝气费用随着有机物浓度的增加而增大，而厌氧法不需要充氧，而且产生的沼气可作为能源。废水有机物达一定浓度后，沼气能量可以抵偿消耗能量。研究表明，当原水 BOD_5 达到 1500 mg/L 时，采用厌氧处理即有能量剩余。有机物浓度愈高，剩余能量愈多。一般厌氧法的动力消耗约为活性污泥法的 1/10。

③ 氮、磷营养需要量较少。

好氧法一般要求 BOD∶N∶P 为 100∶5∶1，而厌氧法的 BOD∶N∶P 为 100∶2.5∶0.5，对氮、磷缺乏的工业废水所需投加的营养盐量较少。

④ 有杀菌作用。

厌氧处理过程有一定的杀菌作用，可以杀死废水和污泥中的寄生虫卵、病毒等。

⑤ 污泥易贮存。

厌氧活性污泥可以长期贮存，厌氧反应器可以季节性或间歇性运转。

同时，厌氧技术也存在缺点:

① 厌氧微生物增殖缓慢，因而厌氧设备启动和处理所需时间比好氧设备长;

② 出水往往达不到排放标准，需要进一步处理，故一般在厌氧处理后串联好氧处理;

③ 厌氧处理系统操作控制因素较为复杂;

④ 厌氧过程会产生气味，对空气有污染。

4. 厌氧技术分类

厌氧技术按微生物生长状态分类，分为厌氧活性污泥法和厌氧生物膜法。厌氧活性污泥法包括普通消化池、厌氧接触工艺、升流式厌氧污泥床反应器、厌氧膨胀颗粒污泥床等。

按投料、出料及运行方式分类，厌氧技术分为分批式、连续式和半连续式。

根据厌氧消化中物质转化反应的总过程是否在同一反应器中并在同一工艺条件下完成，厌氧技术又可分为一步厌氧消化与两步厌氧消化等。

屠宰和肉类加工中的废水常用的厌氧技术主要包括升流式厌氧污泥床（UASB）和厌氧膨胀颗粒污泥床（EGSB）。

（1）升流式厌氧污泥床（UASB）

升流式厌氧污泥床反应器，简称 UASB 反应器，是由荷兰 G. Lettnga 等在 20 世纪 70 年代初研制开发的。污泥床反应器内没有人工载体，反应器内微生物以自身聚集生长，为颗粒污泥状态存在，因而能达到高生物量和高效高负荷，可以承受的COD负荷可高达30～50 kg COD/(m^3·d)以上，COD去除率可达90%以上。

升流式厌氧污泥床的池形有圆形、方形、矩形。小型装置常为圆柱形，底部呈锥形或圆弧形；大型装置为便于设置气、液、固三相分离器，则一般为矩形，高度一般为3～8 m，其中污泥床1～2 m，污泥悬浮层2～4 m，多用钢结构或钢筋混凝土结构。由于UASB反应器不需要供氧，不需要搅拌，不需要加温，在实现高效能的同时，达到了低能耗。因此，UASB反应器是一种产能型的废水处理设备。由于SRT（水力停留时间）很长，不仅产生的污泥是稳定的，而且产泥量很少，从而降低了污泥处理费用。

UASB工作时，废水从反应器底部进入，与污泥床层的高浓度颗粒污泥接触，污染物被分解产生沼气。污水、污泥和沼气一起向上流动，进入反应器的上部的三相分离器，完成气、液、固三相的分离。被分离的消化气从上部导出，被分离的污泥则自动滑落到悬浮污泥层。出水则从澄清区流出。UASB结构图和现场图见图4-1。

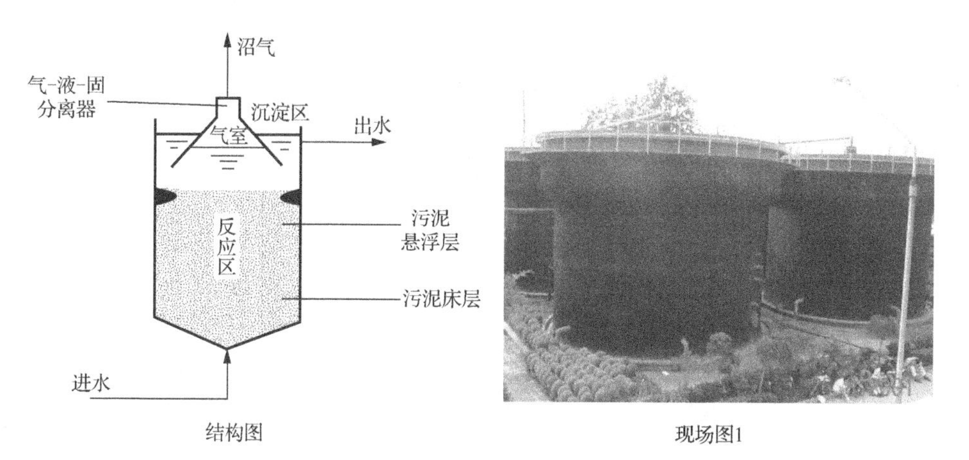

结构图　　现场图1

现场图2

图4-1　UASB结构图和现场图

UASB 反应器的组成包括：①进水配水系统，将废水尽可能均匀地分配到整个反应器，并有水力搅拌功能。②反应区，包括污泥床层和污泥悬浮层。有机物主要在这里被厌氧菌所分解。反应区内存留大量具有良好凝聚和沉淀性能的污泥，在池底部形成颗粒污泥床层。废水从厌氧污泥床底部流入，与颗粒污泥中的污泥进行混合接触，污泥中的微生物分解有机物，同时产生的微小沼气气泡不断地放出。微小气泡在上升过程中，不断合并，逐渐形成较大的气泡。在颗粒污泥上部，由于沼气的搅动，形成一个污泥浓度较小的污泥悬浮层。③相分离器，由沉淀区、回流缝和气封组成，其功能是把沼气、污泥和液体分开。④出水系统，其作用是把沉淀区表层处理过的水均匀地加以收集，排出反应器。⑤气室，也称集气罩，其作用是收集沼气。⑥浮渣清除系统，其功能是清除沉淀区液面和气室表面的浮渣，根据需要设置。⑦排泥系统，其功能是均匀地排除反应区的剩余污泥。

UASB 较为突出的优点包括：有机负荷居第二代反应器之首，水力负荷满足要求；污泥颗粒化后使反应器对不利条件的抗性增强；在一定的水力负荷下，可以靠反应器内产生的气体来实现污泥与基质的充分接触。具体为：①反应器内污泥浓度高，一般平均污泥浓度为 30～40 g/L，其中底部污泥床（sludge bed）污泥浓度 60～80 g/L，污泥悬浮层污泥浓度 5～7 g/L；污泥床中的污泥由活性生物量占 70%～80%的高度发展的颗粒污泥组成，颗粒的直径一般为 0.5～5.0 mm，颗粒污泥是 UASB 反应器的一个重要特征。②有机负荷高，水力停留时间短，中温消化。COD 容积负荷在小试验和中型试验中可高达 20～40 kg COD/(m^3·d)，在大型生产装置中可达到 6～8 kg COD/(m^3·d)。③反应器内设三相分离器，被沉淀区分离的污泥能自动回流到反应区，一般无污泥回流设备，简化了工艺，节约了投资和运行费用。④无混合搅拌设备，投产运行正常后，利用本身产生的沼气和进水来搅动。⑤污泥床内不填载体，提高了容积利用率，节省造价及避免堵塞问题。

UASB 也存在一定的缺点，包括：①大型装置内会有短流现象（要求配水装置性能要好）；②进水 SS 要求≤200 mg/L，以免对污泥颗粒化不利或减少反应区的有效容积，甚至引起堵塞；③在没有颗粒污泥接种的情况下，启动时间长；④对水质和负荷突然变化比较敏感；⑤要求水温高些，最好在 35℃左右。

UASB 反应器的一个重要特征就是颗粒污泥。厌氧污泥的主要聚集形式包括颗粒、团体、絮体、絮状污泥等。团体和颗粒是结构紧密的聚集体。这些聚集体沉降后呈现固定的形态。絮体和絮状污泥则是具有蓬松结构的聚集体，这些聚集体沉降后无固定形态。

颗粒污泥形状不规则，颜色呈灰黑色或褐黑色，包裹灰白色生物膜，相对密度 1.01～1.05。污泥指数与颗粒大小有关，颗粒污泥在反应器中的沉降速率为 0.3～0.8 m/h。

颗粒污泥的成分含有微生物及其分泌物，各类产酸细菌和产甲烷细菌，以及惰性物质和金属离子。产酸细菌在颗粒外部，产甲烷细菌在颗粒内部。

影响污泥颗粒化的因素包括：①接种污泥；②废水的性质；③反应器的工艺条件；④不同的出水乙酸浓度可以决定优势菌种。

影响颗粒污泥直径大小的因素包括：①温度；②底物在传质过程中所能进入颗粒内部的深度；③有机负荷的高低，如果低负荷忽然增加，负荷将使颗粒污泥破碎；④用较大的上升气流与产气量可选择性的洗出较小的颗粒污泥。

（2）厌氧膨胀颗粒污泥床（EGSB）

EGSB 反应器是在 UASB 反应器研究成果的基础上，开发的第三代超高效厌氧反应器，可以分为进水配水系统、反应区、三相分离区和出水渠系统。与 UASB 反应器不同之处是，EGSB 反应器设有专门的出水回流系统。EGSB 反应器一般为圆柱状塔形，特点是具有很大的高径比，一般可达 3～5，生产装置反应器的高度可达 15～20 m。颗粒污泥的膨胀床改善了废水中有机物与微生物之间的接触，强化了传质效果，提高了反应器的生化反应速率，从而大大提高了反应器的处理效能。在多个工程实践的基础上优化布水系统和三相分离器，使得布水更加合理，三相分离器更加理想，确保了反应器在稳定的运行中获得更高的容积负荷。

该种类型反应器除具有 UASB 反应器的全部特性外，还具有以下特征，即：①高的液体表面上升流速和 COD 去除负荷。②厌氧污泥颗粒粒径较大，反应器抗冲击负荷能力强，具有缓冲 pH 的能力。进水浓度的突然增加或进水量的突然改变，都会对厌氧反应器造成负荷冲击。EGSB 因其内循环的作用，瞬间高浓度的废水进入反应器后，产气量增大，气提量也会增大，从而内循环量大，大的内循环能迅速地将高浓度的废水稀释，从而减少了有机负荷变化对反应器的冲击。③反应器为塔形结构设计，具有较高的容积负荷和高径比，有机负荷高，约是 UASB 有机负荷的 2～5 倍，UASB 的有机负荷通常为 3～8 kg COD/(m^3·d)，而 EGSB 的有机负荷可达 6～25 kg COD/(m^3·d)。④占地面积少，因 EGSB 有机负荷和高径比均大于 UASB，因此处理同样规模的有机废水，EGSB 的占地面积远远小于 UASB 反应器的占地面积，节省基建投资。⑤可用于 SS 含量高的和对微生物有毒性的废水处理，主要用于高浓度有机废水处理。⑥运行稳定，EGSB 反应器采用的是厌氧颗粒污泥，污泥的沉降速率大于污水的上升速率，因此 EGSB 反应器很少会跑泥，运行稳定。⑦布水均匀，EGSB 底部高的水力负荷和独特的布水器能最大程度确保布水均匀。⑧运行成本低，EGSB 反应器待正常运行时可以用回流水调配 pH，需要很少的调配药剂，没有运动部件操作简单，节省能耗，节省运行成本。⑨出水稳定性好。

EGSB 反应器在运行中，控制温度和 pH 是比较重要的环节。中温厌氧反应的最适宜温度范围为 35～38℃，运行过程中的温度波动≤2℃/d。pH 的控制在于，正常情况下进水 pH 控制在 6.5 以上，出水 6.8～7.2。其他运行指标包括 VFA、产气量、HCO_3—碱度、N 和 P 等营养元素、有毒物质。废水经过污水泵进入 EGSB 反应器，其有机物充分与厌氧罐底部的污泥接触，大部分被处理吸收。高水力负荷和高产气负荷使污泥与有机物充分混合，污泥处于充分的膨胀状态，传质速率高，大大提高了厌氧反应速率和有机负荷。所产生的沼气上升到顶部经过三相分离器把污泥、污水、沼气分离开来。 从实际运行情况看，EGSB 反应器对有机物的去除率高达 85%以上，运行稳定、出水稳定，此 EGSB 技术已经非常成熟，如今 EGSB 反应器已被广泛应用于屠宰、肉类加工、淀粉、酒精、啤酒、制药、造纸等行业，处理效果良好。

厌氧技术（二级处理技术）主要工艺参数总结见表 4-4。

表 4-4　厌氧技术主要工艺参数

序号	名称	技术参数	污染物去除效率
1	UASB	污泥浓度：10～20 g/L； 容积负荷：10～20 kg $COD_{Cr}/(m^3 \cdot d)$； 水力停留时间：12～20 h	COD_{Cr}：80%～90% BOD_5：70%～80% SS：30%～50%
2	水解酸化	pH：5.0～9.0； 容积负荷：4～8 kg $COD_{Cr}/(m^3 \cdot d)$； 水力停留时间：2～6 h	COD_{Cr}：30%～50% BOD_5：20%～40% SS：50%～80%
3	EGSB	污泥浓度：20～40 g/L； 容积负荷：10～30 kg $COD_{Cr}/(m^3 \cdot d)$； 水力停留时间：6～12 h	COD_{Cr}：70%～90% BOD_5：60%～80% SS：30%～50%

4.3.2　水解酸化技术

（1）技术原理

水解（酸化）处理方法是一种介于好氧和厌氧处理法之间的方法，水解酸化工艺根据产甲烷菌与水解产酸菌生长速率不同，将厌氧处理控制在反应时间较短的厌氧处理第一和第二阶段，即在大量水解细菌、酸化菌作用下将不溶性有机物水解为溶解性有机物，将难生物降解的大分子物质转化为易生物降解的小分子物质的过程，从而改善废水的可生化性。

水解，是指有机物进入微生物细胞前、在胞外进行的生物化学反应。微生物通过释放胞外自由酶或连接在细胞外壁上的固定酶来完成生物催化反应。

酸化，是一类典型的发酵过程，微生物的代谢产物主要是各种有机酸。酸化阶段，上述小分子的化合物在酸化菌的细胞内转化为更为简单的化合物并分泌到细胞外。发酵细菌绝大多数是严格厌氧菌，但通常有约 1%的兼性厌氧菌存在于厌氧环境中，这些兼性厌氧菌能够起到保护严格厌氧菌免受氧的损害与抑制。这一阶段的主要产物有挥发性脂肪酸、醇类、乳酸、二氧化碳、氢气、氨、硫化氢等，产物的组成取决于厌氧降解的条件、底物种类和参与酸化的微生物种群。

从机理上讲，水解和酸化是厌氧消化过程的两个阶段，但不同工艺的水解酸化的处理目的不同。水解酸化处理工艺中的水解目的主要是将原有废水中的非溶解性有机物转变为溶解性有机物，特别是难降解有机废水，主要将其中难生物降解的有机物转变为易生物降解的有机物，提高废水的可生化性，以利于后续的好氧处理。例如，纤维素被纤维素酶水解为纤维二糖与葡萄糖，淀粉被淀粉酶分解为麦芽糖和葡萄糖，蛋白质被蛋白质酶水解为短肽与氨基酸等。这些小分子的水解产物能够溶解于水并透过细胞膜为细菌所利用。水解过程通常较缓慢，多种因素如温度、有机物的组成、水解产物的浓度等可能影响水解的速率与水解的程度。

（2）水解酸化池结构

水解酸化池内分污泥床区和清水层区，待处理污水以及滤池反冲洗时脱落的剩余微生物膜由反应器底部进入池内，并通过带反射板的布水器与污泥床快速而均匀地混合。污泥床较厚，类似于过滤层，从而将进水中的颗粒物质与胶体物质迅速截留和吸附。由于污泥床内含有高浓度的兼性微生物，在池内缺氧条件下，被截留下来的有机物质在大量水解产酸菌作用下，将不溶性有机物水解为溶解性物质，将大分子、难于生物降解的物质转化为易于生物降解的物质；同时，生物滤池反冲洗时排出的剩余污泥（剩余微生物膜）菌体外多糖黏质层发生水解，使细胞壁打开，污泥液态化，重新回到污水处理系统中被好氧菌代谢，达到剩余污泥减容化的目的。由于水解酸化的污泥龄较长（一般 15～20 天）。若采用水解酸化池代替常规的初沉池，除达到截留污水中悬浮物的目的外，还具有部分生化处理和污泥减容稳定的功能。

（3）水解酸化池特点

① 水解酸化池抗冲击负荷能力强，能起到非常好的缓冲作用；

② 水解酸化池水力停留时间短，土建费用较低，而且运行费用低，电耗低，污泥水解率高，减少脱水机运行时间，降低能耗，因此水解酸化池的稳定性和经济性要远远超过其他预处理工艺；

③ 废水经过水解酸化池后可以提高其可生化性，降低污水的 pH，减少污泥产量，为后续好氧生物处理创造了有利条件。

4.3.3 好氧技术

屠宰和肉类加工废水水质 COD 浓度较高，该类废水首先用厌氧法处理，将65%～75%的 COD 去除后，其次再进行好氧处理。好氧技术主要可分为活性污泥技术和生物膜技术，其中包括完全混合活性污泥法、氧化沟法、厌氧-缺氧-好氧

（AAO）工艺、序批式活性污泥（SBR）法、生物接触氧化法、曝气生物滤池法、膜生物（MBR）法等。

1. 活性污泥技术

活性污泥技术是一种污水的好氧生物处理技术，由英国的克拉克（Clark）和盖奇（Gage）约在 1913 年于曼彻斯特的劳伦斯污水试验站发明并应用。如今，活性污泥法及其衍生改良工艺是处理城市污水最广泛使用的方法。它能从污水中去除溶解性的和胶体状态的可生化有机物以及能被活性污泥吸附的悬浮固体和其他一些物质，同时也能去除一部分磷素和氮素，是废水生物处理悬浮在水中的微生物的各种方法的统称。

（1）技术原理

活性污泥技术是一种废水生物处理技术，是以活性污泥为主体的废水生物处理的主要方法。这种技术将废水与活性污泥（微生物）混合搅拌并曝气，对污水和各种微生物群体进行连续混合培养，形成活性污泥，活性污泥吸附、吸收、氧化、降解废水中的有机污染物，一部分转化为无机物并提供微生物生长所需的能源，另一部分转化为污泥，通过沉降分离，使废水得到净化。活性污泥法是向废水中连续通入空气，经一定时间后因好氧微生物繁殖而形成的污泥状絮凝物，其上栖息着以菌胶团为主的微生物群，具有很强的吸附与氧化有机物的能力。

（2）处理过程

污水和活性污泥一起进入曝气池形成混合液。从空气压缩机站送来的压缩空气以细小气泡的形式进入污水中，增加污水中的溶解氧含量，还使混合液处于剧烈搅动的状态，呈悬浮状态。溶解氧、活性污泥与污水互相混合、充分接触，使活性污泥反应得以正常进行。

第一阶段，污水中的有机污染物被活性污泥颗粒吸附在菌胶团的表面上，这是由于其具有巨大的比表面积和多糖类黏性物质。同时一些大分子有机物在细菌胞外酶作用下分解为小分子有机物。

第二阶段，微生物在氧气充足的条件下，吸收这些有机物，并氧化分解，形成二氧化碳和水，一部分供给自身的增殖繁衍。活性污泥反应进行的结果，污水中有机污染物得到降解而去除，活性污泥本身得以繁衍增长，污水则得以净化处理。

（3）影响因素

BOD 负荷率（F/M）：也称有机负荷率，需氧量是从废水的 BOD_5 及每天废弃的活性污泥量来进行估算。

水温：水温对反应的活性有影响。

pH：不同 pH 下污泥反应的活性不同。

溶解氧：废水的好氧分解过程中，必须有氧的参与。微生物利用氧分解有机物以产生高能量化合物，供新细胞合成和进行呼吸作用。

营养平衡：大量的工业废水中缺乏氮、磷等营养元素会使处理效率降低。

有毒物质：虽然废水中有毒金属及毒性有机物的浓度不会太高以至影响污水处理厂的运行，但若不在预处理中将其去除，仍有可能产生两种不良后果，其一是挥发性有机物会从曝气池中逃逸到空气中，而造成空气污染，其二是有毒金属可能沉淀进入废弃污泥，使其成为有害污泥。

2. 氧化沟法

氧化沟是一种活性污泥处理系统，其曝气池呈封闭的沟渠型，所以它在水力流态上不同于传统的活性污泥法，它是一种首尾相连的循环流曝气沟渠，又称循环曝气池。最早的氧化沟渠不是由钢筋混凝土建成的，而是加以护坡处理的土沟渠，是间歇进水间歇曝气的，从这一点上来说，氧化沟最早是以序批方式处理污水的技术。

（1）技术简介

氧化沟又名循环曝气池，是活性污泥法的一种变形。氧化沟在流程设计上采用了连续式反应池原理，将碳源（污染物质）代谢、硝化、反硝化等一系列生化过程在一个闭合环路中连续运行，因而产生了十分独特的工艺特性。

氧化沟具有处理流程简单、构造形式多样、出水水质好、可脱氮除磷、基建投资省、运行费用低成本等优点。一般采用机械曝气，利用转刷、转盘、表面曝气机等机械曝气器，其主要功能为供氧、推动水流水平循环流动、加速混合和防止活性污泥沉淀的作用。曝气设备在氧化沟中的一点或几点进行曝气，溶解氧浓度在曝气点最高，随混合液的流动，溶解氧的浓度不断下降，这样就在氧化沟内形成好氧、缺氧交替出现的情形，从而达到脱氮的目的。

（2）技术特点

氧化沟利用连续环式反应池作生物反应池，混合液在该反应池中一条闭合曝气渠道进行连续循环，氧化沟通常在延时曝气条件下使用。

氧化沟一般由沟体、曝气设备、进出水装置、导流和混合设备组成，沟体的平面形状一般呈环形，也可以是长方形、L 形、圆形或其他形状，沟端面形状多为矩形和梯形。

氧化沟法由于具有较长的水力停留时间，较低的有机负荷和较长的污泥龄，因此相比传统活性污泥法，可以省略调节池、初沉池、污泥消化池，有的还可以省略二沉池。氧化沟能保证较好的处理效果，这主要是因为巧妙结合了 CLR 形式和曝气装置特定的定位布置，是氧化沟具有独特水力学特征和工作特性：

① 氧化沟结合推流和完全混合的特点，有利于克服短流和提高缓冲能力，通

常在氧化沟曝气区上游安排入流，在入流点的再上游点安排出流。氧化沟在短期内（如一个循环）呈推流状态，而在长期（如多次循环）又呈混合状态。这两者的结合，既可以使入流至少经历一个循环而杜绝短流，又可以提供很大的稀释倍数而提高了缓冲能力。同时，为了防止污泥沉积，必须保证沟内足够的流速，而污水在沟内的停留时间又较长，这就要求沟内有较大的循环流量，进入沟内的污水立即被大量的循环液所混合稀释，因此氧化沟系统具有很强的耐冲击负荷能力，对不易降解的有机物也有较好的处理能力。

② 氧化沟具有明显的溶解氧浓度梯度，特别适用于硝化-反硝化生物处理工艺。氧化沟从整体上说是完全混合的，而液体流动却又保持着推流前进，其曝气装置是定位的，因此，混合液在曝气区内溶解氧浓度是上游高，然后沿沟长逐步下降，出现明显的浓度梯度，到下游区溶解氧浓度就很低，基本上处于缺氧状态。氧化沟设计可按要求安排好氧区和缺氧区，实现硝化-反硝化工艺，不仅可以利用硝酸盐中的氧满足一定的需氧量，而且可以通过反硝化补充硝化过程中消耗的碱度。这些有利于节省能耗和减少甚至免去硝化过程中需要投加的化学药品数量。

③ 氧化沟沟内功率密度的不均匀配备，有利于氧的传质、液体混合和污泥絮凝。当混合液经平稳的输送区到达好氧区后期，污泥仍有再絮凝的机会，因而也能改善污泥的絮凝性能。

④ 氧化沟的整体功率密度较低，可节约能源。

与其他污水生物处理方法相比，氧化沟具有处理流程简单、操作管理方便、出水水质好、工艺可靠性强、基建投资省、运行费用低等特点。

传统氧化沟的脱氮，主要是利用沟内溶解氧分布的不均匀性，通过合理的设计，使沟中产生交替循环的好氧区和缺氧区，从而达到脱氮的目的。其最大的优点是在不外加碳源的情况下在同一沟中实现有机物和总氮的去除，因此是非常经济的。但在同一沟中好氧区与缺氧区各自的体积和溶解氧浓度很难准确地加以控制，因此对除氮的效果是有限的，而对除磷几乎不起作用。另外，在传统的单沟式氧化沟中，微生物在好氧-缺氧-好氧短暂的、经常性的环境变化中使硝化菌和反硝化菌群并非总是处于最佳的生长代谢环境中，由此也影响单位体积构筑物的处理能力。

在实际的运行过程中，氧化沟法也存在一系列的问题：

① 污泥膨胀问题。当废水中的碳水化合物较多，N、P 含量不平衡，pH 偏低，氧化沟中污泥负荷过高，溶解氧浓度不足，排泥不畅等情况发生时易引发丝状菌性污泥膨胀。而非丝状菌性污泥膨胀主要发生在废水水温较低而污泥负荷较高时。微生物的负荷高，细菌吸取了大量营养物质，由于温度低，代谢速度较慢，

积贮起大量高黏性的多糖类物质，使活性污泥的表面附着水大大增加，SVI 值很高，形成污泥膨胀。

② 泡沫问题。由于进水中带有大量油脂，处理系统不能完全有效地将其除去，部分油脂富集于污泥中，经转刷充氧搅拌，产生大量泡沫；泥龄偏长，污泥老化，也易产生泡沫。

③ 污泥上浮问题。当废水中含油量过大，整个系统泥质变轻，在操作过程中不能很好控制其在二沉池的停留时间，易造成缺氧，产生腐化污泥上浮；当曝气时间过长，在池中发生高度硝化作用，使硝酸盐浓度高，在二沉池易发生反硝化作用，产生氮气，使污泥上浮；另外，废水中含油量过大，污泥可能挟油上浮。

④ 流速不均及污泥沉积问题。在氧化沟中，为了获得其独特的混合和处理效果，混合液必须以一定的流速在沟内循环流动。氧化沟的曝气设备一般为曝气转刷和曝气转盘。而底部流速很小，使沟底大量积泥（有时积泥厚度达 1.0 m），大大减少了氧化沟的有效容积，降低了处理效果，影响了出水水质。

⑤ 有较多的大肠杆菌散发到空气中。

⑥ 对于 BOD 较小的水质完全没有处理能力。

3. AAO 法

AAO 法又称 A^2O 法，是英文 anaerobic-anoxic-oxic 第一个字母的简称（厌氧-缺氧-好氧），是一种常用的污水处理工艺，可用于二级污水处理或三级污水处理，以及中水回用，具有良好的脱氮除磷效果。该法是 20 世纪 70 年代，由美国的一些专家在 AO 法脱氮工艺基础上开发的。

（1）技术简介

A 代表厌氧—缺氧段，主要用于脱氮除磷；O 代表好氧段，主要用于去除水中的有机物，且除了可去除废水中的有机污染物外，还可同时去除氮、磷，对高浓度有机废水及难降解废水，在好氧段前设置水解酸化段，可显著提高废水可生化性。在厌氧—缺氧段，异养菌将污水中的淀粉、纤维、碳水化合物等悬浮污染物和可溶性有机物水解为有机酸，使大分子有机物分解为小分子有机物，不溶性的有机物转化成可溶性有机物。当这些经厌氧—缺氧水解的产物进入好氧池进行好氧处理时，可提高污水的可生化性及氧的效率。在好氧段，异养菌将蛋白质、脂肪等污染物进行氨化（有机链上的 N 或氨基酸中的氨基），游离出氨（NH_3）和铵盐（NH_4^+）；在充足供氧条件下，自养菌的硝化作用将 NH_3-N（NH_3 和 NH_4^+）氧化为 NO_3^-，通过回流控制返回至 A 池。在缺氧条件下，异氧菌的反硝化作用将 NO_3^- 还原为分子态氮（N_2），完成 C、N、O 在生态中的循环，实现污水无害化处理。

（2）组成结构

厌氧反应器，原污水与从沉淀池排出的含磷回流污泥同步进入，本反应器主要功能是释放磷，同时部分有机物进行氨化。

缺氧反应器，首要功能是脱氮，硝态氮是通过内循环由好氧反应器送来的，循环的混合液量较大，一般为 $2Q$（Q 为原污水流量）。

好氧反应器——曝气池，这一反应单元是多功能的，去除 BOD，硝化和吸收磷等均在此处进行。流量为 $2Q$ 的混合液从这里回流到缺氧反应器。

沉淀池，功能是泥水分离，污泥一部分回流至厌氧反应器，上清液作为处理水排放。

（3）技术特点

AAO 法的技术优势为：

① 本工艺在系统上可以称为最简单的同步脱氮除磷工艺，总水力停留时间少于其他类工艺；

② 在厌氧（缺氧）、好氧交替运行条件下，丝状菌不能大量增殖，不易发生污泥丝状膨胀，SVI 值一般小于 100；

③ 污泥含磷高，具有较高肥效；

④ 运行中无须投药，两个 A 段只用轻轻搅拌，以不增加溶解氧为度，运行费用低。

AAO 法存在的问题为：

① 除磷效果难再提高，污泥增长有一定限度，不易提高，特别是 P/BOD 值高时更甚；

② 脱氮效果也难再进一步提高，内循环量一般以 $2Q$ 为限，不宜太高；

③ 进入沉淀池的处理水要保持一定浓度的溶解氧，减少停留时间，防止产生厌氧状态和污泥释放磷的现象出现，但溶解氧浓度也不宜过高，以防循环混合液对缺氧反应器的干扰。

4. 序批式活性污泥法（SBR 法）

在同一反应池（器）中，按时间顺序由进水、曝气、沉淀、排水和待机五个基本工序组成的活性污泥污水处理方法，简称 SBR 法。SBR 是序批式活性污泥的简称，是一种按间歇曝气方式来运行的活性污泥污水处理技术。它的主要特征是在运行上的有序和间歇操作，SBR 技术的核心是 SBR 反应池，该池集均化、初沉、生物降解、二沉等功能于一池，无污泥回流系统，尤其适用于间歇排放和流量变化较大的场合。目前在国内有广泛的应用。滗水器是该法的一项关键设备。

（1）技术简介

SBR 工艺也被称为间歇曝气活性污泥工艺或序批式活性污泥工艺，其去除污染物的机理与传统活性污泥工艺完全一致，只是运行方式不同。传统工艺采用连续运行方式，污水连续进入污水处理系统并连续排出，系统内每一单元的功能不变，污水依次流过各单元，从而完成处理过程。SBR 工艺的处理不是连续的，而是污水间歇地、周期性地进入系统，系统内只设一个处理单元，该单元在不同时间发挥不同的作用，它集均化、初沉、生物降解、二沉等功能于一池，污水进入该单元按顺序进行不同的处理，完成反应、沉淀、滗水、排泥工序。与其他处理工艺相比，SBR 工艺使污水处理构筑物大大简化。

（2）技术特点

① 工艺流程简单，运行维护量小。SBR 系统除预处理外，只在单一的曝气池内能够进行脱氮和除磷反应，无沼气系统，不存在危险性，日常维护管理非常方便。

② 运行稳定，操作灵活，可获得高质量的出水。另外，适当改变运行周期及程序，可实现脱氮除磷，其缓冲能力强，抗污泥膨胀性能较好。

③ SBR 工艺无须设置调节池、沉淀池，节省建设费用，占地少。

④ SVI 值较低，污泥易于沉淀，一般情况下，不产生污泥膨胀现象。

（3）SBR 法注意事项

① SBR 适用于建设规模为中、小型废水处理站，适合于间歇排放工业废水的处理。

② SBR 反应池的数量不宜少于 2 个。

③ SBR 反应池的设计参数包括周期数、充水比、需氧量、污泥负荷、产泥量、污泥浓度、污泥龄等。

④ SBR 以脱氮为主要目标时，宜选低污泥负荷、低充水比；以除磷为主要目标时，宜选高污泥负荷、高充水比。

5. 生物接触氧化法

生物接触氧化法是从生物膜法派生出来的一种废水生物处理法。其滤池又称“淹没式生物滤池”。池内充填填料，已经充氧的污水浸没全部填料，并以一定的流速流经填料。填料上布满生物膜，污水与生物膜接触，在生物膜上微生物的新陈代谢功能的作用下，污水中有机污染物得到去除，污水得到净化。

该方法采用与曝气池相同的曝气方法提供微生物所需的氧量，并起搅拌与混合的作用，同时在曝气池内投加填料，以供微生物附着生长，因此，又称为接触曝气法，是一种介于活性污泥法与生物膜法两者之间的生物处理法，是具有活性污泥法特点的生物膜法，它兼具两者的优点。

（1）主要特征

工艺特征：

① 使用多种形式的填料，池内曝气，形成液、固、气三相共存体系，有利于

氧的转移，适宜微生物存活增殖；不发生污泥膨胀，生物膜上形成稳定的生态系统和食物链。

② 填料表面被生物膜所布满，在池内形成立体生物网，在对污水进行生物降解的同时，还能起到“过滤”工艺的净化效果。

③ 池内有曝气系统，增大池内污水紊流程度，有利于保持填料所挂生物膜的活性和好氧菌群的增殖，提高处理效率。

④ 用分段法提高净化能力。生化过程分为两个阶段。首先是有机物被吸附在污泥上或存在细胞内进行生物合成，这个吸附合成速度很快。第二阶段的生化过程以氧化为主，速度较慢。

⑤ 用加接触层的办法来提高沉淀池效率。对沉淀池的生物膜采取沉淀的办法，而对细小的悬浮物采取滤层截留的办法。

⑥ 接触氧化工艺只需 0.5～1.0 h 就可以达到活性污泥工艺 8 h 的效果。主要靠生物膜，把氧化池分为两段，沉淀池加接触层，接触氧化池分离下来的污泥含有大量气泡，宜采用气浮法分离。

运行特征：

耐冲击负荷能力强，可以间歇运行；操作简单、运行方便、易于维护管理，无需污泥回流，不产生污泥膨胀，不产生滤池蝇；食物链长，污泥产生量少，污泥颗粒较大，易于沉淀。

功能特征：

生物接触氧化处理技术具有多种净化功能，除有效地去除污染物外，如运行得当还能够用以脱氮，因此可以作为深度处理技术。

如果设计和运行不当，填料可能堵塞；布水、曝气不均匀，可能局部出现缺氧死角。

（2）主要优点及不足

生物接触氧化法是生物膜法的一种，兼具活性污泥和生物膜两者的优点。相比于传统的活性污泥法及生物滤池法，它具有比表面积大、净化效率高、污泥龄长、氧利用率高、节省动力消耗、耐冲击负荷、污泥产量少、占地面积小、运行费用低、设备易操作、易维修等工艺优点，在国内外得到广泛地研究与应用。

生物接触氧化法存在的问题主要是池内填料间的生物膜有时会出现堵塞现象，尚待改进。研究的方向是针对不同的进水负荷控制曝气强度，以消除堵塞；其次是研究合理的氧化池池型和形状、尺寸和材质合适的填料。

（3）影响因素

① 填料。

填料是微生物的载体，填料的选择决定了反应器内可供生物膜生长的比表面积的大小和生物膜量的大小，在一定的水力负荷和曝气强度下又决定了反应器内传质条件和氧的利用率，从而对工艺运行效果影响很大。

② 水温。

水温以两种形式对生物接触氧化工艺产生影响：一是影响生物酶的催化反应速率，二是影响污染物质向微生物细胞扩散的速率。生物接触氧化中水温的适宜范围在10～35℃。水温过低，生物膜的活性受到抑制，同时导致反应物质扩散速率的下降，处理效果受到影响；水温过高，将导致出水SS和BOD的增加，温度升高还会使溶解氧量降低，氧的传质速率下降，造成溶解氧不足、污泥缺氧腐化而影响处理效果。

③ pH。

生物接触氧化法作为一个微生物处理过程，pH是其重要的环境因素。对大多数微生物来说，最适宜的pH在7左右。对pH过高或过低的废水，应考虑调整pH的预处理，控制生物接触氧化池进水的pH在6.5～9.5。

④ 溶解氧。

生物接触氧化池中曝气的作用，一是供给生物氧化所需的氧，二是提供反应器内良好的水流紊动程度，以利于污染物、微生物和氧的充分接触，保证传质效果，同时还可通过对水体的扰动达到强制脱膜、防止填料积泥、保持生物活性的效果。

⑤ 水质条件。

悬浮物是生物接触氧化法处理的重要影响因素。无机悬浮物和泥砂如果得不到很好的截留和沉淀就会直接影响充氧和微生物生长。一方面，悬浮物沉降或黏附于填料生物膜上，妨碍微生物与水中污染物、溶解氧的传质过程，降低生物膜的活性；另一方面，悬浮物在填料上的积累使填料的比表面积减少，导致生物处理效果下降。通常，在污水进入接触氧化池之前应对污水中无机悬浮物和泥砂进行预处理。

⑥ 水力停留时间（HRT）。

水力停留时间是生物接触氧化法至关重要的参数，按合适的水力停留时间运行不仅可以达到理想的处理效果，而且可以节省基建投资。

（4）处理装置

① 曝气装置。

分流式的曝气装置在池的一侧，填料装置在另一侧，依靠泵或空气的提升作用，使水流在填料层内循环，给填料上的生物膜供氧。此法的优点是废水在隔间充氧，氧的供应充分，对生物膜生长有利；缺点是氧的利用率较低，动力消耗较大，因为水力冲刷作用较小，老化的生物膜不易脱落，新陈代谢周期较长，生物膜活性较小，同时还会因生物膜不易脱落而引起填料堵塞。

直接式的曝气装置是在氧化池填料底部直接鼓风曝气。生物膜直接受到上升气流的强烈扰动，更新较快，保持较高的活性；同时在进水负荷稳定的情况下，生物膜能维持一定的厚度，不易发生堵塞现象。一般生物膜厚度控制在 1 mm 左右为宜。

② 填料。

选用适当的填料以增加生物膜与废水的接触表面积是提高生物膜净化废水能力的重要措施。一般采用蜂窝状填料。

填料要质量轻、强度好、抗氧化腐蚀性强、不带来新的毒害。可采用较多的含有玻璃布、塑料等蜂窝状填料。此外，也可采用绳索、合成纤维、沸石、焦炭等作填料。填料形式有蜂窝状、网状、斜波纹板等。

（5）生物接触氧化法设计参数

① 生物接触氧化池的个数或分格数应不少于 2 个，并按同时工作设计。

② 填料的体积按填料容积负荷和平均日污水量计算。填料的容积负荷一般应通过试验确定。当无试验资料时，对于生活污水或以生活污水为主的城市污水，容积负荷一般采用 1000～1500g BOD5/(m^3·d)。

③ 污水在氧化池内的有效接触时间一般为 1.5～3.0 h。

④ 填料层总高度一般为 3 m。当采用蜂窝型填料时，一般应分层装填，每层高为 1 m，蜂窝孔径应不小于 25 mm。

⑤ 进水 BOD_5 浓度应控制在 150～300 mg/L 的范围内。

⑥ 接触氧化池中的溶解氧含量一般应维持在 2.5～3.5 mg/L，气水比为（15～20）∶1。

⑦ 为保证布水布气均匀，每格氧化池面积一般应不大于 25 m^2。

生物接触氧化法的适合填料为立体弹性填料，立体弹性填料与硬性类蜂窝填料相比，孔隙可变性大，不堵塞；与软性类填料相比，材质寿命长，不黏连结团；与半软性填料相比，表面积大、挂膜迅速、造价低廉。

（6）接触氧化池的主要形式

按曝气装置的位置分：分流式与直流式。

① 分流式：实质是在工艺单元内，充氧与曝气分开，即在单独的隔间内进行充氧，进行激烈的曝气和氧的转移过程，充氧后，污水在另一个隔间，与填料和生物膜充分接触。

优点：生物膜溶解氧充足，营养条件良好，生物接触环境安静，有利于微生物的生长繁殖。

缺点：水流缓慢、冲刷力小，生物膜更新缓慢，容易增厚导致厌氧，并堵塞。

使用条件：适宜于低有机负荷的污水处理系统。

② 直流式：直接在填料底部曝气，在填料上产生上升流，在同一个空间内形成水、气、生物膜三相接触。

优点：生物膜能保持较高的生物活性，并能避免堵塞。上升气流不断与填料撞击，使气泡反复切割，粒径减小，增加了气泡与污水的接触面积，提高了氧的转移效率。

按水流循环方式，分为填料内循环与外循环。

6. 曝气生物滤池法

曝气生物滤池（简称 BAF）工艺，是 20 世纪 80 年代末在欧美发展起来的一种新型生物膜法污水处理工艺，于 90 年代初得到较大发展，并发展为可以脱氮除磷的工艺。BAF 是一种淹没式固定膜三相分离器，其主要特点是采用粒径较小的粒状材料为滤料，滤料浸没在水中，利用鼓风曝气供氧。滤料层起两方面的作用：一是作为微生物的载体，与一般的生物滤池相比，由于具有更大的比表面积，污水与生物膜实际接触时间长，可使生物化学反应进行得更彻底，同时可以进行脱氮除磷；二是作为过滤介质，截留进水中的悬浮固体和新形成的生物固体，从而省去其他生物处理法中的二沉池，取得优质的出水。

该工艺具有去除 SS、COD、BOD、硝化、脱氮、除磷、去除 AOX（有害物质）的作用。曝气生物滤池是集生物氧化和截留悬浮固体于一体的新工艺。

（1）工艺特点

①一次性投资是传统方法的 3/4；②占用面积为常规工艺的 1/10～1/5，运行费是常规工艺的 4/5；③进水要求悬浮物 50～60 mg/L；④填料多为页岩陶粒；⑤水往下、气往上的逆向流可不设二沉池。

曝气生物滤池与普通活性污泥法相比，具有有机负荷高、占地面积小（是普通活性污泥法的 1/3）、投资少（节约 30%）、不会产生污泥膨胀、氧传输效率高、出水水质好等优点，但它对进水 SS 要求较严（一般要求 SS≤100 mg/L，最好 SS≤60 mg/L），因此对进水需要进行预处理。同时，它的反冲洗水量、水头损失都较大。

（2）工艺原理

① BIOSTYR 工艺。

BIOSTYR 工艺是法国 OTV 公司的注册水处理工艺技术，由采用新型轻质悬浮填料——BIOSTYRENE（主要成分是聚苯乙烯，且比重小于 $1g/cm^3$）而得名。BIOSTYR 工艺是一种上流生物滤池，是一种运行可靠、自动化程度高、出水水质好、抗冲击能力强和节约能耗的新一代污水处理革新工艺，工艺成熟高效。

污水通过滤料层，水体含有的污染物被滤料层截留，并被滤料上附着的生物降解转化，同时，溶解状态的有机物和特定物质也被去除，所产生的污泥保留在过滤层中，而只让净化的水通过，这样可在一个密闭反应器中达到完全的生物处理而不需在下游设置二沉池进行污泥沉降。

滤池供气系统分两套管路，置于填料层内的工艺空气管用于工艺曝气（主要由曝气风机提供增氧曝气），并将填料层分为上下两个区：上部为好氧区，下部为缺氧区。根据不同的原水水质、处理目的和要求，填料层的高度不同，好氧区、缺氧区所占比例也相应变化。滤池底部的空气管路是反冲洗空气管。

该工艺特点为：上流滤池，底部渠道进配水，顶部出水；滤料比重小于 1；穿孔管曝气，节省设备投资和维护费；滤头在滤池的顶部，与处理后水接触，易于维护；重力反冲洗，无须反冲洗水泵；工艺空气和反冲洗用气共用鼓风机；曝气管可布置在滤层中部或底部，在同一池中可完成硝化、反硝化功能。

② Biofor 工艺。

Biofor（生物过滤氧化反应池）是继滴滤池、Biodrof 干式过滤系统之后的专为污水处理厂设计的第三代生物膜反应池。与其他类型的生物过滤工艺相比，Biofor 主要具有的特性为：上向流生物过滤，进水自滤池底部流向顶部，上向流过滤在滤池的整个高度上持续提供正压条件，与下向流过滤相比提供了许多优势；使用特制的过滤及生物膜支持媒介——Biolite 生物滤料，确保获得较高的生物膜浓度和较大的截留能力，并加长了运行周期；高性能曝气，Biofor 采用了特制的曝气头，它不仅能高效地供氧，而且节约能源、使用安全、易于操作和维护；流体完全均匀地分布，空气和水流为同向流，Biofor 生物滤池的滤板配有滤头，该滤头的防阻塞设计通过均匀的配水使过滤效果优化。

③ BIOSMEDI 工艺。

BIOSMEDI 工艺采用脉冲反冲洗、气水同向流的形式，可用于微污染原水预处理或污水深度处理。

BIOSMEDI 生物滤池是一种新型生物滤池，该滤池以轻质颗粒滤料为过滤介质，滤料比重较小，一般在 0.1 左右，粒径的大小为 4～5mm，比重及粒径的大小可根据实际需要选择确定，这种滤料具有来源广泛、滤料比表面积大、表面适宜微生物生长、价格便宜、化学稳定性好等一系列优点。

该工艺的工作原理为：原水从进水阀进入气室，通过中空管进入滤层，在滤料阻力的作用下使滤池进水均匀，空气布气管安装在滤层下部，空气通过穿孔布气管进行布气，经过滤层去除水中的有机物、氨氮后，出水经倒滤头进入上部清水区域排出。滤池反冲洗采用脉冲冲洗的方法。

该工艺优点为：①较小的滤层阻力。采用气水同向流，避免了气水逆向流时水流速率和气流速率的相对抵消而造成能量的浪费。另外，滤料粒径较均匀，大大增加滤层的孔隙率，减少滤池运行时的水头损失。②价格低、性能优的滤料。

滤料具有来源广泛、滤料比表面积大、表面适宜微生物生长、价格便宜、化学稳定性好的特点。滤料比表面积大，有利于氧气的传质，大大提高了充氧效率，布气可采用穿孔管布气即可，节省工程投资。③独特的脉冲反冲洗形式。传统的水反冲、气水反冲均难以奏效，该滤池采用独特的脉冲反冲洗方式，不需要专门的反冲洗水泵及鼓风机，是一种高效、低能耗的反冲洗形式。

（3）应用范围

曝气生物滤池的应用范围较为广泛，其在水深度处理、微污染原水处理、难降解有机物处理、低温污水的硝化、低温微污染水处理中都有很好的、甚至不可替代的功能。在国内，猪场粪便污水处理工程、印染废水处理工程、肠衣加工废水处理工程、淀粉废水处理工程等中都有其应用。

7. MBR 法

MBR 法污水处理是现代污水处理的一种常用方式，其采用膜生物反应器（membrane bioreactor，简称 MBR）技术，是生物处理技术与膜分离技术相结合的一种新技术，取代了传统工艺中的二沉池。它可以高效地进行固液分离，得到直接使用的稳定中水；又可在生物池内维持高浓度的微生物量，工艺剩余污泥少，极有效地去除氨氮，出水悬浮物和浊度接近于零，出水中细菌和病毒被大幅度去除，能耗低，占地面积小。

膜可以由很多种材料制备，可以是液相、固相甚至是气相的。目前使用的分离膜绝大多数是固相膜。根据孔径不同，可分为微滤膜、超滤膜、纳滤膜和反渗透膜；根据材料不同，可分为无机膜和有机膜，无机膜主要是微滤级别膜。膜可以是均质或非均质的，可以是荷电的或电中性的。广泛用于废水处理的膜主要是由有机高分子材料制备的固相非对称膜。

（1）MBR 膜材质

高分子有机膜材料：聚烯烃类、聚乙烯类、聚丙烯腈、聚砜类、芳香族聚酰胺、含氟聚合物等。有机膜成本相对较低，造价便宜，膜的制造工艺较为成熟，膜孔径和形式也较为多样，应用广泛，但运行过程易污染、强度低、使用寿命短。

无机膜：是固态膜的一种，是由无机材料，如金属、金属氧化物、陶瓷、多孔玻璃、沸石、无机高分子材料等制成的半透膜。目前在 MBR 中使用的无机膜多为陶瓷膜，优点是可以在 pH 为 0～14、压力小于 10 MPa、温度小于 350℃的环境中使用，其通量高、能耗相对较低，在高浓度工业废水处理中具有很大竞争力。缺点是造价昂贵、不耐碱、弹性小，膜的加工制备也有一定困难。

（2）MBR 膜孔径

MBR 工艺用膜一般为微滤膜（MF）和超滤膜（UF），大都采用 0.1～0.4 μm 膜孔径，这对于固液分离型的膜反应器来说已经足够。

微滤膜常用的聚合物材料有：聚碳酸酯、纤维素酯、聚偏二氟乙烯、聚砜、聚四氟乙烯、聚氯乙烯、聚醚酰亚胺、聚丙烯、聚醚醚酮、聚酰胺等。

超滤膜常用的聚合物材料有：聚砜、聚醚砜、聚酰胺、聚丙烯腈（PAN）、聚偏氟乙烯、纤维素酯、聚亚酰胺、聚醚酰胺等。

（3）MBR 膜组件

为了便于工业化生产和安装，提高膜的工作效率，在单位体积内实现最大的膜面积，通常将膜以某种形式组装在一个基本单元设备内，在一定的驱动力下，完成混合液中各组分的分离，这类装置称为膜组件。

工业上常用的膜组件形式有五种：板框式、螺旋卷式、圆管式、中空纤维式和毛细管式。前两种使用平板膜，后三者使用管式膜。圆管式膜直径大于 10 mm，毛细管式为 0.5～10.0 mm，中空纤维式小于 0.5 mm。各种膜组件特性如表 4-5。

表 4-5　各种膜组件特性

名称/项目	中空纤维式	毛细管式	螺旋卷式	板框式	圆管式
价格（元/m^3）	40～150	150～800	250～800	800～2500	400～1500
装填密度	高	中	中	低	低
清洗	难	易	中	易	易
压力降	高	中	中	中	低
可否高压操作	可	否	可	较难	较难
膜形式限制	有	有	无	无	无

MBR 工艺中常用的膜组件形式有：板框式、圆管式、中空纤维式。

板框式是 MBR 工艺最早应用的一种膜组件形式，外形类似于普通的板框式压滤机。

优点：制造组装简单，操作方便，易于维护、清洗、更换。缺点是：密封较复杂，压力损失大，装填密度小。

圆管式是由膜和膜的支撑体构成，有内压型和外压型两种运行方式。实际中多采用内压型，即进水从管内流入，渗透液从管外流出。膜直径在 6～24 mm。

优点：料液可以控制湍流流动，不易堵塞，易清洗，压力损失小。缺点是：装填密度小。

中空纤维式的外径一般为 40～250 μm，内径为 25～42 μm。

优点：①耐压强度高，不易变形。在 MBR 中，常把组件直接放入反应器中，不需耐压容器，构成浸没式膜生物反应器。一般为外压式膜组件；②装填密度高；③造价相对较低；④寿命较长，可以采用物化性能稳定，透水率低的尼龙中空纤维膜；⑤膜耐压性能好，不需支撑材料。缺点是：对堵塞敏感，污染和浓差极化对膜的分离性能有很大影响。

（4）MBR 工艺特点

膜生物处理技术应用于废水再生利用方面，具有多方面特点：①能高效地进行固液分离，将废水中的悬浮物质、胶体物质、生物单元流失的微生物菌群与已净化的水分开。分离工艺简单，占地面积小，出水水质好，一般不须经三级处理即可回用。②可使生物处理单元内生物量维持在高浓度，使容积负荷大大提高，同时膜分离的高效性使处理单元水力停留时间大大缩短，生物反应器的占地面积相应减少。③由于可防止各种微生物菌群的流失，有利于生长速率缓慢的细菌（硝化细菌等）的生长，从而使系统中各种代谢过程顺利进行。④使一些大分子难降解有机物的停留时间变长，有利于它们的分解。⑤膜处理技术与其他的过滤分离技术一样，在长期的运转过程中，膜作为一种过滤介质，膜的通水量随运转时间而逐渐下降，有效的反冲洗和化学清洗可减缓膜通量的下降，维持 MBR 系统的有效使用寿命。⑥MBR 技术应用在城市污水处理中，由于其工艺简单、操作方便，可以实现全自动运行管理。

8. 小结

好氧技术主要工艺参数见表 4-6。

表 4-6　好氧技术主要工艺参数

序号	名称	技术参数	污染物去除效率
1	氧化沟	污泥浓度：2.0～4.5 g/L； 污泥负荷：0.05～0.15 kg BOD_5/(kg MLSS·d)； 水力停留时间：8～18 h	COD_{Cr}：70%～90% BOD_5：70%～90% 氨氮：70%～95% SS：70%～90%
2	AAO	污泥浓度：2.5～6 g/L； 污泥负荷：0.07～0.15 kg BOD_5/(kg MLSS·d)； 水力停留时间：11～18 h	COD_{Cr}：70%～90% BOD_5：70%～90% 氨氮：80%～90% SS：70%～90%
3	SBR	污泥浓度：3.0～5.0 g/L； 污泥负荷：0.07～0.20 kg BOD_5/(kg MLSS·d)； 水力停留时间：10～29 h	COD_{Cr}：70%～90% BOD_5：70%～90% 氨氮：85%～95% SS：70%～90%
4	生物接触氧化	BOD_5 填料容积负荷：0.4～2.0 kg BOD_5/(m^3 填料·d)；硝化填料容积负荷：0.5～1.0 kg TKN/(m^3 填料 d)；悬挂填料填充率：50%～80%； 悬浮填料填充率：20%～50%	COD_{Cr}：60%～90% BOD_5：70%～95% 氨氮：50%～80% SS：70%～90%
5	曝气生物滤池	水力负荷：1.5～3.5 m^3/(m^2·h)； 空床水力停留时间：80～100 min	COD_{Cr}：70%～85% BOD_5：70%～90% 氨氮：80%～95% SS：75%～98%
6	MBR	采用中空纤维膜，污泥负荷：0.05～0.15 kg BOD_5/(kg MLSS·d)，污泥浓度：6～12 g/L，过膜压差 0～60 kPa； 采用平板膜，污泥负荷：0.05～0.15 kg BOD_5/(kg MLSS·d)，污泥浓度 6～20 g/L，过膜压差：0～20 kPa	COD_{Cr}：70%～90% BOD_5：70%～90% 氨氮：85%～95% SS：90%～98%

4.4 深度处理技术

废水处理工程中经一级和二级处理后，采用物理和化学方法进一步处理污染物的过程被称为深度处理，也叫三级处理。三级处理过程主要包括人工湿地、混凝、沉淀、过滤、消毒等，进一步去除二级处理未能完全去除的污水中杂质的净化过程。

深度处理技术主要包括过滤技术、絮凝技术、混凝沉淀技术、人工湿地技术、紫外消毒技术。

4.4.1 过滤技术

过滤技术的核心是滤池。滤池是用于过滤的目的，用来去除水中的悬浮物，以获得浊度更低的水。

废水处理中采用滤池的目的是去除废水中的细小悬浮物质，特别是去除生化处理及混凝沉淀不能去除的一些细小悬浮颗粒及胶体物质。目前，滤池被广泛作为三级处理手段，对二级处理出水做进一步处理，或作为活性炭吸附、离子交换、电渗析、反渗透及膜分离等深度处理的预处理。

滤池除了对悬浮物质有去除作用外，对浊度、COD、BOD、磷、重金属、细菌及病毒等也都有一定的去除作用。随着滤出悬浮物在滤层间的堆积，滤层的水阻力逐渐增大。此时虽然水浊度不会发生大的改变，但如不及时反洗，则由于泥渣过多积聚，会造成滤料层结构的变化，如滤料横断面和形状的改变，滤层被压实等。同时，由于水阻力的增大，也会使滤层发生“破裂”，造成过滤水短路，出水水质变差。

1. 滤池过滤作用机理及过程

滤池的过滤作用机理主要包括机械隔滤作用，吸附、接触凝聚作用，沉淀作用。

（1）机械隔滤作用

滤料层由大小不同的滤料颗粒组成，滤料颗粒之间的孔隙像一面筛子，当废水流经滤料层时，比孔隙大的悬浮颗粒会被截留在孔隙中，与水分离。在整个过滤过程中，滤料颗粒间的孔隙会越来越小，因此，滤料对细小的悬浮物质也有隔滤作用。

（2）吸附、接触凝聚作用

滤料的比表面积非常大，具有较强的吸附能力。废水通过滤料层的过程中要经过弯弯曲曲的水流孔道，悬浮颗粒与滤料的接触机会很多，在接触时，由于分子间作用力的结果，易发生吸附和接触凝聚，尤其在过滤前投加絮凝剂时，接触凝聚作用更为突出。滤料颗粒越小，吸附和接触凝聚的效果也越好。

（3）沉淀作用

滤层中的每个小孔隙起着一个浅层沉淀池的作用，当废水流过时，废水中的部分悬浮颗粒会沉淀到滤料颗粒表面上。

过滤过程：当废水进入滤料层时，较大的悬浮物颗粒被截留下来，而较微细的悬浮颗粒则通过与滤料颗粒或已附着的悬浮颗粒接触，出现吸附和接触凝聚而被截留下来。一些附着不牢的被截留物质在水流作用下随水流到下一层滤料中去，或者由于滤料颗粒表面吸附量过大，孔隙变得更小，于是水流流速增大，在水流的冲刷下，被截留物也能被带到下一层。因此，随着过滤时间的延长，滤层深处被截留的物质也多起来，甚至随水带出滤层，使出水水质变坏。

由于滤层经反冲洗水水力分选后上层滤料颗粒小，接触凝聚和吸附效率也高，加上部分机械截留作用，使得大部分悬浮物质的截留是在滤料表面一个厚度不大的滤层内进行的，下层截留的悬浮物量较少，形成滤层中所截留悬浮物的不均匀分布。

滤料截留悬浮物的能力可用截污能力表示。截污能力是指每个工作周期内，单位体积或单位质量的滤料所截留的污染物质的质量，单位为 kg/m^3 或 kg/kg。

2. 滤池分类及特点

滤池种类较多，按照滤速的大小可分为快滤池和慢滤池。目前实际应用中，大部分是快滤池。快滤池处理能力较大，出水水质好。快滤池也有很多种：按滤料层形式，可分为单层滤料滤池（包括均质滤层、实际的分级滤层和理想滤层）、双层滤料滤池和多层滤料滤池；按照进水流动方式，可分为重力式滤池和压力式滤池；按照控制方式，可分为普通快滤池、虹吸滤池、移动罩式滤池及无阀滤池等。

（1）快滤池

集中式给水常用的一种滤速在 5～7m/h 以上的净水设备。快滤池一般在工作 1 昼夜～2 昼夜后砂层可堵塞，可用清水反复冲洗清砂，除去砂层中的浮游物后，仍能继续使用。快滤池的优点是面积小、滤速大，约为慢滤池滤速的 50 倍左右，清除水中浑浊度的效果可达 80%～90%，除去细菌的效果可达 80%～95%。目前集中式给水的水质净化，多用这种快滤池设备。生物滤池大多属于快滤池。

（2）慢滤池

集中式给水设施中的一种过滤净化设备。其过滤速度较慢。使用慢滤池净水时，滤前不必进行混凝沉淀处理。慢砂滤可除去水中悬浮物 99%以上，除去细菌约 99%，滤过效果好，但缺点是滤过速度缓慢、面积大、洗砂费时费力，故目前较少使用，多被快砂滤所代替。

（3）生物滤池

生物滤池是快滤池中应用最为广泛的一种，是由碎石或塑料制品填料构成的生物处理构筑物，污水与填料表面上生长的微生物膜间隙接触，使污水得到净化。生物滤池是以土壤自净原理为依据，在污水灌溉的实践基础上，经较原始的间歇砂滤池和接触滤池而发展起来的人工生物处理技术。

生物滤池的性能特点为废水处理效果非常好，在任何季节都能满足各地最严格的环保要求，并且不产生二次污染。

微生物能够依靠填料中的有机质生长，无须另外投加营养剂。因此停工后再使用时启动速度快，周末停机或停工 1～2 周后再启动能立即达到很好的处理效果，几小时后就能达到最佳处理效果。停止运行 3～4 周再启动立即有很好的处理效果，几天内可恢复到最佳的处理效果。

生物滤池缓冲容量大，能自动调节浓度高峰，使微生物始终正常工作，耐冲击负荷的能力强。

运行采用全自动控制，非常稳定，无须人工操作；易损部件少，维护管理非常简单，基本可以实现无人管理，工人只需巡视是否有机器发生故障。

生物滤池的池体采用组装式，便于运输和安装，在增加处理容量时只需添加组件，易于实施，也便于气源分散条件下的分别处理。

此类过滤形式的生物滤池能耗非常低，在运行半年之后滤池的压力损失也只有 500 Pa 左右。

生物滤池设计参数如表 4-7 所示。

表 4-7　生物滤池设计参数

种类	容积负荷	水力负荷（滤速）[m/(m·h)]	空床水力停留时间(min)
碳氧化滤池	3.0～6.0 kg BOD_5/(m·d)	2.0～10.0	40～60
硝化滤池	3.0～6.0 kg NH_3-N/(m·d)	3.0～12.0	30～45
反硝化生物滤池	3.0～6.0 kg NO_3-N/(m·d)	6.0～12.0	40～60
碳氧化/硝化滤池	1.0～3.0 kg BOD_5/(m·d) 0.4～0.6 kg NH_3-N/(m·d)	1.5～3.5	80～100
前置反硝化生物滤池	0.8～1.2 kg NO_3-N/(m·d)	8.0～10.0	20～30
后置反硝化生物滤池	1.5～3.0 kg NO_3-N/(m·d)	8.0～10.0	20～30

3. 滤池滤料

滤料是水处理过滤材料的总称，主要用于生活污水、工业污水、纯水、饮用水的过滤。

滤料主要分为两大类，一类是用于水处理设备中的进水过滤的粒状材料，通常指石英砂、砾石、无烟煤、鹅卵石、锰砂、磁铁矿滤料、果壳滤料、泡沫滤珠、瓷砂滤料、陶粒、石榴石滤料、麦饭石滤料、海绵铁滤料、活性氧化铝球、沸石滤料、火山岩滤料、颗粒活性炭、纤维球、纤维束滤料、彗星式纤维滤料等。另一类是物理分离的过滤介质，主要包括过滤布、过滤网、滤芯、滤纸及最新的膜。

4.4.2　絮凝技术

絮凝沉淀是颗粒物在水中沉淀的一种过程。地面水中投加混凝剂后形成的矾花，生活污水中的有机悬浮物，活性污泥在沉淀过程中都会出现絮凝沉淀的现象。

废水中投入混凝剂后，胶体因电位降低或消除，破坏了颗粒的稳定状态（称脱稳）。脱稳的颗粒相互聚集为较大颗粒的过程称为凝聚。未经脱稳的胶体也可形成大的颗粒，这种现象称为絮凝。不同的化学药剂能使胶体以不同的方式脱稳、凝聚或絮凝。

废水在未加混凝剂之前，水中的胶体和细小悬浮颗粒的本身质量很轻，受水的分子热运动的碰撞而做无规则的布朗运动。这些颗粒都带有同性电荷，它们之间的静电斥力阻止微粒间彼此接近而聚合成较大的颗粒；带电荷的胶粒和反离子都能与周围的水分子发生水化作用，形成一层水化壳，有阻碍各胶体的聚合的作用。一种胶体的胶粒带电越多，其电位就越大；扩散层中反离子越多，水化作用也越大，水化层也越厚，因此扩散层也越厚，稳定性越强。选用无机絮凝剂和有机阴离子配制成水溶液加入废水中，便会产生压缩双电层，使废水中的悬浮微粒失去稳定性，胶粒物相互凝聚使微粒增大，形成絮凝体、矾花。絮凝体长大到一定体积后即在重力作用下脱离水相沉淀，从而使废水中的大量悬浮物得以去除，从而达到水处理的效果。为提高分离效果，可适时、适量加入助凝剂。絮凝沉淀不但可以去除废水中的粒径为 10^{-6}～10^{-3} mm 的细小悬浮颗粒，而且还能够去除色度、油分、微生物、氮和磷等富营养物质、重金属以及有机物等。

应用絮凝沉淀技术，可去除水中致病微生物。由于消毒药剂不能经常保证可靠地对水进行消毒，所以絮凝沉淀成了补充消毒的重要方法。虽然絮凝沉淀不能杀灭水中的致病微生物，但是，如果它能把水中大部分致病微生物凝聚起来，随同各种悬浊物沉淀下去，然后再对清水进行消毒，则消毒效果显然会获得提高。其结果是：①化学絮凝剂可去除98.0%～99.9%水中病毒；②水中钙和镁离子高达50 mg/L 也不影响去除效果；③水中有机物会影响去除效果；④阳离子型聚合电解质可以提高去除效果。

应用絮凝沉淀技术，还可去除水中放射性物质。用絮凝沉淀消除放射性物质的程度由放射性物质的同位素组成及其在溶液中的状态决定。如果放射性物质被吸附在机械杂质上或者本身处于胶体分散状态，则放射性物质可被有效地消除。在这种情况下，水的澄清度决定了放射性物质的回收程度。对于放射性物质的真溶液，絮凝沉淀的去除效果相当小。然而，如果在被处理的水中存在分散杂质，或人工使水浑浊时，对许多同位素都可能得到良好的效果。

絮凝沉淀常见絮凝剂有：

① 絮凝沉淀硫酸亚铁：硫酸亚铁最广泛的用途就是作为絮凝剂，有如下优点：沉降速率快、污泥颗粒大、污泥体积小且密实、除色效果好（非常适合作为印染、水洗等纺织废水的处理）、无毒而且有益生物生长（非常适合用在后续有生化处理工艺的污水处理系统）、不用改变原来的工艺、价格低廉。作为絮凝剂，硫酸亚铁可以代替聚合铝、碱式氯化铝、聚合铁、硫酸铝、三氯化铁等。

原理：在酸性条件下，投加还原剂硫酸亚铁、亚硫酸钠、亚硫酸氢钠、二氧化硫等，将六价铬还原成三价铬，然后投加氢氧化钠、氢氧化钙、石灰等调 pH，使其生成三价铬氢氧化物沉淀从废水中分离。

② 聚合氯化铝：简称 PAC，是一种多羟基、多核络合体的阳离子型无机高分子絮凝剂。固体产品外观为淡黄色或红黄色粉状，其分子为$[Al_2(OH)_nCl_{6-n}]$。由于其带有数量不等的羟基，当聚合氯化铝加入混浊原水后，在原水的 pH 条件下继续水解。在水解过程中，伴随着发生凝聚、吸附、沉淀等一系列物理化学过程，达到净化目的。聚合氯化铝的显著特点是净水效果明显、絮凝沉淀速率快、适应 pH 范围宽，对管道设备腐蚀性低，能有效地去除水中色质 SS、COD、BOD 及砷、铅、汞等重金属离子，制水成本低、效力大，操作简单，节省人力、物力。该产品广泛用于饮用水、工业用水和污水处理领域。

聚合氯化铝特点：絮凝体成型快，活性好，过滤性好；不需加碱性助剂，如遇潮解，其效果不变；适应 pH 范围宽，适应性强，用途广泛；处理过的水中盐分少；能除去重金属及放射性物质对水的污染；有效成分高，便于储存，运输。

③ 碱式氯化铝：是 20 世纪 60 年代后期，正式投入工业化生产和应用的一种新型无机高分子混凝剂，是利用工业铝灰和活性铝矾土为原料经过精制加工聚合而成。此产品活性较高，对于工业污水、造纸水、印染水具有较好的净化效果，且投加量少、净化效率高、成本低。碱式氯化铝分为标准碱式氯化铝（有两种原料生产），复合型碱式氯化铝（有四种原料生产），主要用于酸性水、发酵水，脱色效果好。

④ 聚合硫酸铁：形态性状是淡黄色无定型粉状固体，极易溶于水，10%（重量）的水溶液为红棕色透明溶液，吸湿性好。聚合硫酸铁广泛应用于饮用水、工业用水、各种工业废水、城市污水、污泥脱水等的净化处理。

聚合硫酸铁与其他无机絮凝剂相比具有以下特点：是一种新型、优质、高效铁盐类无机高分子絮凝剂；混凝性能优良，矾花密实，沉降速率快；净水效果优良，水质好，不含铝、氯及重金属离子等有害物质，亦无铁离子的水相转移，无毒、无害，安全可靠；除浊、脱色、脱油、脱水、除菌、除臭、除藻、去除水中COD、BOD及重金属离子等功效显著；适应水体pH范围宽为4～11，最佳pH范围为6～9，净化后原水的pH与总碱度变化幅度小，对处理设备腐蚀性小；对微污染、含藻类、低温低浊原水净化处理效果显著，对高浊度原水净化效果尤佳；投药量少，成本低廉，处理费用可节省20%～50%。

⑤ 三氯化铁：三氯化铁化学式为 $FeCl_3$，黑棕色结晶，也有薄片状，固态产品为棕褐色、红褐色粉末，熔点282℃、沸点315℃，易溶于水并且有强烈的吸水性，能吸收空气里的水分而潮解。$FeCl_3$ 从水溶液析出时带六个结晶水，为 $FeCl_3·6H_2O$，六水合三氯化铁是橘黄色的晶体。三氯化铁是一种很重要的铁盐。

三氯化铁在絮凝沉淀中的特性：水解速率快，水合作用弱；形成的矾花密实，沉降速率快；受水温变化影响小，可以满足在流动过程中产生剪切力的要求；可有效去除原水中的铝离子及铝盐混凝后水中残余的游离态铝离子；适用范围广，适用于生活饮用水、工业用水、生活用水、生活污水和工业污水处理等；用药量少，处理效果好，比其他絮凝剂节约10%～20%费用；使用方法和包装用途以及注意事项同聚合氯化铝基本一样。

三氯化铁是城市污水及工业废水处理的高效廉价絮凝剂，具有显著的沉淀重金属及硫化物、脱色、脱臭、除油、杀菌、除磷、降低出水COD及BOD等功效。

在絮凝池的设计方面，各种形式的絮凝池特点及适用要点如表4-8所示。

表4-8　不同形式絮凝池特点及适用要点

<table>
<tr><th colspan="2">形式</th><th>优缺点</th><th>使用条件及适用范围</th></tr>
<tr><td rowspan="2">隔板絮凝池</td><td>往复式</td><td>优点：絮凝效果好，构造简单，施工方便
缺点：容积较大，水头损失较大，转折处絮粒易破碎</td><td>出水流量分配不易均匀。水量大于30 000 m/d的水厂，水量变动小。适用于旧池改建和扩建</td></tr>
<tr><td>回转式</td><td>优点：絮凝效果好，水头损失较小，构造简单，施工方便
缺点：出口处易积泥</td><td>出水流量分配不易均匀。适用于水量大于30 000 m/d的水厂，水量变动小</td></tr>
<tr><td colspan="2">旋流絮凝池</td><td>优点：容积小，水头损失较小
缺点：池子较深，地下水位高处施工较困难，絮凝效果较差</td><td>一般适用中小型水厂</td></tr>
<tr><td colspan="2">涡流絮凝池</td><td>优点：絮凝时间短，容积小，造价较低
缺点：池子较深，锥底施工较困难，絮凝效果较差</td><td>适用于水量小于30 000 m/d的水厂</td></tr>
<tr><td colspan="2">折板絮凝池</td><td>优点：絮凝时间短，容积小，絮凝效果好
缺点：造价高</td><td>适用于水量变化不大的水厂</td></tr>
<tr><td colspan="2">穿孔旋流絮凝池</td><td>优点：构造简单，施工方便
缺点：絮凝效果差</td><td>适用于水量变化不大的水厂</td></tr>
<tr><td colspan="2">机械絮凝池</td><td>优点：絮凝效果好，水头损失较小，可适应水质、水量的变化
缺点：需机械设备和经常维修</td><td>大小水量均适用，并适应水量变动较大的水厂</td></tr>
</table>

4.4.3 混凝沉淀技术

混凝沉淀池是废水处理中沉淀池的一种。混凝过程是工业用水和生活污水处理中最基本也是极为重要的处理过程，通过向水中投加一些药剂（通常称为混凝剂及助凝剂），使水中难以沉淀的颗粒能互相聚合而形成胶体，然后与水体中的杂质结合形成更大的絮凝体。絮凝体具有强大吸附力，不仅能吸附悬浮物，还能吸附部分细菌和溶解性物质。絮凝体通过吸附，体积增大而下沉。混凝沉淀法既可以降低原水的浊度、色度等水质的感观指标，又可以去除多种有毒有害污染物。

混凝沉淀工艺在水处理上的应用已有几百年的历史，与其他物理化学方法相比具有出水水质好、工艺运行稳定可靠、经济实用、操作简便等优点。

混凝沉淀池的工艺设计分为斜管沉淀池、斜板沉淀池，气浮沉淀池等。

4.4.4 人工湿地技术

1. 人工湿地技术简介与分类

人工湿地实质上是一项人工构造工程，是为处理污水而人为地在有一定长宽比和底面坡度的洼地上用土壤和填料（如砾石等）混合组成填料床，使污水在床体的填料缝隙中流动或在床体表面流动，并在床体表面种植具有性能好、成活率高、抗水性强、生长周期长、美观及具有经济价值的耐水性植物，形成一个独特的土壤—水生植物—微生物—基质生态体系。

（1）表面流人工湿地

表面流人工湿地也称自由水面湿地，与天然湿地相类似，水面暴露于大气，污水在人工湿地基质的表层水平流动，水位通常较浅。污水主要是通过湿地植物、基质和内部微生物之间的物理、化学、生物的综合作用得到净化。表面流人工湿地在外观和功能上都接近于自然湿地，具有敞水区、挺水植物、变化的水深以及其他湿地特征。典型的表面流人工湿地主要包括环绕各处理单元的围堰、可调节及均匀布水的进水装置、敞水区和植物生长区的不同组合形式，可进一步均匀布水及调节处理单元水位的出水装置。湿地设计的形状、尺寸以及复杂程度主要取决于场地条件，而不是采用的设计准则。

（2）潜流人工湿地

潜流人工湿地分为垂直潜流人工湿地和水平潜流人工湿地。

垂直潜流人工湿地又分为上向流和下向流系统。污水自上而下流经填料床的称为下向流，反之称为上向流。常采用间歇进水的方式进行，由此带入大量氧气，同时大气复氧和植物根区输氧也加强了系统中氧的浓度，使硝化反应充分，可处理氨氮含量高的污水，占地面积较小。但垂直潜流人工湿地流程短，反硝化作用弱，故常与其他类型的人工湿地联用。垂直潜流人工湿地可改变系统的供氧能力，加强污水净化效果，提高布水均匀性。但潜流型湿地构造比较复杂，对基质材料的要求较高，因此投资比表面流人工湿地高。

水平潜流人工湿地污染物的去除效率依赖于氧化还原环境和系统内氧化还原梯度。进出水策略可以分为连续进水+连续出水、连续进水+间歇出水、间歇进水+连续出水和间歇进水+间歇出水四种。通常，间歇进水策略提高了氨的去除效果，间歇进水方式提供了比持续进水方式更高的氧化处理环境，进而促成了更高水平的氨去除效果。

不同类型人工湿地的比较见表 4-9。

表 4-9　不同类型人工湿地比较

因素＼类型	表面流人工湿地	潜流型人工湿地（水平）	潜流型人工湿地（垂直）
主要功能	污水净化，处置，景观	污水净化，景观	污水净化，景观
水力形式	水面推流	基质下水平流动	表面向基质，底部纵向流动
水深设计（m）	0.3～0.5	0.3～0.7	地面/介质表面以下
湿地单元形状	长方形或不规则	长方形，长宽比≥3：1	长方形，长宽比≥3：1
水力负荷、污染物负荷	较低	较高	较高
占地面积	较大	中等	较小
基质及其渗透性	天然基质；差	天然或人工基质；好	人工基质；好
植被	人工栽种或自然生长	人工栽种或自然生长	人工栽种
配水系统	不需	不需	必需
集水系统	明渠	管道	管道
植被收割及处置	1 次/1～2 年	1 次/1～2 年	1～2 次/年
景观效果	自然，一般	自然，一般	人工，较好
水体流动	表面漫流	表面向基质，水平流动	表面向基质，底部纵向流动
去污效果	一般	对 BOD、COD 等有机物和重金属去除效果好	对 N、P 去除效果较好
系统控制	简单，受季节影响大	相对复杂	相对复杂
环境状况	夏季有恶臭，滋生蚊蝇	良好	夏季有恶臭，滋生蚊蝇

2. 人工湿地修复技术原理

人工湿地的原理是利用自然生态系统中物理、化学和生物的三重共同作用来实现对污水的净化。这种湿地系统是在一定长宽比及底面有坡度的洼地中，由土壤和填料（如卵石等）混合组成填料床，污染水可以在床体的填料缝隙中曲折地流动，或在床体表面流动。在床体的表面种植具有处理性能好、成活率高的水生植物（如芦苇等），形成一个独特的动植物生态环境，对污染水进行处理。

（1）人工基质的作用原理

人工基质又称填料，一般由土壤、细沙、砾石、灰渣及石灰石、沸石等组成，在人工湿地床底体内提供人工湿地植物和微生物生长繁殖的环境并且对污染物起到过滤、吸收作用的填充材料。

屠宰及肉类加工污水处理厂尾水进入湿地系统，污水中的固体颗粒与基质颗粒之间会发生作用，水流中的固体颗粒直接被基质颗粒表面拦截，被黏附在基质颗粒上，或因为絮凝颗粒的架桥作用而被吸附。此外，由于湿地床体长时间处于浸水状态，床体很多区域内基质形成土壤胶体，土壤胶体本身具有极大的吸附性能，也能够截留和吸附进水中的悬浮颗粒。物理过滤和吸附作用是湿地系统对污水中的污染物进行拦截从而达到净化污水目的的重要途径之一。

（2）植物的作用原理

植物是人工湿地的重要组成部分。人工湿地根据主要植物优势种的不同，被分为浮水植物人工湿地、浮叶植物人工湿地、挺水植物人工湿地、沉水植物人工湿地等不同类型。湿地中的植物对净化污水起到了极其重要的作用。

湿地植物和所有进行光合自养的有机体一样，具有分解和转化有机物和其他物质的能力。植物通过吸收、同化作用，能直接从污水中吸收可利用的营养物质，如水体中的氮和磷等。水中的铵盐、硝酸盐及磷酸盐都能通过这种作用被植物体吸收，最后通过收割而离开水体。

植物的根系能吸附和富集有毒有害物质。植物的根茎叶都有吸收的作用，其中根部的吸收能力最强。在不同的植物种类中，沉水植物的吸附能力较强。根系密集发达交织在一起的植物亦能对固体颗粒起到拦截吸附作用。

植物为微生物的吸附生长提供了更大的表面积。植物的根系是微生物重要的栖息、附着和繁殖的场所。相关文献表明，植物根际的微生物数量比非根际微生物数量多得多，而微生物能起到重要的降解水中污染物的作用。

植物还能够为水体输送氧气，增加水体的活性。

（3）微生物的作用原理

湿地系统中的微生物是降解水体中污染物的主力军。好氧微生物通过呼吸作用，将废水中的大部分有机物分解成为二氧化碳和水，厌氧细菌将有机物质分解成二氧化碳和甲烷，硝化细菌将铵盐硝化，反硝化细菌将硝态氮还原成氮气，通过这一系列的作用，污水中的主要有机污染物都能得到降解同化，成为微生物细胞的一部分，其余的变成对环境无害的无机物质回归到自然界中。

此外，湿地生态系统中还存在某些原生动物及后生动物，甚至昆虫和鸟类也能参与吞食湿地系统中沉积的有机颗粒，然后进行同化作用，将有机颗粒作为营养物质吸收，从而在某种程度上去除污水中的颗粒物。

3. 人工湿地修复技术特点

表 4-10 列出了两种人工湿地修复技术的特点。

表 4-10　两种人工湿地修复技术特点

	优点	缺点
表面流人工湿地	① 对悬浮物、有机物的去除效果较好； ② 具有美学价值，可为水生野生动植物提供良好栖息场所； ③ 投资小，运行管理简单； ④ 常用于温暖地区江河湖泊的水质净化及生态修复； ⑤ 建造和运行费用便宜； ⑥ 易于维护	① 易受气候条件影响； ② 夏季有恶臭，滋生蚊蝇； ③ 占地面积大，易受病虫害影响； ④ 生物和水力复杂性加大了对其处理机制、工艺动力学和影响因素的认识理解，设计运行参数精确，因此常由于设计不当使出水达不到设计要求或不能达标排放，有的人工湿地反而成了污染源； ⑤ 对氮、磷的去除率相对较低
潜流人工湿地	① 在于能够适应寒冷的环境，将蚊虫和臭气带来的问题最小化，卫生条件好； ② 由于其基质孔隙多，表面积大，对污染物的去除效果比表面流系统更好； ③ 能承受较大的水力负荷与污染负荷； ④ 占地面积小，适用于公共地区； ⑤ 其中垂直潜流湿地硝化能力高于水平潜流湿地，可用于处理氨氮含量较高的污水； ⑥ 建造和运行费用便宜； ⑦ 易于维护	① 成本高，控制也相对复杂，且存在堵塞的风险，因此单独使用时常被用于小型的处理系统； ② 垂直流人工湿地在造价方面与水平潜流人工湿地相比要更高一些； ③ 系统的落干和淹水时间也较长，对有机物的去除能力不及水平潜流人工湿地

4.4.5 紫外消毒技术

1. 技术简介

2000 年 5 月 29 日，由建设部、国家环保总局、科技部联合发布的关于印发《城市污水处理及污染防止技术政策》（建城〔2000〕124 号）的通知中规定“为保证公共卫生安全，防止传染性疾病传播，城市污水处理应设置消毒设施”。欧洲许多国家和北美洲的加拿大、美国在废水处理后的消毒及饮用水的消毒上，推荐采用紫外 C 消毒技术。

2. 紫外消毒原理

紫外线一般被分为不同波段，如紫外 C（200～280 nm）、紫外 B（280～315 nm）和紫外 Z（315～400 nm），其中紫外 C（UVC）的杀菌效果最好。

紫外线杀菌与化学消毒杀菌不同，它不是通过电子的氧化还原反应进行，而是通过由紫外光自辐射导致的光化学反应来进行，紫外灯在 260 nm 附近杀菌效率最好，紫外技术克服了以往杀菌效率低、消毒水量小、成本高的缺点，已在水消毒领域具有相当的竞争力。

紫外消毒是一种物理消毒方案，紫外消毒并不是杀死微生物，而是去掉其繁殖能力进行灭活。紫外线消毒的原理主要是用紫外线摧毁微生物的遗传物质——核酸 DNA 或者 RNA，使其不能分裂复制。除此之外，紫外线还可以引起微生物其他结构的破坏，微生物在人体内不能复制繁殖，就会自然死亡或被人体免疫功能消灭，从而不会对人体造成危害。

3. 紫外消毒技术特点

紫外消毒法具有不投加化学药剂、不增加水的嗅和味、不产生有毒有害的副产物、不受水温和 pH 影响、占地极小、消毒速度快、效率高、设备操作简单、便于运行管理和实现自动化等特点。现代紫外 C 消毒技术克服了现有传统消毒技术的缺点，在消毒过程中，不添加任何化学物质，也不产生或在水体中留下任何有害物质，运行安全、可靠，安装、维修简单，特别是投资及运行维修费用低以及具有极好的消毒效果。

4. 紫外消毒设计要点

（1）紫外消毒系统构成

紫外消毒系统由紫外灯模块、模块支架、配电系统、系统控制中心、水位探测及控制装置等组成，核心部件是紫外灯。目前大多污水处理厂采用模块化明渠工艺。

（2）紫外剂量

紫外剂量是影响消毒的直接因素，等于紫外光强度与接触时间的乘积。在相同的紫外光强度条件下，接触时间决定资料外剂量。理论上，紫外剂量越大，消毒效果越好。紫外消毒有一定限值，超过此限值则不能经济有效地对额外的微生物进行灭活。

（3）紫外线的穿透率（UVT）

一般来说，紫外线的穿透率越低，消毒效果越差，因而出水总悬浮物（TSS）必须严格控制。因为悬浮颗粒吸收并分散了紫外线能量，微生物隐藏在颗粒中受到保护，避免了紫外线的破坏；同时，出水带有色度，也会影响紫外线的穿透率，降低紫外消毒的效率。

（4）紫外灯老化及紫外灯石英套管的结垢

当污水经过紫外线消毒时，污水中（印染、纺织和屠宰等）含有大量的有机物、无机物和微生物。其中许多无机杂质会沉淀、黏附在管壁上，容易形成污垢膜，微生物易生长成生物膜，上述杂质会抑制紫外线投射，影响消毒效果。因此，紫外消毒系统设计在考虑有效紫外剂量的同时应考虑紫外灯老化系数和紫外灯石英套管的结垢系数。

5. 消毒技术分类

出水消毒方法可以分为两大类，即化学消毒法，如加氯消毒法和臭氧消毒法；物理消毒法，如紫外消毒法。目前国内外污水处理厂尾水消毒主要有四种方法，分别是氯气、二氧化氯、臭氧、紫外线。他们各有优缺点，各自有着不同的应用领域。具体见表 4-11。

表 4-11　污水处理厂尾水消毒方法分类

方法	优点	缺点	应用领域
氯气	传统技术，比较成熟，纯设备投资成本相对较低。具有余氯持续消毒作用	对贾第虫、隐孢子虫无效，会产生消毒副作用（THMs），具有致癌、致畸性毒害作用，氯气危险，不易储运	自来水和污水中传统的消毒方式
二氧化氯（ClO_2）	投放简单、方便，副产物少，不受 pH 影响	运行成本较高，不适合大规模污水处理厂应用，现场制备，存在安全隐患	对小规模项目具有一定的针对性，如医院废水处理
臭氧（O_3）	有强氧化能力，除臭、脱色、除铁、锰等	消毒投资较大，运行成本较高，产生臭化物副产物	一些自来水厂深度处理和一些工业用水
紫外线（UV）	不产生任何毒副产物，对贾第虫、隐孢子虫效果较好，具有广谱杀菌能力，操作安全简易，运行成本低	对水体的悬浮物、色度等影响 UVT 的因素比较敏感，无后续杀菌作用	大型市政给排水项目和工业废水（如半导体、食品行业）

4.4.6　小结

表 4-12 总结了深度处理技术的主要工艺参数。

表 4-12　深度处理技术主要工艺参数

序号	名称	技术参数	污染物去除效率
1	人工湿地	采用表面流人工湿地，BOD_5负荷：15～50 kg/(hm^2·d)；水力负荷：＜0.1 m^3/(m^2·d)；水力停留时间：4～8 d	COD_{Cr}：50%～60% BOD_5：40%～70% SS：50%～60% TP：35%～70%
		采用水平潜流人工湿地，BOD_5负荷：80～120 kg/(hm^2·d)；水力负荷：＜0.2 m^3/(m^2·d)；水力停留时间：1～3 d	COD_{Cr}：55%～75% BOD_5：45%～85% SS：50%～80% TP：70%～80%
		采用垂直潜流人工湿地，BOD_5负荷：80～120 kg/(hm^2·d)；水力负荷：＜0.1 m^3/(m^2·d)；水力停留时间：1～3 d	COD_{Cr}：60%～80% BOD_5：50%～90% SS：50%～80% TP：60%～80%

续表

序号	名称	技术参数	污染物去除效率
2	混凝沉淀	混合设备应采用快速混合方式，时间一般为10～30 s，速率梯度 G 一般为 600～1000 s^{-1}；反应池反应时间宜控制在15～30 min，平均速率梯度 G 一般为 70～200 s^{-1}；沉淀区表面负荷 10～15 $m^3/(m^2 \cdot h)$，固体负荷 6 $kg/(m^2 \cdot h)$	COD_{Cr}：25%～35% BOD_5：30%～50% SS：40%～60% TP：40%～60%
3	过滤	单层粗砂滤料，正常滤速 8～10 m/h，强制滤速 10～12 m/h；双层滤料，正常滤速 9～12 m/h，强制滤速 12～16 m/h；均匀级配粗砂滤料，正常滤速 8～10 m/h，强制滤速 10～12 m/h	COD_{Cr}：15%～24% BOD_5：25%～50% SS：40%～60% TP：30%～40%
4	消毒	采用紫外消毒，照射强度为 0.19～0.25 $W \cdot s/cm^2$，污水层深度为 0.65～1.0 m；采用消毒剂消毒，接触时间 30 min	—

4.5 剩余污泥处理

剩余污泥是指活性污泥系统中从二次沉淀池（或沉淀区）排出系统外的活性污泥。污泥处理就是对污泥进行浓缩、调质、脱水、稳定、干化或焚烧等减量化、稳定化、无害化的加工过程。传统污泥处理方法有 3 种：焚烧、填埋和资源化利用。国外多采用焚烧工艺，但投资巨大，易造成大气污染；国内多采用填埋，但需要占用大量的土地，同时会造成环境的二次污染。

4.5.1 污泥处理类型

有很多种方法可以用来处理污泥。化学和物理的处理方法例如焚烧、氯氧化、臭氧氧化和燃烧，生物的处理方法例如生物修复、传统堆肥法等。

1. 污泥的生物处理方法

污泥消化：在氧或无氧的条件下，利用微生物的作用，使污泥中的有机物转化为较稳定物质的过程。

好氧消化：污泥经过较长时间的曝气，其中一部分有机物由好氧微生物进行降解和稳定的过程。

厌氧消化：在无氧条件下，污泥中的有机物由厌氧微生物进行降解和稳定的过程。

中温消化：污泥在温度为 33～53℃时进行的厌氧消化工艺。

高温消化：污泥在温度为 53～55℃进行的厌氧消化工艺。

2. 污泥的物理处理方法

污泥浓缩：采用重力或气浮法降低污泥含水量，使污泥稠化的过程。

污泥淘洗：改善污泥脱水性能的一种污泥预处理方法。用清水或废水淘洗污泥，降低消化污泥碱度，节省污泥处理投药量，提高污泥过滤脱水效率。

污泥脱水：对浓缩污泥进一步去除一部分含水量的过程，一般指机械脱水。

污泥脱水有多种方式，如真空脱水机、连续带滤式脱水机、带式污泥脱水机、污泥干燥床、泥浆分离脱水机等。

污泥真空过滤：利用真空使过滤介质一侧减压，造成介质两侧压差，将污泥水强制滤过介质的污泥脱水方法。

污泥压滤：采用正压过滤，使污泥水强制滤过介质的污泥脱水方法。

污泥干化：通过渗滤或蒸发等作用，从污泥中去除大部分含水量的过程，一般指采用污泥干化场（床）等自蒸发设施。

3. 污泥的化学处理法

污泥焚烧：污泥处理的一种工艺。它利用焚烧炉将脱水污泥加温干燥，再用高温氧化污泥中的有机物，使污泥成为少量灰烬。

4.5.2 污泥处理常见技术

常见的污泥处理技术有多种，主要有污泥厌氧发酵、污泥好氧堆肥、污泥焚烧发电、污泥卫生填埋、污泥土地直接利用、污泥干燥、固化剂稳定、板框二次压滤等技术。

1. 污泥厌氧发酵

厌氧三阶段：水解、发酵、产甲烷。第一阶段水解是将颗粒物转化成可溶性化合物；第二阶段发酵，发酵的最终产物是甲烷形成的前身；第三阶段产甲烷，乙酸分裂甲烷菌和氢，利用甲烷菌产生甲烷。

缺点：投资大、运营成本高及安全问题；污泥需预热，耗费大量热能，不能满足维持自身需要；产生大量沼渣，需再次处理；甲烷气体难以并入市政管网利用；北方地区冬季无法运行；安全隐患，占地比较大。

2. 污泥好氧堆肥

利用秸秆等辅料将污泥含水率降至 60%，增加空隙达到规定碳氮比，不断补充氧气，经 25～30 天发酵腐殖达到稳定化，可作为园林绿化和土地改良处置。好氧堆肥的方式主要有：自然堆肥、封闭式堆肥、滚筒堆肥、竖式多层堆肥等。

缺点：污泥泥质不稳定，中重金属难以稳定化，只能用作园林绿化用肥；堆肥过程产生大量的臭气，污染周边环境；加入大量秸秆等调理剂，不断供氧。

3. 污泥焚烧发电

湿污泥干化后再直接焚烧，核心设备为焚烧炉，污泥进入后成沸腾流化状态燃烧。以焚烧为核心的污泥处理方法是最彻底的污泥处理方法，它能使有机物全部碳化，杀死病原体，可最大限度地减少污泥体积。

缺点：投资大、对锅炉腐蚀严重，维护成本高；含水率 80%污泥热值低，焚烧耗费大量能量，运行成本高；对尾气排放影响较大，易产生二噁英等有害气体。

4. 污泥卫生填埋

这种处置方法简单、易行、成本低，污泥又不需要高度脱水，适应性强。但是污泥填埋也存在一些问题，尤指填埋渗滤液和气体的形成。渗滤液是一种被严重污染的液体，如果填埋场选址或运行不当会污染地下水环境。填埋场产生的气体主要是甲烷，若不采取适当措施会引起爆炸和燃烧。

5. 污泥土地直接利用

污泥土地直接利用因投资少、能耗低、运行费用低、有机部分可转化成土壤改良剂成分等优点，以及林地和市政绿化的利用不易造成食物链的污染的特点而成为污泥土地利用的有效方式，既处置了污泥又恢复了生态环境。

6. 污泥干燥

污泥干燥是应用人工热源以工业化设备对污泥进行深度脱水的处理方法。尽管污泥干燥的直接结果是污泥含水率的下降（脱水），但与机械脱水相比，其应用目的与效果均有很大的不同。

干燥对污泥的处理效应不仅是深度脱水，还具有热处理的效应，而且，污泥干燥处理的产物，其含水率可控制在 20%以下，可达到抑制污泥中的微生物活动的水平，因此污泥干燥处理可同时改变污泥的物理、化学和生物特性。污泥机械脱水（也包括污泥浓缩）应用的目的以减少污泥处理的体积为主（污泥浓缩和机械脱水通常均可使污泥体积减少为原来的 1/4 左右），但脱水污泥饼除了含水率和相关的物理性质，如流动性与原状污泥有差异外，其化学、生物等方面性质并不因脱水而产生变化。

7. 固化剂稳定

在原污泥中加入石灰及其他固化剂，与污泥产生化学反应放出大量热，降低含水率。脱水后的污泥进入料斗，料斗中加入石灰和氨基磺酸，由于氨基磺酸在反应过程中产生氨气，增强了整个工艺的杀菌效果，降低了反应温度。高 pH 使大部分金属离子沉淀，降低了其可溶性和活跃程度；污泥的含固率可提高至 30%；去除了污泥中的臭气，系统全密封，无环境污染；系统全自动，操作维护简单。

缺点：添加大量石灰、铝基材料，污泥增量；污泥无法再次利用，只能填埋；运营成本较高。

8. 板框二次压滤

将污泥稀释 90%左右，加入药剂后，最常用的药剂如氯化铁、石灰或有机高分子絮凝剂，污泥焚化灰渣也可用作污泥调理剂。在混浊的液体如污泥中加入混凝剂，可促进固体物质的凝聚，或者是将污泥在高温（175～230℃）及高压（1000～2000 kPa）下加热，污泥固体中的结合水被释放出来，改善污泥的脱水特性后，进行二次压滤。

缺点：含水率只能达到 65%～75%；加入大量药剂，增加污泥干基重量，运行成本较高；污泥再利用局限性增大。

4.5.3 污泥处理新技术

1. 污泥熔化技术

针对污泥焚烧过程中存在的二次污染，开发出了污泥熔化技术。该技术使污泥处于焚烧灰熔点温度（通常为 1300～1800℃）之上燃烧，不仅可完全分解污泥中的有机物、灭杀病菌，同时所形成的熔渣密度比焚烧灰高 2/3，达到了灰渣大幅度减容的效果。污泥中的重金属因被固定在玻璃态的熔渣中而具有不熔出的活性，所以污泥熔化后的熔渣可用作建材。

2. 污泥碳化技术

污水工艺优化可降低剩余污泥产量，污泥破壁及强力干化技术能提高污泥的脱水性能，最终通过污泥碳化技术来实现污泥的资源化，从源头上解决污泥的产量，达到污泥零排放的目的。所谓污泥碳化，就是通过一定的手段，使污泥中的水分释放出来，同时又最大限度地保留污泥中的碳值，使最终产物中的碳含量大幅度提高的过程。

污泥碳化主要分为 3 种。

高温碳化。碳化时不加压，温度为 649～982℃。先将污泥干化至含水率约

30%，然后进入碳化炉高温碳化造粒。碳化颗粒可以作为低级燃料使用。该技术可以实现污泥的减量化和资源化，但由于其技术复杂，运行成本高，产品中的热值含量低，当前尚未有大规模地应用。

中温碳化。碳化时不加压，温度为426～537℃。先将污泥干化至含水率约90%，然后进入碳化炉分解。工艺中产生油、反应水（蒸汽冷凝水）、沼气（未冷凝的空气）和固体碳化物。另外，该技术是在干化后对污泥实行碳化，其经济效益不明显，除澳洲一家处理厂外，尚无其他潜在的用户。

低温碳化。碳化前无需干化，碳化时加压至6～8 MPa，碳化温度为315℃，碳化后的污泥成液态，脱水后的含水率50%以下，经干化造粒后可作为低级燃料使用。该技术通过加温加压使得污泥中的生物质全部裂解，仅通过机械方法即可将污泥中75%的水分脱除，极大地节省了运行中的能源消耗。污泥全部裂解保证了污泥的彻底稳定。污泥碳化过程中保留了绝大部分污泥的热值，为裂解后的能源再利用创造了条件。

第五章　挥发性有机污染物控制技术

5.1　概　　述

挥发性有机物（volatile organic compounds，VOCs）是一类有机化合物的统称。世界卫生组织（WHO）对其的定义为：熔点低于室温，沸点小于 260℃，常温下饱和蒸气压大于 133.32 Pa，并以气态形式存在于空气中的一类化合物。

恶臭污染物属于挥发性有机物，是指一切刺激嗅觉器官引起人们不愉快感觉及损害生活环境的气体物质。屠宰与肉类加工生产的恶臭污染物主要来源于待宰圈（间）、加工车间和污水处理站。

待宰圈（间）中的恶臭污染物主要源自畜禽粪尿。在好氧条件下，畜禽粪尿一般不会产生恶臭；在厌氧条件下，通过粪便中土著微生物和外源微生物的作用，粪尿中未降解的蛋白质、碳水化合物、尿素和酚类聚合体则会因厌氧发酵产生多种挥发性化合物。恶臭污染物的种类因畜禽物种不同而有所差异，研究表明猪场中的恶臭物质高达 500 多种，牛场中的恶臭物质有 70 多种，鸡场中的恶臭物质有 150 余种。其中的主要成分如表 5-1 所示。

表 5-1　待宰圈（间）恶臭污染物成分

序号	分类	举例
1	氨和挥发性氨类	氨气、甲胺、乙胺、三甲胺、腐胺（丁二胺）、尸胺
2	含硫化合物	硫化氢、甲硫醇、丙硫醇、二甲基硫醚、二甲基二硫醚
3	挥发性脂肪酸	乙酸、丙酸、正丁酸、异丁酸、戊酸、异戊酸
4	芳香族化合物	苯酚、对甲酚、间甲酚、乙基苯酚、吲哚、甲基吲哚

加工车间内的恶臭来自屠宰和加工过程产生的畜禽胃内容物、粪尿，残留的血、肉、骨或脂肪等的腐烂，污染物成分与待宰圈（间）相似。

污水处理站在处理污水和污泥的过程中也会产生大量的恶臭，恶臭污染物主要源自预处理单元（提升泵井、格栅、沉砂池）和污泥处理单元（污泥浓缩池、污泥脱水间）。

污水处理站的恶臭污染物主要有五类：①含硫化合物，如硫化氢、甲硫醇等；②含氮化合物，如氨气、三甲胺等；③烃类有机物，如烷烃、烯烃、芳香烃等；④含氧有机物，如醇、酚、VFA 等；⑤有机氯化合物，如氯代烃、氯苯等。

污水处理站中最常检出的恶臭污染物为硫化氢、氨、甲硫醚、甲硫醇、甲醛、乙醛、丙酮、甲苯、乙苯、间二甲苯，其中硫化氢、甲硫醚、甲硫醇等含硫有机物是造成污水处理站恶臭的主要原因。

恶臭污染物直接作用于人的嗅觉，引起人体生理和心理的不适。恶臭污染物的嗅阈值（能引起嗅觉的最低浓度）往往很低。常见恶臭污染物的嗅阈值如表 5-2 所示。

表 5-2　恶臭污染物嗅阈值

单位：μL/L

名称	嗅阈值	名称	嗅阈值
硫化氢	0.012	甲硫醚	0.002
乙硫醚	0.000033	二甲基二硫醚	0.011
甲硫醇	0.000067	乙硫醇	0.0000087
正丙基硫醇	0.000013	异丙基硫醇	0.000006
正丁基硫醇	0.000028	异丁基硫醇	0.0000068
仲丁基硫醇	0.00003	叔丁基硫醇	0.000029
氨	0.3	甲胺	0.035
乙胺	0.046	正丙胺	0.061
异丙胺	0.025	正丁胺	0.17
异丁胺	0.0015	仲丁胺	0.17
叔丁胺	0.17	二甲胺	0.033
二乙胺	0.048	三甲胺	0.0009
甲醛	0.50	乙醛	0.018
丙醛	0.016	正丁醛	0.00085
异丁醛	0.00045	甲醇	33
乙醇	0.1	正丙醇	0.094
异丙醇	3.9	乙酸	0.006
丙酸	0.0087	正丁酸	0.013
异丁酸	0.0031	苯酚	0.0056
邻甲酚	0.00028	间甲酚	0.0001
对甲酚	0.000054	甲苯	0.098
乙苯	0.018	吲哚	0.0003
土臭素	0.0000065	粪臭素	0.0000056

由于人体对恶臭的嗅觉感知具有一定的主观性，因此恶臭的污染程度与人体

的嗅觉强度并不成线性关系，即恶臭污染物浓度大幅度降低时，人体的不适感觉可能并未有明显减轻。

恶臭除了对人的嗅觉产生刺激以外，还会引起诸如呼吸系统、循环系统、消化系统、神经系统等的诸多不适，常见症状有胸闷、头晕、头疼、恶心、嗅觉失调、失眠及情绪不稳等。由于恶臭污染通常是多种污染物共同形成，研究人员提出用总挥发性有机物（TVOCs）来评价污染物联合作用对人体健康的影响。丹麦学者 Molhave 等对 TVOCs 暴露浓度与人体健康效应的关系进行了研究，结果如表 5-3 所示。

表 5-3　TVOCs 暴露浓度与健康效应

TVOCs 浓度（mg/m^3）	健康效应	分类
0.2	无刺激、无不适	舒适
0.2～3.0	与其他因素联合作用，可能出现刺激和不适	多因协同作用
3.0～25	出现刺激和不适，与其他因素联合作用，可能会出现头痛	不适
＞25	除头痛外，可能出现其他毒性作用	中毒

为了保护人体健康，改善环境空气质量，国家和部分地方政府均颁布了恶臭污染物排放标准，对恶臭的最大排放限值和厂界浓度限值等都作出了规定。我国于 1994 年实施的《恶臭污染物排放标准》（GB 14554—1993）中规定臭气浓度厂界一级标准为 10，新扩改建项目二级标准为 20，三级标准为 60。上海市 2017 年发布的《上海市地方标准 恶臭（异味）污染物排放标准》（DB31/1025—2016）则规定：现有源自 2018 年 7 月 1 日起，新源自标准实施之日起，周界监控点臭气浓度限值工业区为 20，非工业区为 10。2018 年宁夏回族自治区形成并发布了《宁夏回族自治区地方标准 恶臭污染物排放标准（征求意见稿）》，其中规定核心控制区（包括银川市兴庆区、金凤区、西夏区、贺兰县和永宁县）周（场）界监控点臭气浓度限值为 10，工业集聚区其他区域为 20，非工业集聚区其他区域为 15。

5.2　生物处理技术

生物处理技术是微生物通过自身的新陈代谢将废气中的有机物降解为 CO_2 和 H_2O，实现气体净化的方法。生物处理技术中，微生物将污染物作为能量和营养物质的来源，是降解污染物的主体，不同的微生物有其特定的处理对象。目前已经分离出大量可以利用典型有机污染物进行生长代谢并成为优势菌种的微生物（表 5-4）。

表 5-4　降解不同有机污染物的优势微生物

序号	分类	名称	处理污染物
1	细菌	氧化节杆菌	硫化氢、氨
2	细菌	排硫硫杆菌	硫化氢、甲硫醇、二甲基硫、二甲基二硫
3	细菌	生丝微菌属	二甲基二硫、甲胺、二甲胺、三甲胺
4	细菌	黄单胞菌属	硫化氢、甲硫醇、二甲基硫、二甲基二硫
5	真菌	树脂枝孢霉	甲苯、乙苯、醋酸丁酯、3-乙氧基丙酸乙酯
6	真菌	宛氏拟青霉	苯、甲苯、二甲苯、乙苯
7	细菌	红球菌属	正己烷、二甲苯
8	真菌	白腐菌	苯、甲苯、乙苯、氯苯、甲丙酮、醋酸丁酯
9	细菌	铜绿假单胞菌	苯乙烯、吡啶
10	细菌	假诺卡氏菌属	四氢呋喃
11	细菌	肠杆菌属	二氯苯

生物处理的效果主要由微生物的活性决定，影响微生物生长代谢的主要因素有：

① 温度。温度是影响微生物生长的重要环境因素，微生物的生长有一定的温度范围，在适宜的温度范围内，微生物的代谢速率随温度的升高而加快。绝大多数微生物的最适生长温度范围在 25～35℃。但是也有微生物能在低温条件下高效地去除污染物，如在实验室条件下，氧化节杆菌和亚硝化菌在 2～8℃时，对硫化氢和氨气的混合气体的去除率可达 98%。

除了对微生物产生影响以外，温度还会影响污染物的扩散系数。温度升高，扩散系数增大，则污染物在气、液、固各相之间的传质速率也会相应提高。

② pH。环境中的 pH 能够影响微生物代谢过程中酶的活性、底物的形态和细胞表面的荷电状态。组成酶和细胞膜的蛋白质是两性电解质，pH 的变化会影响两性电解质的解离状态，进而影响微生物的代谢活性和对营养物质的吸收。大多数细菌对 pH 的适应范围在 4.0～10.0，最适 pH 范围在 6.5～7.5；霉菌、酵母菌的最适 pH 范围则在 3.0～6.0。

在生物处理过程中，易生成酸性代谢产物，如有机物的水解、发酵产生的小分子有机酸，含氮污染物产生的 HNO_3 均会引起 pH 下降，需要在反应器中投加石灰、白云石等增强系统的缓冲能力，将 pH 维持在适宜的范围内。对含有多种污染物的废气，如 NH_3 和 H_2S 共同处理时，H_2S 氧化生成的碱度可以抵消去除 NH_3 对碱度的消耗。

③ 溶解氧。微生物分为厌氧微生物、好氧微生物和兼性微生物。厌氧微生物

由于缺乏过氧化氢酶、超氧化物歧化酶等，只能在无氧条件下生存；好氧微生物则需要分子氧作为最终电子受体来完成呼吸作用。兼性微生物同时具有脱氢酶和氧化酶，既可以在有氧条件下生长代谢，也可以在厌氧条件下生存。

根据微生物的存在形式，生物处理工艺可以分为悬浮生长工艺和附着生长工艺两大类。悬浮生长是指微生物在液相中处于悬浮状态，附着生长是指微生物在填料表面附着。

5.2.1 生物洗涤法

生物洗涤法由物理吸收和生物降解两个过程组成。吸收过程可采用常见的吸收设备。生物悬浮液自吸收设备顶部由布水装置喷淋而下，废气自吸收设备底部通入，气水进行逆向接触，气相中的污染物转移至液相，净化气体从吸收设备顶部排出。吸收过程很快，通常仅需数秒即可完成。工程中，经常通过增大气液接触面积、在吸收液中混合对微生物无抑制毒害作用的溶剂等手段来提高气相中污染物的吸收率。

完成吸收的生物悬浮液从吸收设备底部流出，进入生物反应器（再生器），污染物被生物降解后，生物悬浮液可重新进入吸收设备循环使用。由于生物反应器多使用好氧微生物对污染物进行降解，生物反应器内需通入空气，为好氧微生物提供溶解氧。生物降解过程通常需要数分钟至数小时才能完成。

生物洗涤法压降低，反应条件易于控制，但是设备较多。另外为维持生物反应器内的活性污泥的活性，需添加外源营养物，提高了处理成本。该方法适用于处理溶解性较好的污染物，实际应用中对氨、酚、乙醛等处理效果较好，对含硫污染物的去除效果不显著。

5.2.2 生物过滤法

生物过滤法属于附着生长系统，废气从吸收设备的顶部通过附着有微生物的填料，废气中的污染物和氧气转移至填料外层的介质中，微生物消耗氧气，降解污染物，净化的气体由塔底排出。

废气进入吸收设备前，需进行除尘、降温、增湿等预处理，避免堵塞、破坏填料，或抑制微生物活性。同时，为了提供微生物所需的养分、水分，需定期从吸收设备顶部喷洒营养液，吸收设备底部有排水管可以排出多余积水。

根据使用的滤料，常用的生物过滤法可以分为土壤过滤和堆肥过滤。土壤过滤是利用土壤中胶体的吸附作用和细菌、真菌等微生物的生物分解作用去除废气中的污染物。选用的土壤应具有良好的通气性和适度的含水量，滤料配比为黏土1.2%、有机质沃土 15.3%、细沙土 53.9%、粗砂 29.6%。土壤过滤法设备简单、运行方便，对烷烃类化合物、乙醇、小分子有机酸去除效果较好，但是该方法占地较大，易受气候影响。另外滤料长时间使用后可能出现酸化，需对滤料 pH 进行调整。

堆肥过滤是利用秸秆、木屑、泥炭等熟化后形成的堆肥层作为滤料。物料经熟化后，更适宜微生物的繁殖，且通气性较高，微生物的数量和种类都高于土壤过滤法，因此废气停留时间大大缩短，占地面积也有所减小。

近年来，为了进一步增强生物过滤法的有机负荷和过程控制，活性炭、陶瓷和塑料等材料也被作为滤料用于气体净化，使生物过滤法的负荷更高，占地面积更小，传质速率更快。目前生物过滤法多用于畜禽养殖和食品加工等行业的生物除臭，并逐渐在化工等产生难降解气态污染物的行业推广。

5.2.3 生物滴滤法

生物滴滤法属于附着生长系统，但同时具有生物洗涤法和生物过滤法的特点。生物滴滤法通常采用机械强度和孔隙度都较高的惰性材料作为填料，如陶瓷、塑料、粗碎石等，作为微生物附着生长的载体。填料的比表面积通常为 100～300 m^2/m^3，这样既可以为气体通过提供合理的空间，也能降低填料的压实度，避免生物膜脱落造成的填料堵塞。生物滴滤法具有和生物洗涤法相似的喷淋循环装置，这是生物滴滤法与生物过滤法最显著的区别。循环喷淋即可以为微生物提供营养物质，调节湿度和 pH，还可以带走微生物的代谢产物，并通过水力冲刷去除老化的生物膜，控制生物膜厚度。

生物滴滤法将污染物的吸收与喷淋液的再生在同一装置中进行，污染物首先转移至液相，然后被载体表面的微生物分解，因此设备简单，无需更换填料，投资运行成本低。生物滴滤法可通过调节循环液的 pH、喷淋量等控制反应条件，故设计运行更为灵活，处理含氮、硫等易产生酸性代谢产物的污染物时效果较生物过滤法更好。

生物滴滤法的启动工艺操作较为复杂，启动过程直接影响系统的处理效果和稳定运行。常用的启动方法有间歇曝气法、循环法和快速排泥通气法。间歇曝气法是每天进行一定时间的曝气，然后静置排出上清液并加入新鲜培养基。循环法是将接种微生物与喷淋液混合后，通过连续循环使微生物逐渐在填料表面生长富集。快速排泥通气法则是将活性污泥直接加入反应器内，并连续曝气，每天排出一定量污泥并补充培养基。

5.3 燃烧技术

通过燃烧氧化作用及高温下的热分解作用将有害气体转化为 CO_2、H_2O 等无害物质的方法称为燃烧法，也称焚烧法。该方法适用于处理具有可燃性或在高温条件下能够分解的气态污染物，广泛应用于石油化工、喷漆、绝缘材料等行业，也可以用来消除恶臭。

燃烧过程是放热的化学反应，其反应速率 v 可以表示为：

$$v = K'C_1^{\,n}C_2^{\,m}$$

式中，K'表示燃烧动力学常数，C_1 为气态污染物的浓度，C_2 为氧气的浓度，n、m 表示反应级数。

空气中，氧气的体积含量为 21%，多数情况下都远高于气态污染物的浓度，因此公式可以简化为：

$$v = k\,C_1^n$$

式中，$k = K'C_2^m$，表示反应速率常数。

根据阿伦尼乌斯公式，反应速率常数与反应温度有关，两者的关系为：

$$k = A\mathrm{e}^{-(E_a/RT)}$$

式中，A 表示阿伦尼乌斯常数；E_a 表示活化能，为常数，J/mol；R 表示气体常数，J/(mol·K)；T 表示温度，K。

常见有机物的反应速率常数如表 5-5 所示。

表 5-5　常见有机物的反应速率常数

单位：s^{-1}

名称	反应速率常数		
	538℃	649℃	760℃
甲烷	0.00153	0.08	1.60
乙烷	0.00411	0.48	19.93
乙烯	0.02804	1.25	24.64
乙醇	0.05869	2.14	35.97
丙烷	0.00058	0.34	49.99
丙烯	0.28171	3.63	27.02
丙醇	2.99528	14.83	52.07
丙酮	0.02658	2.09	64.38
1-丁烯	0.07760	6.02	183.05
正己烷	0.36628	4.72	35.13
甲苯	0.01358	0.93	25.54
氯甲烷	0.00708	0.15	1.66
1,2-二氯乙烷	0.24851	7.51	109.11
氯乙烯	0.00313	0.36	14.58
氯丙烷	0.5604	4.93	27.21

续表

名称	反应速率常数		
	538℃	649℃	760℃
氯苯	0.00031	0.09	8.41
甲酸乙酯	0.39562	11.18	154.04
乙酸乙酯	0.53822	7.88	64.77
乙基丙烯酸酯	0.88094	27.44	407.99
天然气	0.08565	3.41	61.61

由表 5-5 可知，温度越高，燃烧的反应速率常数越大，所需要的反应时间也就越短。常用的燃烧技术有直接燃烧、热力燃烧、蓄热燃烧和催化燃烧。

5.3.1　直接燃烧

直接燃烧是指将废气中的有害组分作为燃料进行燃烧处理的方法，该方法适用于处理浓度或热值较高的废气。直接燃烧的温度一般为 1100℃左右，燃烧过程中释放的热量需要能够补偿向环境中散失的热量，维持燃烧区的温度。因此，当可燃组分的浓度低于燃烧下限时，需要加入辅助燃料；当可燃组分的浓度高于燃烧上限时，则需要混入空气进行稀释。直接燃烧的设备包括燃烧炉、窑等，燃烧的最终产物为 CO_2、H_2O 和 N_2 等。

5.3.2　热力燃烧

对于可燃组分浓度或热值较低的废气，废气本身不能作为燃料维持燃烧。热力燃烧使用外加燃料（油、天然气、煤气等），使废气温度提高到气态污染物能够完全氧化、分解的温度，废气在含氧量充足时作为助燃气体，在含氧量不足时作为燃烧对象。

热力燃烧的过程分为三个步骤：①辅助燃料燃烧，用于提供热量；②高温燃气与废气混合，使废气达到反应温度；③在反应温度下，废气保持足够的停留时间，使气态污染物氧化分解。

燃烧过程中，辅助燃料通常不能与全部需要净化的废气混合，防止可燃物浓度低于燃烧下限而不能维持燃烧。如果废气以空气为主，即含氧量充足时，可以将部分废气作为助燃废气与辅助燃料混合，燃气温度升高至所需温度时，剩余废气作为旁通废气与高温废气混合进行热力燃烧。如果废气以惰性气体为主，即含氧量不足时，则需要空气作为助燃气体，待处理的全部废气作为旁通废气。

在供氧充分的条件下，影响热力燃烧的主要因素有反应温度、停留时间和混合程度。在 740～820℃条件下，大部分物质停留 0.1～0.3 s 即可反应完全；大多数碳氢化合物在590～820℃即可被完全氧化；高温燃气与废气应充分混合，避免废气未上升到反应温度就逸出反应区外。臭气的热力燃烧净化条件如表5-6所示。

表5-6　臭气燃烧净化条件

去除率（%）	停留时间（s）	反应温度（℃）
50～90	0.3～0.5	540～650
90～99	0.3～0.5	590～700
>99	0.3～0.5	650～820

热力燃烧炉是进行热力燃烧的专用设备，其主要结构包括燃烧器和燃烧室两部分。燃烧器的主要作用是将辅助燃料生成高温燃气，可分为配焰燃烧器和离焰燃烧器两大类。配焰燃烧器将火焰和废气分为多股，使废气在多股火焰之间流动，达到火焰与废气充分接触的目的。配焰燃烧器能够使废气和高温燃气在短时间、短距离内完全湍流混合，但是容易造成熄火。离焰燃烧器是将辅助燃料燃烧生成高温燃气，然后与废气混合达到反应温度。燃烧过程中，废气不与火焰产生接触，因此不易熄火。燃烧室的作用则是使高温燃气与旁通废气混合达到反应温度，并使废气达到相应的停留时间。

除热力燃烧炉外，普通锅炉、一般加热炉等由于炉内条件可以满足热力燃烧的要求，也可以用作热力燃烧炉。采用普通锅炉进行热力燃烧，不仅可以节省设备投资，还能节省辅助燃料。

5.3.3　蓄热燃烧

蓄热燃烧也称蓄热热力燃烧，是指在高温下将废气中的有机物污染物彻底氧化分解，并回收废气分解时所释放的热量。蓄热式热力焚化炉（regenerative thermal oxidizer，RTO）是用于蓄热燃烧的专门设备，主要由燃烧装置、蓄热床（内有蓄热体）、切换阀、排烟系统和连接管道组成。蓄热体的加热和放热过程是交替进行的，因此蓄热体需要成对设置，以保证炉膛加热的连续性。

蓄热燃烧最早应用于钢铁冶金行业，用来回收炼钢平炉和轧钢均热炉的热量。随着蓄热体和切换阀性能的不断改进，目前已广泛地用于VOCs的处理中。蓄热燃烧可进行二次余热回收，能够降低生产运营成本，但应注意燃烧过程中氮氧化物的控制。

5.3.4　催化燃烧

催化燃烧是在催化剂的作用下，将废气中的有机污染物氧化为CO_2和H_2O。由于催化剂降低了反应的活化能，催化燃烧要求燃烧温度较低，大部分烃类和CO

在 300～500℃即能分解，因此辅助燃料消耗少，燃烧过程几乎不产生 NO_x。同时由于催化燃烧为无火焰燃烧，故安全性较好。

目前催化燃烧使用的催化剂多为 Pt、Pd、Au 等贵金属，贵金属催化剂活性高、选择性好、耐高温、使用寿命长，且在低温条件下不易被磷、硫污染。贵金属催化剂可以选用单一种类贵金属，或者以一种贵金属为主，加入另一种贵金属，制成双金属催化剂。贵金属催化剂主要是通过使用不同的载体对其改性，以提高催化性能。常用的载体有蜂窝状或粒状的 Al_2O_3，也可使用蜂窝陶瓷、γ- Al_2O_3、镍铬合金、不锈钢等作为载体。

贵金属催化剂虽然性能优良，但是价格昂贵且易烧结，因此近年来也开发出多种非贵金属催化剂。非贵金属催化剂可以以 CuO、Fe_2O_3、TiO_2、Co_3O_4、CeO_2、MnO_x 等多种氧化物为活性组分，该类催化剂在一定条件下，可达到贵金属催化剂的催化效果，且价格低廉、制备简易。

催化燃烧系统由预热单元、反应单元和换热单元等组成，根据不同的处理要求和场地情况，各单元可分别建设也可组合成一个整体。对于含粉尘、有害组分的气体还应设置预处理单元，避免催化床层堵塞，防止催化剂中毒，延长催化剂的使用寿命。

5.4 等离子体技术

等离子态是除固态、液态和气态之外的物质存在的第四种形态，在该状态下物质内的电子脱离原子核的束缚而形成带负电的自由电子和带正电的离子，电子和离子所带电荷相反，数量相等。处于等离子态的物质称为等离子体。

按离子的温度，等离子体可分为热等离子体（thermal plasma）和低温等离子体（cold plasma）。热等离子体中，电子与其他粒子温度相等，一般在 5000 K 以上。低温等离子体是指电子温度远高于其他粒子的等离子体，电子温度一般高达 10 000～250 000 K，而其他粒子和整个系统的温度只有 300～500 K，电子和其他粒子处于非平衡态。在大气污染控制领域，主要采用低温等离子体。

低温等离子体主要由气体放电产生，放电的主要方法有：

（1）电晕放电

当电极表面附近存在很强的局部电场时，电极附近的气体介质会被局部击穿而产生电晕放电现象。电晕放电可分为脉冲电晕放电、交流电晕放电和直流电晕放电。

脉冲高压电源产生的脉冲，可在极短时间内将电子加速成为高能电子，继而在与气体分子碰撞的过程中产生活性粒子，将污染物氧化分解。脉冲电晕放电产生的能量多用于产生高能电子，而高能电子会与 N_2 和 CO_2 等发生反应，故其对污染物的去除效率较低。同时，由于大功率脉冲电源制作复杂，关键部件寿命较短，需定期更换，因此成本较高。

在高压交流电的作用下，由于电极间电场分布不均而产生电晕的放电形式称为交流电晕放电。交流电晕放电多使用工频交流电源，放电结构简单，可以提高电场的利用效率并降低电晕屏蔽的发生。

直流电晕放电是利用直流高压电产生电晕的放电形式。相比于脉冲电晕放电，直流电晕放电能量转化率高、设备要求低；但是其等离子活性空间小，且外加电压过高时易发生空气击穿。

（2）介质阻挡放电

介质阻挡放电又称无声放电，是通过将绝缘介质插入放电空间而引起气体放电的方法。绝缘介质可覆盖在电极上，也可悬挂于放电空间间隙中。常见的介质阻挡放电结构有平板式电极结构和管线式电极结构。化学反应器中多采用平板式电极结构。

（3）电子束辐照放电

电子束辐照放电是利用电子枪发射的高能电子束对待处理的气体进行辐照，高能电子与气体中的分子发生碰撞，形成低温等离子体。高能电子束对人体健康存在危害，且能耗较大，电子枪结构复杂、价格昂贵，因此该方法在实际应用中受到了较多限制。

低温等离子体反应器包括空腔式和填充式两种类型。空腔式反应器不填充电绝缘介质，采用电晕放电形式，多采用直流正电，电极结构为线筒形或线板形。填充式反应器采用 TiO_2、Al_2O_3、$SrTiO_3$ 等绝缘材料作为填充颗粒，反应器通电时颗粒之间会形成多个强电场，引发周围气体放电而形成低温等离子体空间，因此填充式反应器较空腔式反应器净化效率高，但是能耗和压降更大。

第六章 固体废物处理处置技术

6.1 畜禽粪便处理处置技术

6.1.1 畜禽粪便的性质及危害

畜禽粪便指畜禽的粪尿排泄物，屠宰行业中的畜禽粪便主要在待宰圈（区）和开膛、摘取内脏等环节中产生。

不同畜禽及气候、季节的变化都会引起粪尿排泄量及成分的变化。不同畜禽的粪便排泄指数如表 6-1 所示。

表 6-1 畜禽粪便排泄指数

单位：kg/d

项目	牛	猪	羊	鸡	鸭
粪排泄量	20.0	2.0	2.6	0.12	0.13
尿排泄量	10.0	3.3	—	—	—

畜禽粪便中含有大量有机质、氮、磷、钾等植物必需的营养元素，其主要成分如表 6-2 所示。

表 6-2 畜禽粪便主要组成成分

成分（质量分数，%）	粪				尿		
	牛	羊	猪	鸡	牛	羊	猪
水分	80.0	68.0	82.0	80.0	92.5	87.5	94.0
有机物	18.0	29.0	16.0	—	3.00	8.0	2.5
总氮	0.30	0.60	0.60	1.24	1.00	1.5	0.50
可溶性氮	0.05	0.05	0.08	—	—	—	—
磷	0.20	0.30	0.50	1.10	0.10	0.10	0.05
钾	0.10	0.20	0.40	0.42	1.50	1.80	1.00

由表 6-2 可知，牛粪中的含水率高于其他畜禽粪便；禽类由于没有膀胱，尿形成后经输尿管进入泄殖腔，随粪便一同排出，因此总氮含量高于其他畜类。

尽管畜禽粪便营养丰富，能够有效地提高土壤肥力、改善土壤结构、减少化学肥料的使用，但是如果未经无害化处理直接排入环境，其中的有机质、氮、磷等将对土壤、水体、大气环境产生严重的影响。2018 年 4 月生态环境部发布的

《关于加强固定污染源氮磷污染防治的通知》（环水体〔2018〕16号）中，已将屠宰与肉类加工行业列为总氮、总磷排放重点行业。畜禽粪便中的常见污染物含量见表6-3。

表6-3　畜禽粪便中常见污染物平均含量

单位：质量分数，kg/t

项目		COD	BOD_5	NH_3-N	TN	TP
牛	粪	31.0	24.53	1.71	4.37	1.18
	尿	6.0	4.0	3.47	8.0	0.40
猪	粪	52.0	57.03	3.08	5.88	3.41
	尿	9.0	5.0	1.43	3.3	0.52
羊	粪	4.63	4.10	0.80	7.5	2.60
	尿	—	—	—	14.0	1.96
鸡粪		45.0	47.87	4.78	9.84	5.37
鸭粪		46.3	30.0	0.80	11.00	6.20

未经处理的畜禽粪便直接进入土壤，易堵塞土壤孔隙、造成土壤板结、透气性下降。粪便中的氮、磷在土壤中蓄积量过高时，会造成作物减产，由氮、磷转化形成的硝酸盐和磷酸盐，通过冲刷和毛细作用，还会对地表水和地下水造成污染。另外，在畜禽饲养过程中，为满足畜禽生长需要，缩短生长周期，饲料中会添加微量元素，不能被动物利用的微量元素，如铜、锌、砷、镍等元素会随畜禽粪便在土壤中蓄积，进而对作物产生有害影响。

畜禽粪便如长期堆弃在自然水体附近，被降水冲刷进入水体后，会造成水体溶解氧、透明度等指标下降，同时伴随厌氧分解产生的NH_3、H_2S等气体，使水体黑臭。粪便中的氮、磷等元素会引起藻类的大量生长，继而造成富营养化；同时NH_3-N、NO_2^--N、NO_3^--N对水生生物及人、畜等均有毒害作用。粪便中的病原体则可能造成人、畜传染病的蔓延。

畜禽粪便在厌氧发酵过程中，除了产生NH_3、H_2S以外，还产生甲硫醚、甲基硫醚、二甲胺、二甲基二硫醚等多种恶臭气体，严重影响周围空气质量，妨害人、畜健康。

6.1.2　厌氧消化技术

1. 畜禽粪便厌氧消化概述

厌氧消化是畜禽粪便处理的主要手段，该技术是在无氧条件下，通过微生物的作用将畜禽粪便中的有机物转为为CH_4和CO_2，在实现对畜禽粪便的无害化处理的同时，能够回收能源。2009年据学者测算，我国畜禽粪便资源沼气总潜力达

1198.44 亿 m^3，其中具有实际开发价值的粪便资源沼气潜力为 240.49 亿 m^3，约合 135.56 亿 m^3 天然气。

不同种类的畜禽粪便，由于畜禽种类和饲料的差异，其粪便的理化性质、发酵参数等也存在差异。不同畜禽粪便的性质及产气率如表 6-4 所示。

表 6-4　畜禽粪便特性及产气率

原料种类	TS/%	VS/%	C/N	原料沼气产率			原料甲烷产率	
				m^3/kg FM	m^3/kg TS	m^3/kg VS	m^3/kg FM	m^3/kg VS
鲜猪粪	22～30	—	13	—	0.252～0.352	—	—	—
猪粪污	3～8	75～86	3～10	0.020～0.035	—	0.250～0.500	0.012～0.021	0.180～0.360
鲜牛粪	16～25	72～80	26	0.060～0.120	0.180～0.250	—	0.033～0.036	0.130～0.330
牛粪污	5～12	75～82	25	0.020～0.030	—	0.200～0.300	0.011～0.019	0.110～0.275
鲜羊粪	30～32	68	29	—	0.206～0.273	—	—	—
马粪	28	75	24	0.063	0.204	—	0.035	0.165
鸡粪	28～33	80	3～10	—	0.323～0.375	—	—	—
鸭粪	16～18	80	—	—	0.359～0.441	—	—	—
兔粪	30～37	68	—	—	0.174～0.210	—	—	—

表 6-4 中，FM 指物料鲜重。TS 指总固体（total solid），即物料在 103～105℃（或 180℃）条件下蒸发、烘干后所剩余残渣的量。TS 计算方法如下：

$$TS（\%）=W_2/W_1\times 100\%$$

式中，W_1 是烘干前的物料质量（g），W_2 是烘干后的物料质量（g）。

VS 指挥发性固体（volatile solid），即将 TS 在 550±50℃下灼烧 1 h 后，TS 减去剩余固体（即灰分）的量。VS 的计算方法如下：

$$VS（\%）=（W_2-W_3）/W_1\times 100\%$$

式中，W_3 为灰分质量（g），W_1 与 W_2 意义与前式相同。

畜禽粪便用于厌氧消化也具有一定的局限性，主要有以下三点：①厌氧消化效果受季节、气温影响较大，尤其是在我国北方地区；②屠宰企业大都远离居民区，生产的沼气企业内部不能完全消耗时，远距离输送成本较高；③饲料中重金属和抗生素的添加量日趋增大，会对沼气的产生和沼渣、沼液的利用造成影响。

2. 厌氧消化控制参数

为了保证厌氧消化过程稳定进行，除了保持严格的厌氧条件外，还需要控制的工艺参数如下：

（1）有机物组分及负荷

根据 Buswell 和 Borull 提出的公式：

$$C_nH_aO_b + (n-a/4-b/2)\,H_2O \longrightarrow (n/2+a/8-b/4)\,CH_4 + (n/2-a/8+b/4)\,CO_2$$

如已知发酵底物的成分，并忽略微生物用于自身代谢所有消耗的底物的量，则可根据该式估算产气量。常见有机物产气量及组分如表 6-5 所示。

表 6-5　常见有机物产气量及组分

有机物种类	产气量（L/kg）	气体组成	热值（kJ/m^3）
糖类	800	$50\%CH_4+50\%CO_2$	17850
脂肪	1200	$70\%CH_4+30\%CO_2$	25000
蛋白质	700	$67\%CH_4+33\%CO_2$	23730

由表 6-5 可知，底物的组分特性能够直接影响产气量的大小和沼气中的甲烷含量。

除了有机物的组分外，有机负荷同样能够影响产气量。有机负荷过高，易导致系统酸化，产气量下降；有机负荷过低，则微生物营养物质供给不足，难以培养性状良好的活性污泥。

在厌氧消化系统启动初期，宜采用较低的有机负荷，使接种的微生物能够适应系统环境；然后采用较高的有机负荷，使污泥迅速生长，提高系统中的生物量。随着污泥量的不断提高，污泥的生长与衰亡处于平衡状态，系统中污泥浓度达到了设计要求，即说明系统启动成功，进入正常的运行阶段。在运行阶段，可根据处理目的和运行情况，对有机负荷进行调节。

（2）碳氮比（C/N）

碳氮比是指底物中碳元素含量和氮元素含量的比值，用 C/N 表示，是衡量底物营养水平的基本指标。用于厌氧消化的底物的最佳碳氮比为 25～30，如碳氮比过高，则厌氧消化过程不易启动，产气量下降，运行过程中也易出现有机酸积累问题；如碳氮比过低，则过量的氮元素会转化成游离氨，对微生物产生抑制作用，引起氨中毒。

畜禽粪便中最易出现的是碳氮比偏低的问题，可以通过添加高碳氮比物料掺混的方式，如秸秆、稻草等，对发酵底物的碳氮比进行调整。需要注意的是，底物中的木质素、纤维素等成分虽然也含有碳元素，但是由于该成分化学结构稳定，不易生物降解，因此厌氧微生物对这些成分的利用能力就相对较差。

（3）pH 和碱度

厌氧消化过程由产酸菌和产甲烷菌共同完成，产酸菌适于在酸性条件下生长，且适应的 pH 范围较为宽泛，其最佳 pH 为 5.8；产甲烷菌对 pH 要求则较为严格，系统 pH 应控制在 6.8～7.5，最佳 pH 为 7.0～7.2，pH 过高或过低都会对产甲烷菌产生强烈抑制。

当系统有机负荷过高或存在某些抑制物质时，可造成产甲烷菌活性降低，继而引起系统中有机酸积累，pH 下降。pH 下降又会影响产甲烷菌的生长和活性，如此恶性循环，最终会导致系统崩溃，厌氧消化过程停止。为了使系统具有一定的 pH 缓冲能力，需要维持一定的碱度，碱度可通过投加草木灰、石灰或含氮物料进行调节。

（4）温度

在一定范围内，生化反应速率随温度的升高而加快，因此温度也是影响厌氧消化的重要因素。根据最适温度的不同，厌氧消化分为中温发酵（30～35℃）和高温发酵（50～55℃）。与中温发酵相比，高温发酵的固体停留时间更短，而且对病原微生物有良好的杀灭效果，但是高温发酵需要更多的加热能耗，且运行管理复杂，因此不如中温发酵应用广泛。

（5）抑制物

常见的抑制物有硫化物、氨氮、重金属，其他诸如氰化物及部分有机物也会对厌氧微生物产生毒害。厌氧消化中常见的有毒物质允许浓度如表 6-6 所示。

表 6-6　厌氧消化中部分抑制物允许浓度

名称	允许浓度（mg/L）	名称	允许浓度（mg/L）
S^{2-}	70～200	Na_2SO_3	＜200
NH_3-N	1500～3000	Cu	100
Ni	200～500	Cr	200
Mg	1000～1500	K	2500～4500
NaCl	5000～10000	CN	2～10
CH_3COOH	800	CH_3COCH_3	＞4000

3. 厌氧消化常见工艺

厌氧消化工艺众多，根据不同的分类方法，可被分为不同的消化工艺，目前常见的有传统厌氧消化工艺、两级厌氧消化工艺和两相厌氧消化工艺。

（1）传统厌氧消化工艺

传统厌氧消化工艺即是单级厌氧消化，产甲烷的全过程在同一个反应装置内完成。产酸菌和产甲烷菌对环境要求不同，通常产甲烷阶段是整个厌氧消化过程的控制阶段，因此该工艺主要满足产甲烷菌对环境的要求，如维持一定的温度和较长的固体停留时间等。由于传统厌氧消化工艺将产酸菌和产甲烷菌置于同一个反应器中，不利于发挥不同菌群的优势，因此处理效率较低。

（2）两级厌氧消化工艺

两级厌氧消化工艺由两级消化池串联而成，物料先在一级消化池内进行 7～12 天的厌氧消化反应，一级消化池中设有加温、搅拌装置；经过一级消化后的物料进入二级消化池，二级消化池内不设加温、搅拌装置，主要依靠来自一级消化池的物料余热。通常一级消化池的产气量占总产气量的 80%，二级消化池的产期量约占 20%。

（3）两相厌氧消化工艺

产酸菌和产甲烷菌在环境要求、生理代谢和繁殖速率等方面存在很大差异。人工将厌氧消化过程的产酸阶段和产甲烷阶段分离在两个串联的反应器中，即是两相厌氧消化工艺。

产酸阶段微生物世代周期短，固体停留时间为 1～2 天，消化池容积较小，主要将基质分解为有机酸、醇类、H_2、CO_2 和少量 H_2S；产甲烷阶段微生物世代周期长，固体停留时间为 2～7 天，消化池容积较大，主要利用乙酸等分解成 CH_4 和 CO_2。

两相厌氧消化工艺能够充分发挥产酸菌群和产甲烷菌群各自的功能，提高了处理效果，减小了反应器容积，并有利于厌氧消化过程的稳定运行。

4. *沼渣沼液利用*

畜禽粪便经过厌氧消化后的固形物即为沼渣，形成的液体即为沼液。畜禽粪便经厌氧处理后，除有机质外，氮、磷、钾等元素含量几乎没有损失，是优质的有机肥料。施用沼渣肥、沼液肥，能够有效地改善土壤理化性质，培肥地力，同时还能防治农作物病虫害。

2011 年发布的《沼肥施用技术规范》（NY/T 2065—2011）中规定了沼肥的理化性质，具体见表 6-7。

表 6-7　沼肥的理化性质要求

序号	项目	标准
1	颜色	棕褐色或黑色
2	沼渣水分含量（%）	60～80
3	沼液水分含量（%）	96～99
4	pH	6.8～8.0
5	养分含量	沼渣干基样的总养分含量≥3.0%，有机质含量≥30%； 沼液鲜基样的总养分含量应≥0.2%

2010 年发布的《畜禽粪便还田技术规范》（GB/T 25246—2010）要求，畜禽

粪便还田前，应进行处理，且充分腐熟并杀灭病原菌、虫卵和杂草种子。其中沼液、沼渣等应符合表 6-8 中的要求。

表 6-8　沼气肥的卫生学要求

项目	要求
蛔虫卵沉降率	95%以上
血吸虫卵和钩虫卵	在使用的沼液中不应有活的血吸虫卵和钩虫卵
粪大肠菌值	10^{-2}～10^{-1}
蚊子、苍蝇	有效地控制蚊蝇滋生，沼液中无孑孓，池的周边无活蛆、蛹或新羽化的成蝇
沼气池粪渣	蛔虫卵死亡率 95%～100%，粪大肠菌值为 10^{-2}～10^{-1}；周围没有活的蛆、蛹或新羽化的成蝇

6.1.3　好氧堆肥技术

1. 好氧堆肥基本原理

好氧堆肥是指在通风条件良好，氧气供应充足的条件下，通过好氧微生物将物料中的可降解有机物转化为稳定的腐殖质的一种无害化处理技术。好氧堆肥利用的微生物主要有自然界中存在的细菌、真菌、放线菌以及人工驯化培养的工程菌。好氧堆肥得到的产品，是一种高腐殖质含量的、营养元素丰富的农田肥料或土壤改良剂。

在好氧堆肥过程中，物料中的可溶性小分子有机物可以直接透过细胞壁或细胞膜而被微生物直接吸收利用，不可溶性的大分子有机物则先被吸附在微生物体外，由微生物分泌的胞外酶分解为可溶性小分子有机物后，再被微生物吸收利用。被微生物吸收的有机物，一部分用于合成代谢，使得微生物不断生长繁殖，另一部分则被氧化分解成简单的无机物，同时释放能量。

有机物好氧分解的化学反应式如下：

$$C_aH_bO_cN_d + 0.5(ny+2s+r-c)O_2 \longrightarrow nC_wH_xO_yN_z + sCO_2 + rH_2O + (d-nz)NH_3$$

式中，$r=0.5[b-nx-3(d-nz)]$；$s=a-nw$；n 为降解效率（<1）；$C_aH_bO_cN_d$ 和 $C_wH_xO_yN_z$ 分别代表堆肥原料和堆肥产物。

好氧堆肥的过程大致可以分为三个阶段。

（1）中温阶段

中温阶段又称升温阶段或产热阶段。在堆肥初期，堆层温度基本在 15～45℃的中温范围内，嗜温性微生物代谢活跃，可利用物料中的糖类、淀粉等可溶性有机物进行自身的代谢过程，同时释放大量热能。堆料保温性能良好，温度不断上升。但是该阶段经历时间较短，糖类基质不会被完全降解，主发酵主要在下一个阶段进行。

（2）高温阶段

当堆层温度上升至45℃以上时，好氧堆肥即进入高温阶段。在该阶段中，嗜温性微生物受到抑制甚至死亡，嗜热性微生物逐渐取代了嗜温性微生物；残留的和新生成的可溶性有机物继续转化分解，复杂的大分子有机物如纤维素、半纤维素、蛋白质等也开始分解。

在温度上升过程中，不同的嗜热性微生物菌群相互演替，当温度达到70℃以上时，即超出了大多数嗜热性微生物的适应范围，微生物大批进入死亡或休眠状态。实际堆肥中最佳温度通常控制在55℃，这是由于大多数微生物在该温度下代谢最为活跃，同时大多数病原体可在该温度下被杀灭。

（3）降温阶段

在高温阶段，微生物经历了对数期、稳定期和衰亡期后，堆积层内开始形成腐殖质。在堆肥化的后期，只剩余较难分解的有机质和新生成的腐殖质，微生物的代谢活性下降，发热量减少，堆层温度下降。嗜温性微生物重新取代嗜热性微生物，对剩余的有机质进行进一步分解，堆肥进入腐熟阶段。降温后，由于堆体含水量降低，孔隙率增大，氧气扩散能力增强，此时仅需自然通风即可满足堆肥需要。

2. 好氧堆肥控制参数

影响好氧堆肥过程的因素很多，通过控制重要工艺参数，可以保证堆肥过程的顺利进行。通风量、温度、含水率、孔隙率、C/N（碳氮比）等均是能够影响堆肥效果的重要工艺参数。

（1）通风量

好氧堆肥的基本条件是氧气供应，氧气供应来自于堆肥过程中的通风量。通风量主要通过物料中有机物含量、挥发度、可降解系数等确定，可通过以下方程式推算：

$$C_aH_bO_cN_d + 0.5(ny+2s+r-c)O_2 \longrightarrow nC_wH_xO_yN_z + sCO_2 + rH_2O + (d-nz)NH_3$$

式中，$r=0.5[b-nx-3(d-nz)]$；$s=a-nw$；n 为降解效率（<1）；$C_aH_bO_cN_d$ 和 $C_wH_xO_yN_z$ 分别代表堆肥原料和堆肥产物。

由于在堆肥过程中，要求至少有50%的氧渗入堆料的各个部分，因此实际的通风量需超出理论通风量的2倍以上才能保证充分的好氧条件。

堆肥的需氧量和堆体温度密切相关，因此通常根据堆层温度来控制通风量，为微生物提供适宜的生长条件。在现代化的堆肥场中，常采用翻堆机进行翻堆通风，或用风机进行强制通风。在小规模的堆肥中，也可采用向堆体内插入通风管或自然通风的方式。

（2）温度

微生物的好氧呼吸是放热反应，好氧堆肥过程中物料温度会升高。温度过低，反应速率慢，并且达不到灭活病原体的要求；温度过高，微生物生长代谢也会受到抑制，并可能休眠或死亡。由于高温分解比中温分解速率快，并能杀灭病原菌、虫卵、寄生虫等，因此好氧堆肥的适宜温度为 55～65℃。

堆肥过程中，堆体温度受通风量影响，常采用改变翻堆频率或风机风量的方式完成对温度的控制。

（3）含水率

水分是微生物进行生长代谢活动的基本营养物质，也是进行生化反应的基础介质，物料中的含水率直接影响好氧堆肥的速率和堆肥的腐熟程度，所以含水率是影响好氧堆肥的关键因素之一。

物料的含水率低于 30%时，微生物生长代谢速率缓慢；含水率超过 65%时，水分就会充满物料颗粒间的空隙，影响透气性，进而使堆体内部转化为厌氧环境，导致物料腐败，堆体温度也会出现下降。好氧堆肥适宜的含水率为 40%～60%。

物料含水率过高时，可用干燥的木屑、稻壳、秸秆等含水率低、易分解的物料进行掺混；物料含水率过低时，则可以用一定量的堆肥回流物来进行调节。

（4）孔隙率

孔隙率取决于物料的颗粒大小及结构强度，直接影响物料的透气性。通常，物料颗粒的适宜粒度为 12～60 mm；纸张、纤维织物等由于吸水或受压后颗粒空隙会缩小，因此破碎颗粒尺寸要在 3.8～5.0 cm；材质坚硬的物料粒度要求则较小。

（5）C/N（碳氮比）

C/N 也是影响好氧堆肥的重要因素。《畜禽养殖业污染治理工程技术规范》（HJ 497—2009）中要求，畜禽粪便堆肥的起始 C/N 应为 20～30∶1，并可通过添加植物秸秆、稻壳等物料进行调节，堆肥结束后 C/N 不大于 20∶1。

3. 好氧堆肥常见工艺

常见的好氧堆肥工艺有三种，即条垛式、通气静态条垛式和动态密闭式。

（1）条垛式

条垛式即在开放的场地上，将堆肥物料以断面为梯形、不规则四边形和三角形的条垛状进行堆置，并通过自然通风、翻堆等方式为微生物供氧。

该方法的优点是：设备简单、投资较低。缺点是：占地面积大、受气候制约、堆肥时间长、易产生恶臭、易招致蚊蝇。

（2）通气静态条垛式

通气静态条垛式在堆肥过程中不进行翻堆，不添加新料，通过机械强制通风使空气渗透到堆体内部来实现供氧。

该方法的优点是：温度及透气条件控制较好，堆肥时间相对短。缺点是：占地面积大、堆体中有机物降解和微生物生长不均匀。

（3）动态密闭式

动态密闭式堆肥通常采用连续或间歇进、出料的机械装置，有搅动固定床、旋转仓等多种类型，反应器内一般具有动态流向。该方法自动化程度高，物料混合均匀、供氧充足；缺点是投资高、对操作人员要求高。

6.2　动物无害化处理技术

6.2.1　动物无害化处理概述

1. 基本概念

动物无害化处理，是指用物理、化学等方法处理病死动物尸体及相关动物产品，消灭其所携带的病原体，消除动物尸体危害的过程。

病死动物尸体是指病死的，由人工饲养或合法捕获的畜禽及其他动物的尸体；相关动物产品是指动物的肉、脏器、血液、皮、毛/绒、脂、骨、筋、头、角、蹄/脚、精液、卵/胚胎以及可能传播动物疫病的蛋、奶等。

现阶段，较为成熟的处理技术主要有：

① 焚烧法。指在焚烧容器内，使动物尸体及相关动物产品在富氧或者无氧条件下进行氧化反应或热解反应的方法。

② 化制法。指在密闭的高压容器内，通过向容器夹层或容器通入高温饱和蒸汽，在干热、压力或者高温、压力作用下，处理动物尸体及相关动物产品的方法。

③ 掩埋法。指按照相关规定，将动物尸体及相关动物产品投入化尸窖或掩埋坑中并覆盖、消毒、发酵或分解动物尸体及相关动物产品的方法。

④ 发酵法。指将动物尸体及相关动物产品与稻糠、木屑等辅料按要求摆放，利用动物尸体及相关动物产品产生的生物热或加入特定生物制剂，发酵或分解动物尸体及相关动物产品的方法。

2. 相关法规政策

改革开放以来，我国畜牧业一直保持稳步增长。随着畜禽数量的快速增加，动物疫病也频繁发生，与发达国家相比，我国畜禽死亡率依然偏高。据专家估算，我国每年因各类疾病引起猪的死亡率约为8%～12%，牛的死亡率约为2%～5%，羊的死亡率约为7%～9%，禽类的死亡率约为12%～20%，其他家畜的死亡率在2%以上。

病死动物尸体及相关动物产品如不进行妥善处理，将可能造成巨大的卫生防疫风险、社会安全风险和环境保护风险。为此，国家不断加强动物无害化处理监管工作。目前国家发布的与动物无害化处理相关的主要法律、规章等如表6-9所示。

表6-9　我国动物无害化处理相关政策

序号	名称	发布时间	发文文号
1	中华人民共和国动物防疫法	2007年8月30日	中华人民共和国主席令第七十一号
2	畜禽规模养殖污染防治条例	2013年11月11日	中华人民共和国国务院令第643号
3	国务院办公厅关于建立病死畜禽无害化处理机制的意见	2014年10月20日	国办发〔2014〕47号
4	动物防疫条件审查办法	2010年1月21日	中华人民共和国农业部令2010年第7号
5	农业部关于印发《建立病死猪无害处理长效机制试点方案》的通知	2013年9月30日	农医发〔2013〕31号
6	病死动物无害化处理技术规范	2013年10月15日	农医发〔2013〕34号

根据《中华人民共和国动物防疫法》和《动物防疫条件审查办法》的规定，动物屠宰加工场所，应当具有相应的污水、污物、病死动物、染疫动物产品的无害化处理设施设备和清洗消毒设施设备。

同时，《中华人民共和国动物防疫法》还规定，未按要求处置染疫动物及其排泄物、染疫动物产品、病死或者死因不明的动物尸体，由动物卫生监督机构责令无害化处理，所需处理费用由违法行为人承担，可以处3000元以下罚款。

除《中华人民共和国动物防疫法》外，我国现行的多部法律也对病死动物尸体及相关动物产品的监管做出了相关规定。《中华人民共和国环境保护法》规定，从事畜禽养殖和屠宰的单位和个人应当采取措施，对畜禽粪便、尸体和污水等废弃物进行科学处置，防止污染环境。

《中华人民共和国食品安全法》规定，经营病死、毒死或者死因不明的禽、畜、兽、水产动物肉类，或者生产经营病死、毒死或者死因不明的禽、畜、兽、水产动物肉类的制品，由食品药品监管部门没收违法所得、违法生产经营的食品和用于违法生产经营的工具、设备、原料等物品；违法生产经营的食品货值金额不足一万元的，并处2000元以上五万元以下罚金；货值金额一万元以上的，并处货值金额五倍以上十倍以下罚金；情节严重的，吊销生产经营许可证。

《最高人民法院、最高人民检察院关于办理危害食品安全刑事案件适用法律若干问题的解释》规定，生产、销售属于病死、死因不明或者检验检疫不合格的畜、禽、兽、水产动物及其肉类、肉类制品的，应当以生产、销售不符合食品安全标准的食品罪定罪，认定为刑法第一百四十三条规定“足以造成严重食物中毒事故或者其他严重食源性疾病的”，处三年以下有期徒刑或者拘役，并处生产、销售金额二倍以上的罚金。

《国务院办公厅关于建立病死畜禽无害化处理机制的意见》提出，从事畜禽饲养、屠宰、经营、运输的单位和个人是病死畜禽无害化处理的第一责任人；鼓励大型养殖场、屠宰场建设病死畜禽无害化处理设施，并可以接受委托，有偿对地方人民政府组织收集及对其他生产经营者的病死畜禽进行无害化处理；鼓励跨行政区域建设病死畜禽专业无害化处理场。

为了贯彻落实国家的相关政策，加快建立地方的病死畜禽无害处理的长效机制，各地政府也相继出台了相关政策，其中主要省份政策如表 6-10 所示。

表 6-10　我国部分省份动物无害化处理相关政策

序号	名称	发布时间	发文文号
1	江苏省政府办公厅关于加强动物无害化处理工作的意见	2013 年 12 月 17 日	苏政办发〔2013〕191 号
2	河南省人民政府办公厅关于建立病死畜禽无害化处理机制的意见	2014 年 12 月 30 日	豫政办〔2014〕187 号
3	安徽省人民政府办公厅关于建立病死畜禽无害化处理机制的通知	2015 年 1 月 1 日	皖政办秘〔2015〕3 号
4	云南省人民政府办公厅贯彻落实国务院办公厅关于建立病死畜禽无害化处理机制的实施意见	2015 年 1 月 2 日	云政办发〔2015〕8 号
5	福建省人民政府办公厅关于建立病死畜禽无害化处理机制的通知	2015 年 1 月 12 日	闽政办〔2015〕5 号
6	江西省人民政府办公厅关于建立病死畜禽无害化处理机制的实施意见	2015 年 3 月 1 日	赣府厅发〔2015〕11 号
7	四川省人民政府办公厅关于建立病死畜禽无害化处理机制的实施意见	2015 年 4 月 2 日	川办发〔2015〕38 号
8	辽宁省人民政府办公厅关于建立病死畜禽无害化处理机制的实施意见	2015 年 4 月 30 日	辽政办发〔2015〕36 号
9	广东省人民政府办公厅关于建立病死畜禽无害化处理机制的实施意见	2015 年 5 月 28 日	粤府办〔2015〕36 号
10	河北省人民政府办公厅关于建立病死畜禽无害化处理机制的实施意见	2015 年 5 月 28 日	冀政办发〔2015〕12 号
11	内蒙古自治区人民政府办公厅关于病死畜禽无害化处理工作的实施意见	2015 年 5 月 29 日	内政办发〔2015〕54 号
12	黑龙江省人民政府办公厅关于建立病死畜禽无害化处理机制的实施意见	2015 年 6 月 11 日	黑政办发〔2015〕27 号
13	陕西省人民政府办公厅关于建立病死畜禽无害化处理机制的实施意见	2015 年 6 月 15 日	陕政办发〔2015〕55 号
14	吉林省人民政府办公厅关于加快建立病死畜禽无害化处理机制的实施意见	2015 年 6 月 21 日	吉政办发〔2015〕36 号
15	北京市人民政府办公厅关于建立病死动物无害化处理机制的实施意见	2015 年 8 月 26 日	京政办发〔2015〕44 号

续表

序号	名称	发布时间	发文文号
16	山东省人民政府办公厅关于印发山东省病死畜禽无害化处理工作实施方案的通知	2015 年 9 月 28 日	鲁政办发〔2015〕41 号
17	上海市人民政府办公厅关于贯彻《国务院办公厅关于建立病死畜禽无害化处理机制的意见》的实施意见	2015 年 10 月 4 日	沪府办〔2015〕92 号
18	重庆市人民政府办公厅关于建立病死畜禽无害化处理机制的实施意见	2015 年 10 月 14 日	渝府办发〔2015〕158 号
19	湖南省人民政府办公厅关于建立病死畜禽无害化处理机制的实施意见	2015 年 12 月 3 日	湘政办发〔2015〕103 号
20	新疆维吾尔自治区人民政府办公厅关于建立病死畜禽无害化处理机制的实施意见	2016 年 1 月 5 日	新政办发〔2016〕1 号
21	宁夏回族自治区人民政府办公厅关于建立病死畜禽无害化处理机制的实施意见	2016 年 2 月 1 日	宁政办发〔2016〕24 号
22	广西壮族自治区人民政府办公厅关于建立病死畜禽无害化处理机制的实施意见	2016 年 3 月 23 日	桂政办发〔2016〕27 号
23	贵州省人民政府办公厅关于建立病死畜禽无害化处理机制的实施意见	2016 年 5 月 3 日	黔府办发〔2016〕16 号

各省份的配套政策基本都是从落实属地管理责任、强化生产经营者主体责任、加强无害化处理体系建设、完善配套保障政策、打击违法犯罪行为等方面贯彻国家相关政策。其中，江苏省发布了《关于印发〈江苏省养殖环节病死猪无害化处理管理办法（试行）〉的通知》（苏农规〔2017〕3 号），对养殖环节病死猪无害化处理管理进行规范。

6.2.2 焚烧处理技术

2013 年农业部组织制定的《病死动物无害化处理技术规范》中，将焚烧法分为直接焚烧法和炭化焚烧法，两种方法的定义如下：

直接焚烧法是将动物尸体及相关动物产品或破碎产物，投至焚烧炉本体燃烧室，经充分氧化、热解，产生的高温烟气进入二燃室继续燃烧，产生的炉渣经出渣机排出。燃烧室温度应≥850℃。

炭化焚烧法是将动物尸体及相关动物产品投至热解炭化室，在无氧情况下经充分热解，产生的热解烟气进入燃烧（二燃）室继续燃烧，产生的固体炭化物残渣经热解炭化室排出。热解温度应≥600℃，燃烧（二燃）室温度应≥1100℃，焚烧后烟气在 1100℃以上停留时间≥2 s。

1. 直接焚烧法的影响因素和评价指标

（1）影响因素

根据固体废弃物的燃烧动力学，影响焚烧效果的主要因素如下：

① 烟气停留时间。

烟气停留时间指燃烧所产生的烟气从最后的空气喷射口或燃烧器出口到换热

面或烟道冷风引射口之间的停留时间。烟气停留时间越长，则废气中的有害物质燃烧分解越彻底。

② 湍流程度。

湍流程度指固体废弃物或气化产物与空气之间的混合情况，该指标用来衡量空气利用效率。

③ 焚烧温度。

焚烧温度指焚烧炉燃烧室出口中心的温度。通常焚烧温度越高，焚烧效率越高，所需的停留时间也就越短。焚烧温度取决于固体废弃物的热值、燃点、含水率等特性，焚烧炉结构和空气量等也会影响焚烧温度。

④ 过剩空气。

空气中的氧含量以 21%（体积比）计算，则燃烧所需的理论空气量为：

$$V_a = \frac{1}{0.21}\left[1.867C + 5.6(H - \frac{O}{8}) + 0.7S\right] \text{m}^3/\text{kg}$$

式中，C、H、O、S 依次为每千克固体废弃物中含有的碳、氢、氧、硫元素的质量。

在理论空气量的条件下，固体废弃物无法完全燃烧。一般情况下，实际燃烧使用的空气量是理论空气的 1.7～2.5 倍，通常用理论空气量 V_a 的倍数 m 表示，m 称为空气过剩系数。

烟气停留时间（time）、湍流程度（turbulence）、焚烧温度（temperature）和过剩空气（excess air）四个因素之间相互影响，在实际的运行操作过程中，被称为“3T+E”原则。

（2）评价指标

评价焚烧效果的指标主要为：

① 热灼减率。

热灼减率为焚烧残渣经灼热减少的质量占原焚烧残渣质量的百分数，计算方法如下：

$$P = (A-B)/A \times 100\%$$

式中，P 为热灼减率（%），A 为干燥后原始焚烧残渣在室温下的质量（g），B 为焚烧残渣（600±25）℃下 3 h 灼热后冷却至室温的质量（g）。

② 燃烧效率（combustion efficiency，CE）。

燃烧效率为烟道排出气体中二氧化碳浓度与二氧化碳和一氧化碳浓度之和的百分比，计算方法如下：

$$\text{CE} = [\text{CO}_2]/([\text{CO}_2]+[\text{CO}]) \times 100\%$$

式中$[CO_2]$和$[CO]$分别为燃烧后排气中 CO_2 和 CO 的浓度。

③ 焚烧去除率（destruction and removal efficiency，DRE）。

焚烧去除率指某有机物质经焚烧后所减少的百分比，计算方法如下：

$$DRE = (W_i - W_o)/W_i \times 100\%$$

式中 W_i 为被焚烧物中某有机物质的质量，W_o 为烟道排放气和焚烧残余物中与 W_i 相应的有机物质的质量之和。

我国《危险废物焚烧污染控制标准》（GB 18484—2001）中对焚烧炉的技术性能指标要求如表 6-11 所示。

表 6-11 焚烧炉的技术性能指标

指标 废物类型	焚烧炉温度（℃）	烟气停留时间（s）	燃烧效率（%）	焚烧去除率（%）	焚烧残渣的热灼减率（%）
危险废物	≥1100	≥2.0	≥99.9	≥99.99	<5
多氯联苯	≥1200	≥2.0	≥99.9	≥99.9999	<5
医院临床废物	≥850	≥1.0	≥99.9	≥99.99	<5

2. 直接焚烧设备的基本构造

焚烧设备的典型结构单元包括卸料系统、切割系统、焚烧系统、烟气净化系统、烟气冷却及余热利用系统。

① 卸料系统。

卸料系统根据物料来源、分类等分别进行处理。暂时不能处理的物料，卸货至周转箱，运入冷库暂存。周转箱的要求可参考《危险废物贮存污染控制标准》（GB 18597—2001）等相关标准，使用完毕后经清洗消毒可循环使用。需立即处理的物料则直接输送至中间料仓，如物料过大则卸入储罐进行破碎处理。

② 切割系统。

切割系统主要包括螺旋输送机和双轴切割机，切割机需能满足整头牲畜的处理要求。

③ 焚烧系统。

焚烧系统包括进料装置、燃烧装置、燃烧空气装置、辅助燃烧装置和出渣装置。

进料装置主要由进料斗、溜槽和推料器等部件组成。

燃烧装置主要是炉膛，通常设置为两个燃烧室，第一燃烧室进行物料和挥发分的火焰燃烧，第二燃烧室主要对烟气中未燃尽的组分和悬浮颗粒进行燃烧。

燃烧空气装置指满足工艺需要而设置的风机及相应的管路。

辅助燃烧装置主要是在焚烧炉启动和物料热值过低时，通过辅助燃料，使焚烧达到设计温度，辅助燃料一般采用燃料油。

出渣装置是将物料燃尽后的高温炉渣经浸水冷却后排出焚烧设备的装置。出渣装置是焚烧设备的重要部件，应具有良好的机械性能和密封性。

④ 烟气净化系统。

焚烧过程中产生的烟气，含有大量污染物，根据污染物性质不同，可将其分为颗粒物（粉尘）、酸性气体及其化合物（硫氧化物、氮氧化物等）、重金属及其化合物（汞、铅、镉等重金属及其化合物）和微量有机物（二噁英、呋喃等）。为了避免焚烧产生的烟气对大气环境造成污染，针对不同的烟气成分，选择相应的烟气净化系统。

《危险废物焚烧污染控制标准》（GB 18484—2001）和《医疗废物燃烧炉技术要求》（试行）（GB 19218—2003）中，大气污染物排放限值如表6-12所示。

表6-12　大气污染物排放限值

序号	污染物	不同焚烧容量时的最高允许排放浓度限值（mg/m^3）		
		≤300（kg/h）	300～2500（kg/h）	≥2500（kg/h）
1	烟气黑度	林格曼Ⅰ级		
2	烟尘	100	80	65
3	一氧化碳（CO）	100	80	80
4	二氧化硫（SO_2）	400	300	200
5	氟化氢（HF）	9.0	7.0	5.0
6	氯化氢（HCl）	100	70	60
7	氮氧化物（以 NO_2 计）	500		
8	汞及其化合物（以 Hg 计）	0.1		
9	镉及其化合物（以 Cd 计）	0.1		
10	砷、镍及其化合物（以 As+Ni 计）	1.0		
11	铅及其化合物（以 Pb 计）	1.0		
12	铬、锡、锑、铜、锰及其化合物（以 Cr+Sn+Sb+Cu+Mn 计）	4.0		
13	二噁英类	0.5（$ngTEQ/m^3$）		

⑤ 烟气冷却及余热利用系统。

烟气冷却分为直接冷却和间接冷却。直接冷却是冷却介质与烟气直接接触，进行热交换，交换方式是蒸发和稀释。常用的方法有喷雾冷却和吸风冷却。

间接冷却是烟气不与冷却介质直接接触，主要交换方式是对流和辐射，主要方法有换热器，在此过程中可回收部分热量，进行余热回收利用。

3. 炭化焚烧法的原理及特点

（1）原理

炭化是指物料在氧气不足的条件下燃烧，并通过由此产生的热作用而引起的有机物化学分解过程，又称热解或裂解。

炭化过程的主要产物有：

① 可燃性气体。

有机物经炭化后可产生 H_2、CO、CH_4、C_2H_4 等多种可燃性气体。通常，每千克固体废物产生的可燃性气体热值可达 6390～10 230 kJ，其中维持炭化过程进行所消耗的热量为 2560 kJ。

② 有机液体。

炭化产生的有机液体含有木醋酸、又称焦木酸，是一种复杂的化学混合物；另外还有焦油和其他大分子烃类，都可作为燃料使用。

③ 灰渣。

灰渣的主要成分为炭黑，炭黑属轻质碳素，含硫量低，热值为 12.8～21.7 MJ/kg，可作为生物炭使用，也可以制成煤球后作为燃料使用。

（2）特点

与直接焚烧法相比，炭化焚烧法具有以下优点：

① 可以将物料中的有机物转化为可燃性气体、燃油和炭黑等贮存性能源；

② 由于炭化焚烧在缺氧或无氧条件下进行，排气量小，有研究表明炭化烟气量是直接焚烧的 1/2。

炭化焚烧法同时也有不足之处，与直接焚烧法相比，主要缺点有：

① 由于炭化温度较低，在固体废弃物的减量化和彻底无害化方面与直接焚烧法存在差距；

② 应用范围较窄，对于分子结构较为稳定的有机物（如木质素），处理效果和经济适用性不如直接焚烧法。

4. 炭化焚烧法的影响因素及操作要求

（1）影响因素

影响炭化焚烧的主要因素包括：

① 物料组分。

炭化过程的起始温度、炭化的产物组成及其产率都受物料组分的影响，通常病死动物尸体及相关动物产品比其他工业固体废物更适合用炭化的方法生产燃气、焦油及各种有机液体。

② 物料的预处理。

物料尺寸对炭化过程中的传热速率和传质速率影响较大，较小的颗粒尺寸有利于热量的传递，使反应更容易进行，因此对于颗粒尺寸较大的物料，有必要进行破碎等预处理措施。

③ 加热速率。

在低速加热条件下，有机物更有可能在较低的温度节点分解，并有足够的时间重新结合为热稳定性固体；高速加热条件下，有机物的分子结构则全面发生裂解，产生多种低分子有机物。通过调节加热速率，可以改变炭化产物中各组分的比例。

④ 反应温度。

炭化过程中，气体产量与反应温度呈正相关，焦油、残留物等与反应温度呈负相关；另外，气体成分也受反应温度的影响。因此，应根据炭化焚烧的目的，确定适宜的反应温度。

⑤ 供气量。

炭化焚烧需要氧气作为氧化剂，使物料部分燃烧，为炭化反应提供必要的热量。适量的空气供给对反应过程十分重要。

⑥ 物料停留时间。

物料温度上升，生成炭化产物，均需要一定的反应时间，物料停留时间不足则炭化不完全。物料停留时间过长，则会造成装置处理能力下降，或增加不必要的投资和运行成本。

（2）操作要求

为了保证炭化焚烧设备的稳定安全运行，《病死动物无害化处理技术规范》提出如下注意事项：

① 应检查热解炭化系统的炉门密封性，以保证热解炭化室的隔氧状态；

② 应定期检查和清理热解气输出管道，以免发生堵塞；

③ 热解炭化室顶部需设置防爆口，防爆口与大气相连，压力过大时可自动开启泄压；

④ 应根据处理物种类、体积等严格控制热解的温度、升温速率及物料在热解炭化室的停留时间。

6.2.3　化制处理技术

根据加热介质与物料是否接触，化制法可分为干化法和湿化法。干化法使用带夹层的密闭容器。蒸汽不与物料直接接触，而是通过夹层，使容器内温度、压力升高，最终得到稳定的灭菌产物。湿化法则是使高压饱和蒸汽与物料直接接触，蒸汽凝结时会释放大量热能，使油脂溶化、蛋白质凝固，同时产生的高温高压将病原体杀灭。

根据《病害动物和病害动物产品生物安全处理规程》（GB 16548—2006），化制法适用于除口蹄疫、猪水泡病、猪瘟、非洲猪瘟、非洲马瘟、牛瘟、牛传染性胸膜肺炎、牛海绵状脑病、痒病、绵羊梅迪/维斯纳病、蓝舌病、小反刍兽疫、绵羊痘和山羊痘、山羊关节炎脑炎、高致病性禽流感、鸡新城疫、炭疽、鼻疽、狂犬病、羊快疫、羊肠毒血症、肉毒梭菌中毒症、羊碎狙、马传染性贫血病、猪密螺旋体痢疾、猪囊尾蚴、急性猪丹毒、钩端螺旋体病（已黄染肉尸）、布鲁氏菌病、结核病、鸭瘟、兔病毒性出血症、野兔热以外的其他疫病的染疫动物，以及病变严重、肌肉发生退行性变化的整个尸体或胴体、内脏。

根据《病死动物无害化处理技术规范》，化制过程中，可视情况对动物尸体及相关动物产品进行破碎预处理。干化法处理物中心温度≥140℃，压力≥0.5 MPa（绝对压力），时间≥4 h；湿化法处理物中心温度≥135℃，压力≥0.3 MPa（绝对压力），处理时间≥30 min。实际过程中具体处理时间随需处理动物尸体及相关动物产品或破碎产物种类和体积大小而设定。

除干化法和湿化法外，还有土灶炼制法。具体过程为在锅内放入清水煮沸，然后加入动物尸体及相关动物产品的碎块，边搅拌边撇除浮油，最后剩余的残渣，用压榨机压出其中的油脂。

6.2.4　掩埋处理技术

1. 直接掩埋法

直接掩埋法是处理病死动物尸体及相关动物产品的一种传统的、简便的方法。处理过程为在地上挖掘一定尺寸的坑体，将病死动物尸体及相关动物产品放入坑内后进行回填覆盖，回填前可用生石灰或漂白粉等对物料消毒。

根据《病害动物和病害动物产品生物安全处理规程》（GB 16548—2006），深埋法不适用于患有炭疽等芽孢杆菌类疫病，以及牛海绵状脑病、痒病的染疫动物及其产品、组织的处理。

掩埋地点应选择地势高燥，处于下风向的地点，同时应远离动物饲养和屠宰场所、动物和动物产品集贸市场、动物诊疗场所、动物隔离场所、饮用水源地、河流、学校和居民住宅区等人口集中区域。

由于直接掩埋法不能完全消灭病原体、并对环境和土地价值产生潜在的不利影响，因此被逐渐淘汰，仅在边远地区零星病死畜禽的处理中使用。

2. 化尸窖

化尸窖，又称密闭沉尸井，是采用砖混或钢混结构施工建设的，防渗防漏的密闭池。化尸窖对建设位置和建设质量要求较高，而且处理周期较长，后期管理难度较大。

化尸窖的选址要求与直接掩埋法相似，同时要求不受地表径流影响，避免雨水流入进料口。化尸窖建成后，周围应设置围栏和警示标志，并安排专人管理；当物料达到化尸窖容积的四分之三时，应停止使用并密封；封闭化尸窖内的动物尸体完全分解后，对残留物进行清理、焚烧（或掩埋），对化尸窖进行彻底消毒后，方可重新启用。

6.2.5　发酵处理技术

发酵处理技术是在微生物的作用下，通过人工控制工艺条件，使物料中的有机质分解、腐熟，最终转化为稳定的腐殖质的过程。

根据《病死动物无害化处理技术规范》，处理前，场地上铺设 20 cm 厚辅料，辅料上平铺动物尸体或相关动物产品，厚度≤20 cm；覆盖 20 cm 辅料，确保动物尸体或相关动物产品全部被覆盖；堆体厚度随需处理动物尸体和相关动物产品数量而定，一般控制在 2～3 cm，堆肥发酵堆内部温度≥54℃。

该方法不能用于因重大动物疫病及人畜共患病死亡的动物尸体和相关动物产品的处理。发酵地点应远离人口密集地区，并处于下风向，同时注意避免对地表水和地下水产生污染。发酵过程中，应做好防雨措施，产生的恶臭气体应按国家相关标准进行处理。

6.3　生产生活垃圾的收集

屠宰与肉类加工行业中的生产生活垃圾主要是废弃的包装材料和厂区工作人员产生的生活垃圾。

生产生活垃圾的收集主要有混合收集和分类收集两种方式：

① 混合收集是指将各种垃圾统一收集的方式，该方式简便易行，应用最为广泛；但是各种废物相互混杂，增加了各类废物的处理难度，不利于有再生价值的废物的回收。

② 分类收集是指根据垃圾的种类和组成分别进行收集的方式。分类收集有利于废物的综合利用，也能减少后续处理处置的废物量，从而降低管理费用和处理成本。

2008 年发布的《生活垃圾分类标志》（GB/T 19095—2008），将生活垃圾分为六大类，具体如表 6-13。

表 6-13　生活垃圾类别构成

大类	可回收物	有害垃圾	大件垃圾	可燃垃圾	可堆肥垃圾	其他垃圾
小类	纸类	电池	—	—	餐厨垃圾	—
	塑料					
	金属					
	玻璃					
	植物					
	瓶罐					

2018年，我国首个以农村生活垃圾分类处理为主要内容的省级地方标准，浙江省地方标准《农村生活垃圾分类管理规范》（DB33/T 2030—2018）正式发布并实施，其中将农村生活垃圾分为易腐垃圾、可回收物、有害垃圾和其他垃圾四类，具体见表6-14。

表6-14　浙江省地方标准《农村生活垃圾分类管理规范》垃圾分类类别

分类	定义	示例
易腐垃圾	家庭生活和生活性服务业等产生的可生物降解的有机固体废弃物	农贸市场、村庄集市、村庄超市产生的蔬菜瓜果垃圾、腐肉、肉碎骨、蛋壳、畜禽产品内脏等有机垃圾
可回收物	可循环使用或再生利用的废弃物品	用于包装的桶、箱、瓶、坛、筐、罐、袋等废包装物；打印废纸、报纸、期刊、图书、烟花爆竹包装筒以及各种包装纸等废弃纸制品
有害垃圾	对人体健康或生态环境造成直接危害或潜在危害的家庭源危险废物	废荧光灯管、废镍镉电池和氧化汞电池
其他垃圾	除易腐垃圾、可回收物、有害垃圾以外的生活垃圾	不可降解一次性用品、塑料袋、卫生间废纸、餐巾纸、普通无汞电池、烟蒂、庭院清扫渣土

第七章　噪声污染控制技术

7.1　概　　述

7.1.1　噪声的基本概念

在日常生活生产中存在各种各样的声音，噪声是声音的一种。判断一个声音是否属于噪声常取决于主观因素。简单地讲，噪声就是对人体有害或人们不需要的声音。物理学上，噪声则被解释为紊乱断续或统计上随机的声振荡。环境噪声指在工业生产、建筑施工、交通运输和社会生活中所产生的干扰周围生活环境的声音，有时是由多个不同位置声源产生的共同影响。

为了对噪声进行测量、分析和控制，就需要了解声音的基本概念和性质。声音源于物体的振动，能够产生声音的振动体称为声源。声源产生的振动以声波的形式传播。物体在弹性介质中的机械振动可引起介质密度的变化，这种介质密度变化由近及远的传播过程称为声波。描述声波的基本物理量如下：

① 波长。

波长是指质点的振动在单位周期声波传播的距离。声波是一种机械波，在弹性介质中可以向各个方向传播，在声波的传播方向上，相邻两个波峰（或波谷）之间的距离即为波长，通常用 λ 表示，单位为 m。

② 声速。

声音在介质中的传播速度称为声速，通常用 c 表示，单位为 m/s。声速受介质温度的影响，在空气中声速与温度的函数为：

$$c = 331.45 + 0.61t$$

式中，t 为空气的摄氏温度（℃）。

通常情况下，声速随空气温度的变化并不大，实际计算时常取 c 为 340 m/s。

③ 频率和周期。

单位时间（通常为 1 s）内介质质点振动的次数称为频率，通常用 f 表示，单位为 Hz。质点振动一次所需的时间称为周期，通常用 T 来表示，单位为 s。

声音的频率越高，人耳听到的声音就越尖利；声音的频率越低，人耳听到的声音就越低沉。在实际研究中，可以按频率范围不同划分为不同频段，具体如表 7-1 所示。

表 7-1　不同频段的频率范围

频段名称	定义	频率范围（Hz）
次声	频率低于可听声频率下限的声	10^{-4}～20
可听声	引起听觉的声波	20～2×10^4
超声	频率高于可听声频率上限的声	≥2×10^4

声波的波长 λ、声速 c、频率 f 和周期 T 的关系如下：

$$c = \lambda f$$

$$c = \lambda/T$$

$$f = 1/T$$

以上关系对任何波均适用。

④ 频带。

为了方便分析，通常把频率范围变化较为宽泛的频段划分为若干较小的段落，称为频带，也称为频程。频带有上限频率 f_1、下限频率 f_2 和中心频率 f_m，上、下限频率之间的频率范围称为频带宽度，简称带宽。

在噪声控制工程中，使用频率的比值对不同的频率进行比较。两个频率的比值称为倍频带，也称为倍频程。如果两个频率相差一倍，则称两个频率相差一个倍频带，即两个频率之比为 2^1，相差两个倍频带则两个频率之比为 2^2，依次类推，相差 n 个倍频带则两个频率之比为 2^n。n 可以是整数，也可以是分数，n 越小，频带划分越细。

上限频率 f_1、下限频率 f_2 和 n 的关系如下：

$$f_2 = 2^n f_1$$

$$n = \log_2(f_2/f_1)$$

中心频率 f_m 和上限频率 f_1、下限频率 f_2 的关系为：

$$f_m = (f_1 f_2)^{1/2}$$

⑤ 声能密度。

声波存在的区域称为声场，声场中单位体积介质中所含有的声能量称为声能密度，通常用 D 表示，单位为 J/m^3。

⑥ 声强。

在声场中，沿声能量传播的方向，在单位时间内通过单位面积的声能量称为声强，通常用 I 表示，单位为 W/m^2。

⑦ 声压。

没有声波存在时介质中的压力称为静压；有声波时，介质中的压力与静压的差值称为声压，通常用 P 来表示，单位为 Pa。

7.1.2　噪声的评价与计量

1. 声压级

某一个特定声音的声压有效值的平方，与基准声压的平方的比值，取以 10 为底的对数后再乘以 10，即为该声音的声压级。声压级通常用 L_p 来表示，其数学表达式如下：

$$L_p = 10\lg(p^2/p_0^2)$$

式中，p_0 为基准声压，$p_0=2\times10^{-5}$ Pa；p 为声压有效值。

声压级的单位是分贝，记为 dB。从声压级的数学表达式中可知，声压有效值变化 10 倍，声压级就会变化 20 倍。人耳的听阈是 0 dB，痛阈是 120 dB。

2. 声功率级和声强级

声源的声功率与基准声功率的比值，取以 10 为底的对数再乘以 10 即为声功率级，声功率级常用 L_w 表示，其数学表达式为：

$$L_\mathrm{w} = 10\lg(W/W_0)$$

式中，W_0 为基准声功率，其值为 10^{-12} W/m^2；W 为声功率。

声源的声强与基准声强的比值，取以 10 为底的对数再乘以 10，即为声强级，常用 L_I 来表示，其数学表达式为：

$$L_\mathrm{I} = 10\lg(I/I_0)$$

式中，I_0 为基准声强，其值为 10^{-12} W/m^2；I 为声强。

3. 声压级的叠加、修正和平均

（1）相同声压级声音的叠加

声压级相同的 N 个声音叠加在一起，总的声压级 L_p 为：

$$L_p = L_{p1} + 10\lg N$$

根据上述公式，相同声压级的不同数量的声源叠加后，分贝数增值如表 7-2 所示。

表 7-2　相同声压级的声音叠加后分贝数的增值

声源个数（个）	分贝增值（dB）	声源个数（个）	分贝增值（dB）	声源个数（个）	分贝增值（dB）
1	0	6	7.8	12	10.8
2	3	7	8.5	14	11.5
3	4.8	8	9	16	12
4	6	9	9.5	18	12.6
5	7	10	10	20	13

（2）不同声压级声音的叠加

设有 N 个声压级不同的声音叠加，它们的声压分别为 p_1，p_2，……，p_N，总的声压级为 L_p 可以表示为：

$$L_p = 10\lg\{(p_1^2+p_2^2+p_3^2+\cdots\cdots+p_N^2)/p_0^2\}$$

（3）声压级的修正

两个声压级不同的声音叠加时，设第一个声音的声压级 L_{p1} 大于第二个声音的声压级 L_{p2}，则总的声压级可表示为：

$$L_p = L_{p1} + 10\lg\{1+10^{-(L_{p1}-L_{p2})/10}\}$$

令 $\Delta=10\lg\{1+10^{-(L_{p1}-L_{p2})/10}\}$，则 $L_p = L_{p1}+\Delta$，即总的声压级 L_p 等于较高的声压级 L_{p1} 加上修正项Δ。修正项与声压级差值的关系如表 7-3 所示。

表 7-3　修正项Δ与声压级差值的关系　　单位：dB

声压级差值	修正项Δ									
	0	0.1	0.2	0.3	0.4	0.5	0.6	0.7	0.8	0.9
1	3.0	3.0	2.9	2.9	2.8	2.8	2.7	2.7	2.6	2.6
2	2.5	2.5	2.5	2.4	2.4	2.3	2.3	2.3	2.2	2.2
3	1.8	1.7	1.7	1.7	1.6	1.6	1.6	1.5	1.5	1.5
4	1.5	1.4	1.4	1.4	1.4	1.3	1.3	1.3	1.2	1.2
5	1.2	1.2	1.2	1.1	1.1	1.1	1.1	1.0	1.0	1.0
6	1.0	1.0	0.9	0.9	0.9	0.9	0.9	0.8	0.8	0.8
7	0.8	0.8	0.8	0.7	0.7	0.7	0.7	0.7	0.7	0.7
8	0.6	0.6	0.6	0.6	0.6	0.6	0.6	0.6	0.5	0.5
9	0.5	0.5	0.5	0.5	0.5	0.5	0.5	0.4	0.4	0.4
10	0.4	0.4	0.4	0.4	0.4	0.4	0.4	0.4	0.3	0.3
11	0.3	0.3	0.3	0.3	0.3	0.3	0.3	0.3	0.3	0.3
12	0.3	0.2	0.2	0.2	0.2	0.2	0.2	0.2	0.2	0.2
13	0.2	0.2	0.2	0.2	0.2	0.2	0.2	0.2	0.2	0.2
14	0.2	0.2	0.2	0.2	0.2	0.1	0.1	0.1	0.1	0.1
15	0.1	0.1	0.1	0.1	0.1	0.1	0.1	0.1	0.1	0.1

由表 7-3 可知，两个声音的声压级相差 15 dB 以上时，对总声压级的影响仅为 0.1 dB，可忽略不计，在实际中常常不考虑其影响。

（4）声压级的平均

计算声压级的平均值的方法是：首先计算 N 个声压级的总声压级，然后减去 $10\lg N$。在一般测量中，测量的各声压级差值如果在 10 dB 以内，可用算术平均法计算，两种计算方法误差相差不大。

4. 响度、响度级和等响曲线

响度是听觉判断声音强弱的属性，通常用 N 表示，单位为宋（sone）。某一声音的响度级等于根据听力正常者判断为等响的 1000 Hz 纯音的声压级，单位为方（phon）。响度级为 40 phon 时的响度为 1 sone。

等响曲线是听力正常者认为响度相同的纯音的声压级与频率的关系的曲线。该曲线通过在消声室内，对大量听力正常的青年（18～30 岁）进行若干测听后，将测听结果进行统计平均得到。

5. 计权声级与计权网络

为了使声音的客观物理量和人耳听觉的主观感受取得近似一致，通过对不同频率声音的声压级经过人为地加权修正后，再叠加计算得到的声音的总声压级，称为计权声级。

计权网络是近似以人耳对纯音的响度级频率特性而设计的，目前用到的有 A、B、C、D 四种计权网络。其中 A 网络曲线近似于响度级为 40 phon 的等响曲线的倒置曲线，经过 A 网络测量出的分贝数称为 A 计权声级，简称 A 声级，记为 L_A 或 L_{pA}。

A 声级测量的结果与人耳对声音的响度感觉相近似，同声音对人耳的损伤程度也能很好的对应，因此已被管理机构和相关条例普遍采用。

6. 等效声级

等效声级是以 A 声级为基础建立起来的关于非稳态噪声的噪声评价量，它等于在相同的时间内，与不稳定噪声能量相等的连续稳定噪声的 A 声级，通常用 L_{eq} 或 $L_{eq(A)}$ 表示，单位为分贝（dB）。

由于同样的噪声在白天和夜晚对人们产生的影响不同，因此在非稳态噪声的评价中还是用昼夜等效声级的概念。昼夜等效声级将早 7 时至晚 10 时视为白天，晚 10 时至次日早 7 时为夜间，规定在夜间测得的所有声级增加 10 dB 作为修正值。昼夜等效声级通常用 L_{dn} 表示。

7. 累积百分声级

累积百分声级又称统计声级，指在单位时间内所有超过 L_n 声级所占的 n%时间。通常采用 L_{90} 作为规定时间内的背景噪声，L_{50} 作为规定时间内的中值声级，L_{10} 作为规定时间内的峰值声级。

8. 混响和混响时间

混响是指声源停止发声后，由于多次反射或散射而延续的声音。混响时间是指当室内声场达到稳定后，声源突然停止发声，室内声压级衰减 60 dB（即声能密度衰减到原来的百万分之一）所需要的时间。通常用 T_{60} 表示，单位为 s。

7.1.3 噪声的危害

噪声能够影响人们的正常交流、工作和休息，并可能诱发多种疾病。超强噪声甚至能够破坏设备和建筑物。针对噪声的危害简要阐述如下。

1. 噪声对睡眠的干扰

正常成年人的睡眠是非快速眼动相睡眠（NREM）和快速眼动相睡眠（REM）周期性交替出现，直至清醒。一般来说，40 dB（A）的连续噪声可影响 10%的人的睡眠；40 dB（A）的突发性噪声可使 10%的人惊醒。70 dB（A）的连续噪声可影响 50%的人的睡眠；60 dB（A）的突发性噪声可使 70%的人惊醒。

2. 噪声对人体健康的危害

长时间在强噪声环境下工作会对人的听力造成损伤。在规定条件下，以特定信号对受试者进行重复测试，一定百分数的受试者能够正确判别所给信号的最低声压称为听阈。听力损失是指人耳在某一个或几个频率的听阈比正常耳的听阈高出的分贝数。

人们持续在噪声环境下工作一定时间后，会产生暂时阈移，即可恢复的听阈提高；长期在噪声环境下工作，则可能产生永久阈移，即不可恢复的听阈提高。如人耳突然暴露在强噪声环境中，则可能出现诸如鼓膜破裂、内耳出血等听觉器官损伤，引起暴振性耳聋。

除听力损伤外，长期在噪声环境中生活、工作，还会对神经系统产生不良影响，使人们产生诸如头痛、头晕、失眠、多梦、心慌等症状。由于噪声能够刺激中枢神经系统，因此会造成胃功能紊乱，造成消化不良、食欲减退等。噪声还影响心血管系统，影响表现在引起心跳加快、心律不齐、血压升高等。

3. 噪声对建筑结构的破坏

建筑结构在高强噪声的作用下，会由于固体材料产生声疲劳现象而出现裂痕或发生断裂。高强噪声的冲击波会对建筑物造成墙面开裂、屋顶掀起、门窗变形等破坏。此外，振动筛、空气锤等在工作过程中，也会对周围的建筑物造成损害。

2008 年发布的《工业企业厂界环境噪声排放标准》（GB 12348—2008）规定，工业企业厂界环境噪声不得超过表 7-4 规定的排放限值。

表 7-4　工业企业厂界环境噪声排放限值

单位：dB（A）

厂界外声环境功能区类别	时段	
	昼间	夜间
0	50	40
1	55	45
2	60	50
3	65	55
4	70	55

其中夜间频发噪声的最大声级超过限值的幅度不得高于 10 dB（A）；偶发噪声的最大声级超过限值的幅度不得高于 15 dB（A）。

7.2　噪声污染防治

声源、传播途径和接收者是噪声污染的“三要素”。防治噪声污染可根据“三要素”分别从降低声源噪声、限制声音传播和阻碍声音的接收等方面考虑。目前常用的噪声控制技术包括吸声降噪、隔声降噪和消声降噪。

7.2.1　吸声降噪

1. 基本原理

声波入射到材料或结构表面时，一部分能量被反射，另一部分能量则被吸收。多数材料和结构都有一定的吸声功能，通常仅将具有较高吸声能力的材料或结构统称为吸声材料。利用吸声材料降低噪声污染的方法称为吸声降噪，简称吸声。吸声材料根据其吸声机理，可分为多孔性吸声材料、共振吸声结构和由两者组成的复合吸声结构。

多孔性吸声材料的内部有许多与材料表面连通的微小细孔，或其内部有许多相互连通的气泡。声波进入材料内部后，可使细孔、气泡等微观结构产生振动并互相作用，通过介质的黏滞性和热传导作用，将声能转化为热能。

共振吸声结构的原理是，当声波入射到吸声结构表面时，激发系统产生强烈振动，由于结构本身的摩擦损耗，将声能转化为机械能，实现对噪声的削减。特别是入射声频率与吸声结构频率一致时，吸声结构发生共振，振动最为剧烈，声能损耗最多。

常用的吸声材料的特征参数有：

① 吸声系数。

吸声系数是指在给定的频率和条件下，被材料或结构吸收的声能与入射到材料或结构上的总声能之比，通常用 α 表示，计算方法如下：

$$\alpha = (E_i - E_r)/E_i = E_a/E_i$$

式中，E_i 为入射声能；E_r 为反射声能；E_a 为吸收声能。

α 值越大，表示吸声性能越好。当 $E_i = E_r$ 时，$\alpha = 0$，表示入射声波被完全反射，没有吸声作用；当 $E_r = 0$ 时，$\alpha = 1$，表示入射声波被完全吸收。

吸声系数与声波的入射条件、频率等因素有关。根据声波入射方向不同，吸收系数分为垂直入射吸声系数、斜向入射吸声系数和无规入射吸声系数。声波频率通常采用 125 Hz、250 Hz、500 Hz、1000 Hz、2000 Hz、4000 Hz 六个频率吸声系数的算术平均值来衡量吸声性能，只有六个频率的吸声系数平均值大于 0.2 的材料才称为吸声材料。

② 吸声量。

吸声材料在实际使用过程中吸收的声能量称为该材料的吸声量，通常用 A 表示，单位为 m^2·赛宾。吸声量 A 的计算公式如下：

$$A = \alpha S$$

式中，α 为吸声系数；S 为吸声材料的面积，单位为 m^2。

③ 声阻抗。

声阻抗是指介质表面上的平均有效声压 p 和通过该表面的有效体积速率 u 的比值，通常用 Z_A 来表示。声阻抗值是复数，实部为声阻，虚部为声抗。

④ 流阻。

流阻是指在稳定气流状态下，吸声材料两侧的压力差 ΔP 与通过材料的气流线速率 u 的比值。流阻的单位为 Pa·s/m。

单位厚度的流阻称为流阻率，计算公式如下：

$$R_f = \Delta P/(d\,u)$$

式中，R_f 为流阻率，单位为 $Pa \cdot s/m^2$；d 为材料厚度，单位为 m。

通常，低流阻材料对中高频范围的噪声吸收系数较高；高流阻材料对低频范围的噪声吸收较高，因此吸声材料的流阻应根据实际情况选择合理的数值。

⑤ 孔隙率。

孔隙率是指材料中空隙的体积占材料总体积的百分比。良好的多孔吸收材料的孔隙率应在 70%～90%。

2. 多孔吸声材料

影响多孔吸声材料性能的因素主要有两方面，一个是材料自身的特性，二是材料的使用条件。

① 材料的密度。

改变材料的密度，相当于改变材料的流阻率和孔隙率，能够影响材料的吸声特性。密度大、结构密实的材料，由于流阻大、孔隙率小，因此对低频噪声的吸收效果较好；密度小、结构蓬松的材料，由于流阻小、孔隙率大，吸收中、高频噪声的性能较佳。

② 材料的厚度。

吸声材料的厚度增加时，中、低频区域的吸声系数有所改善，高频区域内的吸声系数则不会增加。因此增加材料厚度，能够提高材料在中、低频区域的吸声效果。与材料的密度相比，通常材料厚度的影响更为显著。

③ 空腔间隙。

空腔间隙是指材料与墙壁之间的距离。增加空腔间隙相当于增加了材料的厚度，能够提高材料对中、低频噪声的吸收效果。

④ 温度和湿度。

温度和湿度等环境因素都会影响材料的吸声性能。声速会随介质温度的变化而变化，进而导致波长的改变，从而使材料的吸声频率特性发生相对移动。温度升高，会使材料的吸声性能向高频方向移动；温度降低，会使材料的吸声性能向低频方向移动。

湿度升高，空气中的含水量会随之增加，含水量提高易堵塞材料空隙，导致材料孔隙率下降，使材料的吸声系数下降。因此，在湿度较大的环境条件下，应选用有防潮能力的材料。

常用的多孔吸声材料有纤维性吸声材料、泡沫性吸声材料和颗粒性吸声材料。不同类型吸声材料的吸声系数如表 7-5 所示。

表 7-5　不同类型的多孔吸声材料吸声系数（驻波管值）

类别	名称	厚度（cm）	密度（kg/m^3）	倍频中心频率（Hz）					
				125	250	500	1000	2000	4000
				吸声系数α					
纤维性材料	防水超细玻璃棉	10	20	0.25	0.94	0.93	0.90	0.96	—
	岩棉毡	5	80	0.08	0.24	0.61	0.93	0.98	0.99
		10		0.30	0.70	0.90	0.92	0.97	0.99
	沥青矿棉毡	1.5	200	0.08	0.09	0.18	0.40	0.79	0.82
		3		0.10	0.18	0.50	0.68	0.81	0.89
		4		0.16	0.38	0.61	0.70	0.81	0.90
		6		0.19	0.51	0.67	0.70	0.85	0.86

续表

类别	名称	厚度（cm）	密度（kg/m³）	倍频中心频率（Hz）					
				125	250	500	1000	2000	4000
				吸声系数α					
泡沫性材料	聚氨酯泡沫塑料	3	56	0.07	0.16	0.41	0.87	0.75	0.72
		3	71	0.11	0.21	0.71	0.65	0.64	0.65
	脲醛泡沫塑料	3	20	0.10	0.17	0.45	0.67	0.64	0.85
	聚醚乙烯泡沫塑料	3	26	0.04	0.11	0.38	0.89	0.75	0.86
颗粒性材料	加气混凝土	9	670	0.08	0.10	0.10	0.19	0.27	0.20
	加气微孔耐火砖	3.5	370	0.08	0.22	0.38	0.45	0.65	0.66
		5.5	620	0.20	0.46	0.60	0.52	0.65	0.62

3. 共振吸声结构

声源发生的声波，能够激发围护结构及周围物体的振动。发生振动的结构或物体由于内摩擦和与空气的摩擦，能将部分振动能量转化为热能消耗掉，从而减低噪声。利用该原理制成各种共振吸声结构，用于增加对低频噪声的吸收，目前常用的共振吸声结构主要有以下三类：

① 薄板/薄膜共振吸声结构。

不透气的薄板或薄膜可与空气形成共振系统，系统的共振频率与薄板或薄膜的密度、弹性系数、空气层厚度等多个因素有关。

常用的薄板共振吸声结构有木丝板、草纸板、三合板、五合板等。薄板共振吸声频率范围很窄，可通过低密度薄板的多层组合，或者在薄板与龙骨间填充弹性材料来增加薄板共振吸声结构的吸声范围。

薄膜共振吸声结构中则多采用帆布、人造革、皮革或塑料薄膜等柔软、有弹性、不透气的材料。薄膜的共振频率除了与密度、空气层厚度等因素有关外，薄膜所受的拉力也能影响膜的共振频率。

② 穿孔板共振吸声结构。

在板材上以一定的孔径和间距打孔，并在其后设置有一定厚度的空气层，穿孔板材和空气层共同构成的结构即为穿孔板共振吸声结构。

声波传播至穿孔板时，空腔中的气体在声波的作用下呈活塞运动，气体分子与孔壁发生摩擦，使声能转化为热能被消耗。当共振系统的固有频率与噪声频率一致时发生共振，此时消耗的声能最多。

穿孔板共振吸声结构的吸声频带较窄，可采用多层穿孔板吸声结构组合的方式增加吸收频带的宽度，也可在穿孔板背后填充多孔材料或声阻较大的纺织物等材料来改进吸声特性。

③ 微穿孔板吸声结构。

为了克服传统穿孔板声阻小，吸声频带窄的缺点，使穿孔板的吸声频带宽度有效拓展，马大猷教授在 20 世纪 70 年代提出微穿孔板吸声结构理论。

微穿孔板的板厚和孔径都在 1 mm 以下，穿孔率为 1%～3%。由于孔径小且穿孔率低，因此微穿孔板的吸声系数和吸声频带宽度均优于传统穿孔板。

7.2.2　隔声降噪

1. 基本原理

隔声是指利用屏蔽物将声源和接收者分开或隔离，阻断噪声的传播。声音遇到障碍物时，一部分声能被反射回去，一部分声能被吸收，还有一部分声能会通过障碍物透射出去。

透射过障碍物的声能与入射的总声能的比值，定义为透射系数，通常用 τ 表示。透射系数 τ 无量纲，其值在 0～1，τ 值越小表示透射过去的声能越少，隔音效果越好，反之表示隔音效果越差。

在实际工程中，透射系数 τ 的值很小，且变化幅度较大，因此使用不便。为了计算简便，常采用隔声量来衡量隔声效果。隔声量用 TL 表示，单位为 dB，其计算公式如下：

$$\mathrm{TL}=10\lg(1/\tau)$$

隔声量受声波入射角和频率影响。通常情况下，隔声量的值是指各种入射角下的平均值。为了表示隔声结构的频率特性，一般将 125 Hz、250 Hz、500 Hz、1000 Hz、2000 Hz、4000 Hz 六个倍频程的隔声量的算术平均值作为平均隔声量。

2. 常用隔声技术

隔声壁、多层复合隔声结构、隔声间、隔声罩、声屏障都是常用的隔声方式。

（1）隔声壁

最简单的隔声结构是单层均匀密实壁，无规则入射声能的隔声量的计算公式为：

$$\mathrm{TL}=20\lg m+20\lg f-42.5$$

式中，m 为单位面积质量，单位为 $\mathrm{kg/m^2}$；f 为入射声波频率，单位为 Hz。由公式可知，对于固定频率的噪声，隔声壁的单位面积质量越大，隔声效果越好；对于固定的隔声壁，隔声量随频率的增加而提高。

通常隔声壁的隔声量大于 40 dB 时，认为其具有较高的隔声效果；隔声量为 20～30 dB 时，其隔声效果一般；隔声量小于 10 dB 时，则隔声壁的效果很差。

单层壁的隔声量主要受自身的单位面积质量影响，单位面积质量增加 1 倍，隔声量仅增加 6 dB，占地和经济都不合理。工程实践证明，多层壁结构在相同的单位面积质量下，隔声量可比单层壁提高 6～10 dB，隔声性能较为优越。

多层壁的中间结构可以是空气层，也可以是玻璃棉、矿渣棉等多孔材料，中间层在阻碍部分声波通过的同时，也能吸收部分声能。部分隔声壁的隔声效果如表 7-6 所示。

表 7-6 部分类型隔声壁的隔声量

隔声结构	面密度（kg/m^2）	倍频程中心频率（Hz）						平均隔声量（dB）
		125	250	500	1000	2000	4000	
		隔声量（dB）						
1 mm 厚镀锌铁板	7.8	30	20	26	30	36	33	29.3
2 mm 厚铝板	5.2	16	17	23	28	32	37	25.2
120 mm 厚砖墙两面粉刷各 15 mm	225	33	37	38	46	52	53	45
240 mm 厚砖墙两面粉刷各 15 mm	500	40	45	40	53	54	54	58
370 mm 厚砖墙两面粉刷各 15 mm	629	44	50	54	57	60	64	55
60 mm 厚砖墙（表面粉刷）+60 mm 厚空腔+60 mm 厚砖墙	258	25	28	333	47	50	47	38
240 mm 厚砖墙（表面粉刷）+100 mm 厚空腔+240 mm 厚砖墙	960	46	55	65	79	95	102	70.7
12 mm 厚纸面石膏板+80 mm 厚空腔（木龙骨）+12 mm 厚纸面石膏板	25	28	29	34	43	41	44	35.5
12 mm 厚纸面石膏板+80 mm 厚矿石棉毡（木龙骨）+12 mm 厚纸面石膏板	29	32	40	47	51	56	58	45.3

（2）多层复合隔声结构

多层复合隔声结构由数层面密度或性质不同的板材交替排列组成，多采用轻质复合板。通常是用坚实板材作为护面层，内部或覆盖阻尼材料，或填入多孔吸声材料、空气等组成。

多层复合隔声结构的性能优于同等质量的单层隔声壁或双层隔声壁，主要原因是：各层材料的阻抗各不相同，声波在各层界面上产生多次反射，反射声能越多则透射声能越少；夹层材料的吸声作用，材质和厚度不同的多层结构，都能减弱共振和吻合效应。

部分多层复合隔声结构的性能如表 7-7 所示。

表 7-7　多层复合隔声结构的隔声量

隔声结构	面密度（kg/m^2）	倍频程中心频率（Hz）						平均隔声量（dB）
		125	250	500	1000	2000	4000	
		隔声量（dB）						
1 mm 厚镀锌铁皮涂 2～3 mm 厚阻尼层	9.6	28	23	27	33	37	44	32.1
1 mm 厚铝板涂 3 mm 厚石棉漆+70 mm 厚空腔+1 mm 厚铝板涂 3 mm 厚石棉漆	6.8	15	20	25	36	54	60	34.9
1 mm 厚铝板+0.35 mm 厚镀锌铁皮+70 mm 厚空腔+0.35 mm 厚镀锌铁皮+1 mm 厚铝板	10	18	24	28	37	49	58	38.5
1 mm 厚钢板+2 mm 厚橡胶层+0.8 mm 厚钢板	16	27	33	33	39	44	49	37.5
18 mm 厚塑料贴面压榨板+50 mm 厚矿棉毡+150 mm 厚空腔+18 mm 厚塑料贴面压榨板	31	29	41	49	51	50	59	45.5

（3）隔声间

墙体、门窗等隔声构件组成的具有良好隔声性能的房间称为隔声间。隔声间通常都是封闭式的，包括隔声、吸声、阻尼等多种噪声控制措施。

对于隔声要求较高的房间，应重视门、窗的设计。隔声间的门应具有足够的隔声量，门扇与门框之间应密封良好，一般为双层轻便门，并在层间进行吸声处理。隔声间的窗户一般采用双层或多层玻璃，窗与窗框、窗框与墙体之间要注意密封。

如果有管线（水管、电缆管等）需要通过隔声间的墙体结构时，必须加套管穿墙，并将管道周围包扎严密，避免漏声。

（4）隔声罩

企业中的通风机、水泵、电锯等设备可使用隔音罩进行噪声控制。隔声罩结构简单、安装简便、成本低廉，常用于机械设备的噪声控制，以减少机械噪声向周围环境辐射。

隔声罩通常采用 0.5～2 mm 厚的钢板或铝板等材料制作，并在表面涂贴阻尼层，以减弱共振和吻合效应的影响。罩内需加吸声材料，一般选 50～100 mm 的超细棉毡为佳，同时应有牢固的护面层。

对于鼓风机等空气动力机械，设计隔声罩时应充分考虑散热，避免设备因为过热导致性能下降，甚至造成重大事故。隔声罩的散热方式一般可分为自然通风散热和机械通风散热。如需在隔声罩上开孔、开缝时，应在孔洞、接缝处做消声、吸声处理，以免漏声。另外，为避免设备振动经地面传递给隔声罩，隔声罩与地面之间应选择弹性连接。

（5）声屏障

声屏障是在声源和接受者之间人工设置的障板，用以阻断声音的直接传播，降低噪声。

噪声在传播时，如遇到尺寸远大于声波波长的障碍物，则大部分声能被反射吸收，剩余声能发生绕射，于是障碍物后方就形成了声影区。声影区的大小与声音的频率和屏障高度有关。

声屏障多用于控制高速公路、铁路沿线的交通噪声污染，在屠宰与肉类加工企业中应用较少。

7.2.3 消声降噪

消声技术主要用于消除空气动力性噪声。具有消声功能的装置称作消音器，是一种在阻止声音传播的同时不影响气流通过的装置。

消声器的种类繁多，根据其消声原理可分为阻性消声器、抗性消声器和阻抗复合型消声器。各种消声器的原理和特征如表 7-8 所示。

表 7-8 常用消声器的原理和特征

消声器类型	原理	特征	分类	应用
阻性消声器	利用多孔吸收材料吸收声能	对中、高频噪声消声效果好，对低频噪声效果较差	直管式、双圆筒式、蜂窝式、折板式、片式、弯头式、迷宫式	通风机、鼓风机、压缩机等设备的进、排气噪声
抗性消声器	采用管道截面变化，或旁接共振腔等方法，利用反射、干涉或共振消耗声能	选择性强，适用于中、低频噪声，尤其是窄带噪声的处理	扩张室式、共振腔式、插入管式	内燃机、柴油机及各类机动车辆排气管道
阻抗复合型消声器	将阻性消声器和抗性消声器组合，达到宽频带消声的目的	能在较宽频带内使用，阻力小	扩张室—阻性复合消声器、共振腔—阻性复合消声器、扩张室—共振腔—阻性复合消声器	通风空调工程

消声器通常安装在空气动力性设备的进、出口，使噪声再传至管道前先经消声器处理，避免了设备噪声直接由设备进、出口向外传播，也降低了由管道管壁向外辐射的噪声。

7.3 振动污染防治

7.3.1 隔振技术

1. 基本原理

隔振是指在振动源与其基础之间，或基础与需要防振的设备之间设置减振装置，以减少振动源能量传递，从而达到减振降噪的目的。隔振分为两种，一种是主动隔振，即将振动源与其基础隔离，减少振动向外传递；另一种是被动隔振，即对机械设备等采取隔振措施，减少外界的振动设备的干扰。

评价隔振效果的指标有很多，常用的有振动传递比和隔振效率。

① 振动传递比。

振动传递比是指通过隔振元件传给基础的力 F_T 与振动源传递给隔振元件的力 F 的比值，通常用 T 表示，公式定义如下：

$$T=F_T/F$$

如果 $F_T=F$，即 $T=1$，说明激振力完全被传递，无隔振效果；

如果 $F_T<F$，即 $T<1$，说明激振力仅部分被传递，有隔振效果，T 值越小，表明传递越弱，隔振效果越好；

如果 $F_T>F$，即 $T>1$，说明系统发生共振，隔振系统放大了激振力的干扰。

影响振动传递率 T 的主要因素有频率比和阻尼比。频率比是指振动源的激振力频率 f 和隔振系统固有频率 f_0 的比值，用 λ 表示。阻尼比是指阻尼器的阻尼系数 C 与隔振系统的临界阻尼系数 C_0 之比，用 ξ 表示。临界阻尼系数是指外力停止后，使系统不能产生振动的最小阻尼系数。

振动传递比 T 与频率比 λ 的关系表现为：

当 $\lambda \ll 1$ 时，$T\approx 1$，说明激振力通过隔振装置后全部传递给基础，装置无隔振作用；

当 $0.2<\lambda<\sqrt{2}$ 时，$T>1$，说明隔振装置设计不合理，不但未起到隔振作用，还放大了振动的干扰，产生了共振；

当 $\lambda>\sqrt{2}$ 时，$T<1$，仅有部分激振力通过了隔振装置，隔振装置起到了隔振效果。

理论上，λ 越大，T 值越小，隔振效果越好。但是在实际工程设计中，综合考虑经济、技术可行性等因素，λ 一般取值 2.5～5.0。

振动传递比 T 与阻尼比 ξ 的关系表现为：

当 $\lambda<\sqrt{2}$ 时，ξ 值越大，T 值越小，即当隔振系统未起到减振作用，甚至发生共振时，增大阻尼能够提高隔振效果；

当 $\lambda>\sqrt{2}$ 时，ξ 值越小，T 值越小，即当隔振系统起作用时，阻尼越小，隔振效果越好。实际中 ξ 值取 0.02～0.2。

综上所述，当振动源频率较高时，能够使 $\lambda>\sqrt{2}$ 时，需适当减小阻尼；当振动源频率较低，无法使 $\lambda>\sqrt{2}$ 时，需增大隔振系统阻尼以改善减振效果。

② 隔振效率。

隔振效率是指被隔离的振动量与振动源传递的振动量之比，通常用 η 表示。隔振效率 η 与振动传递比 T 的关系为：

$$\eta = (1-T) \times 100\%$$

隔振效率 η 越大，则振动传递比 T 越低，隔振效果越好。

2. 常用隔振元件

理论上说，凡是具有弹性的材料均能做隔振元件，但在实际中，制作隔振元件的材料需满足以下条件：刚度低、强度高、阻尼适当；理化性质稳定，耐腐蚀、耐高温、防潮、阻燃等性能良好；无毒无害；材料来源广泛，价格低廉，且易于加工维修。

常用的隔振器有弹簧隔振器、橡胶隔振器、隔震垫、弹性吊架、柔性接头等。

① 弹簧隔振器。

弹簧隔振器被广泛地应用于各类风机、空气压缩机、破碎机等的振动控制。弹簧隔振器承载能力高、耐腐蚀、抗老化、易于加工；但是其阻尼系数小，因此在共振频率附近隔振效果较差。实际中，常需要在弹簧钢丝外敷设橡胶、毛毡等来增加隔振器阻尼，以克服弹簧隔振器自身存在的不足。

弹簧隔振器包括螺旋弹簧式隔振器、板条钢板式隔振器和卷带式隔振器三种。工程实践中，只要隔振器设计合理，均可获得良好的隔振效果。

② 橡胶隔振器。

橡胶隔振器是由硬度、阻尼适中的橡胶材料制成，是工程中常用的隔振元件。由于橡胶材料具有一定的阻尼，因此在共振频率附近能有良好的减振效果。橡胶隔振器加工成型简单，价格低廉，可承受剪、压或剪压结合的作用力，适用于高频振动的隔离。但是橡胶隔振器不耐高温、油污，适用温度一般在-30～60℃，使用寿命通常在 3～5 年。

③ 隔振垫。

隔振垫是由橡胶、软木、毛毡、玻璃纤维或泡沫塑料等有一定弹性的软材料制成，除橡胶隔振垫外，一般没有确定的尺寸。

目前应用最为广泛的是橡胶隔振垫。由于天然橡胶价格低廉、变化小、拉力大，故应用较多；但是在高温环境中，天然橡胶由于不耐高温，且易受油类等腐蚀，因此常用氯丁橡胶、丁腈橡胶等代替。

软木隔振垫是由天然软木经高温、高压处理后制成，具有质轻、耐腐蚀、施工简易等特点，适用于高频或冲击设备中的隔振。但是软木被水浸泡后，刚度会提高，且容易腐烂，因此使用软木隔振垫时应注意场地的排水，同时还应注意防火。

玻璃纤维是一种具有一定的阻尼和弹性的松散纤维填料，由于其化学性质稳定，抗酸碱、耐腐蚀、不易燃、不易老化，因此在隔振中已经得到广泛应用。但是玻璃纤维属于单向隔振材料，只有在作用力垂直于隔振垫时才起作用。

④ 弹性吊架。

弹性吊架，又称为弹性吊钩，是一种悬挂式隔振器，主要用于管道和隔声结构的悬吊。悬吊的物体可以是风机、风管、水管等振源，也可以是精密仪器等需要隔振保护的设备。

⑤ 柔性接头。

柔性接头，也叫软连接，是用于阻隔振动源的激振力向与其相连的管道的传播。通常在设备与管道的连接处，采用橡胶、帆布、可曲绕橡胶接头、金属软管等相接，形成弹性连接，起到隔振作用。

7.3.2 阻尼减振

1. 基本原理

阻尼是指能量随时间或距离而损耗的现象。物体振动时，物体振动的能量尽可能多地耗散在阻尼层的技术，称为阻尼减振。通常采用的方法是在金属薄板构件上粘贴或喷涂阻尼层，当金属板振动时，由于阻尼作用，一部分振动能量会转变为热能，从而达到减振的目的。

阻尼的大小使用损耗因子来 η 衡量，计算公式如下：

$$\eta = 2\times C_0\times f/f_0 = 2\times C_0\times\lambda$$

式中，C_0 为临界阻尼系数，f 为激振力频率，f_0 为系统固有频率，λ 为频率比。由公式可以得出，损耗因子 η 除与临界阻尼系数 C_0 有关外，还与激振力频率 f 有关，即系统的激振力频率越高，阻尼减振效果越好。

多数材料的损耗因子 η 在 10^{-4}～10^{-1} 范围内，一般认为损耗因子至少在 10^{-2} 以上，并且能与金属紧密黏附的材料，才可作为阻尼材料。

2. 阻尼材料

阻尼材料应具有较高的损耗因子，同时具有良好的黏附性能，同时在特殊环境下还要求其应具有耐腐蚀、耐高温、防潮等功能。

① 黏弹性阻尼材料。

黏弹性阻尼材料包括阻尼橡胶、阻尼塑料等，是目前应用最为广泛的一种阻尼材料，可以通过调整材料的成分和比例，满足不同的使用条件。

② 金属类阻尼材料。

金属类阻尼材料的阻尼性能远大于一般的金属材料，同时由于其耐高温性能好，因此可作为制造设备仪器的结构材料，从声源处解决噪声问题。目前已开发出以铁、铝、锌、铜、镍等多种金属为基体的阻尼合金材料。

③ 复合型阻尼材料。

复合型阻尼材料通常使用金属材料或聚合纤维等提供构件所需的机械强度，由黏弹性阻尼材料构成的弹性阻尼层来消耗振动的能量。复合型阻尼材料被应用于汽车、飞机、舰艇、各类空气动力性设备和建筑结构等领域。

④ 其他阻尼材料。

抗静电阻尼材料具有良好的抗静电性能和一定的屏蔽性，可用于电子工程行业的隔振；阻尼陶瓷由于硬度高、耐磨、耐高温等特性被用于高温条件；泡沫阻尼材料具有良好的抗冲击、保温、隔振性能，可用于航天航空、船舶的薄壁结构的振动控制。

3. 阻尼减振措施

根据阻尼层与基础结构结合方式的不同，阻尼结构可以分为直接黏附阻尼结构、直接固定组合阻尼结构和直接黏附加固定的阻尼结构。

目前较为常用的是直接黏附阻尼结构，该结构主要有自由阻尼层结构和约束阻尼层结构两种。自由阻尼层结构是将阻尼材料直接黏贴或喷涂在金属板的一面或两面，当金属板振动或弯曲时，板和阻尼层可自由压缩或延伸。自由阻尼层结构多用于管道包扎或易振动薄板结构的表面。约束阻尼层结构是在基板表面的阻尼层上，再复加一层刚度较大的起约束作用的金属板。当板受振动而发生形变时，阻尼层受金属板的约束只能发生剪切形变而不能产生伸缩变形，因此可以消耗更多的振动能。与自由阻尼层结构相比，约束阻尼层结构减振效果更好，但是制作工艺复杂，造价较高。

第八章 屠宰及肉类加工业废水处理案例

8.1 黑龙江省绥化市某屠宰加工厂 3600 t/d 污水处理扩建工程

8.1.1 工程概况

黑龙江省绥化市某屠宰加工厂是以生猪屠宰、肉食品加工为主的企业。公司污水处理站建于 2004 年，设计处理水量 2400 m^3/d，进水水质 COD 2000 mg/L，BOD1000 mg/L，氨氮 60 mg/L，动植物油 180 mg/L。悬浮物 1200 mg/L。设计出水水质为《肉类加工工业水污染物排放标准》（GB13457—1992）的二级标准，COD 120 mg/L，BOD 60 mg/L，氨氮 25 mg/L，动植物油 20 mg/L，悬浮物 120 mg/L，工艺为：粗格栅+细格栅+竖流沉淀池+调节池+水解酸化池+二级曝气生物滤池+消毒。由于现有水量、水质超出原设计范围等多种原因，导致处理效果不佳，同时根据黑龙江省环保局的要求，该厂污水要达到《肉类加工工业水污染物排放标准》（GB13457—1992）的一级标准，COD 80 mg/L，BOD 30 mg/L，氨氮 15 mg/L，动植物油 15 mg/L，悬浮物 60 mg/L。另外由于扩产，水量增加，该厂决定对现有设施进行升级改造，升级改造完毕后处理规模达到 3600 t/d，出水保证达到《肉类加工工业水污染物排放标准》（GB13457—1992）的一级标准，以满足工厂的正常生产。

8.1.2 原工艺、设备存在问题分析

污水处理站原工艺流程如图 8-1 所示。

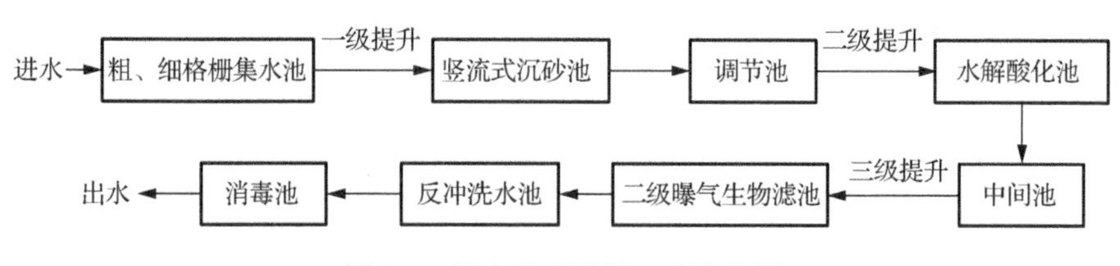

图 8-1 污水处理站原工艺流程图

原工艺存在的主要问题有：①粗、细格栅全部都放在地下 6 m 的积水泵房，不仅存在一旦停电造成粗、细格栅被淹没的隐患，而且地下室空间窄小潮湿、有异味，清渣操作环境恶劣；②粗、细格栅选型不当，竖流式沉砂池体积太小，没有针对屠宰污水悬浮物浓度高的特点而采取在污水进入调节池前尽量去除其中粪

渣的措施，导致调节池、竖流式沉砂池和水解酸化池大量沉积污泥，并使部分污泥由于停留时间长而消化上浮，从而影响了整套处理设施的正常运转；③由于进水水量增大，冲击负荷较大，而原有调节池调节容积只占总水量的30%左右，不能达到对水质水量尤其是水量的调节作用；④进水水量、水质远超过原设计范围；⑤原设计工艺选择不合理，曝气生物滤池适用于低浓度的生活污水处理，中高浓度有机污水，特别是浓度高的屠宰污水，如果前处理不好，非常容易堵塞，不仅增加了反冲洗的频率，也增加了无功运行时间，导致处理后水质达不到预期排放标准；⑥污泥处理设施较简陋。

8.1.3　改造扩建方案

1. 工艺调整说明

针对屠宰污水 SS、COD 浓度高的特点和原处理设施存在的问题，改造扩建工程主要改动和增加内容如下：

① 原粗、细格栅间的粗、细格栅全部拆除，在集水间外重建一座面积为 15 m^2 的格栅机房，内建一座深 6 m、宽 1 m 的格栅池，安装一台高 6 m、栅间隙 3 mm 的回转式齿耙格栅。原格栅间地下部分，做集水池利用，集水池的水泵重新购置、安装、并带有导轨装置。原细格栅放在平流沉淀池上方，再增加一台转鼓式细格栅，栅间隙<1 mm，这样不仅提高了去除 SS 的能力，而且把除栅渣操作提升到地上，大大改善了工作条件，增加了集水池的集水容积，集水池的提升泵按处理水量的增加相应换成带有导轨的大泵，便于维修。

② 在格栅池后增设平流沉淀池（650 m^3）一座。为使沉淀池的刮泥刮渣运行稳定可靠，选择了行车式刮泥刮渣机。平流沉淀池沉降污泥用泵排入污泥储池，为防止输泥不畅，选用具有撕裂功能的无堵塞泵和大于 200 mm 的管道，浮油渣通过大斜度渣槽自流入浮渣槽。

③ 把原有调节池和酸化池之间隔墙打通，使其变成一个大调节池（有效容积 1500 m^3），从而解决调节池容积不足的问题。

④ 在改造后调节池内增设预曝气系统（穿孔管曝气），以防止池内悬浮物和油质上浮，以及防止调节池内产生恶臭气味。

⑤ 调节池后增设浅层气浮设备一套（200 m^2/h），污水通过泵房的水泵将调节池污水提升送往气浮系统，对污水进行强化预处理，以减轻后续处理工艺的负荷。浅层气浮系统具有结构紧凑、操作维护简便、运行费用低的特点，对悬浮物、油脂的去除率可高达 90%以上。浅层气浮产生的浮渣排入浮渣池，浮渣池的浮渣用泵送至原竖流沉砂池改造的浓缩池，经带式压滤机压滤后，滤液返回集水池，泥饼送至脱水污泥斗外运。

⑥ 经浅层气浮系统处理的出水溢流进入新建的水解酸化池，在水解酸化池内

中部设置 3 m 高弹性填料，在水解酸化池内由于缺氧和厌氧生物膜的厌氧酸化作用，使污水中的污染物大分子变成小分子，难生化的物质变成可生化的物质，也就是改变污水的可生化性，同时对 COD 有约 40%的去除率，减轻了后续生化处理的压力。

⑦ 水解酸化出水进一步自流至新建一座四联 SBR 生化反应池，SBR 的周期为 8 h，6 h 进水同时曝气，1 h 沉淀，1 h 滗水。向每个池中配水，依靠电动蝶阀控制，四个池子滗水器出水通过一个管道排入清水池（原两个反冲洗水池打通改造而成），清水池的水达标的可直接排放，部分水可供带机冲洗滤布用水和曝气生物滤池反冲洗用水。若水质超标可第三次提升处理，进入原有二级曝气生物滤池进一步生化处理，使出水达到《肉类加工工业水污染物排放标准》（GB13457—1992）的一级标准。出水经原地下泵房一侧的原反冲水池后的消毒池，二氧化氯消毒后，通过原管网排放到厂区外的明渠里。

⑧ 原厂房内的鼓风机保留，仍供曝气生物滤池曝气使用。

⑨ 将在原设备间内的竖流沉砂池改造成浮渣储池和污泥浓缩池。浮渣储池和污泥浓缩池用来接纳气浮浮渣池泵送来的浮渣、水解酸化池排出的水解污泥和 SBR 池排出的剩余污泥。

⑩ 增设污泥脱水系统。原压滤间的厢式板框压滤机拆除淘汰。新购置两台 1.5 m 带宽的带式压滤机，均放置在原板框压滤机间。一台对污泥浓缩池的污泥、浮渣储池的污泥进行脱水处理；另外一台对平流沉淀池产生的，经浓缩池浓缩的污泥进行脱水处理。所有的压滤水均通过地下管道排回集水池。

⑪ 两台带式压滤机前设一平一斜两台螺旋输送机，将产生的泥饼输送到平流沉淀池间的高位泥斗里。斗中的污泥通过自动卸料装置卸到汽车里清运出厂。

⑫ 为使冬季能稳定运行，也使外观整齐，上述平流沉淀池、气浮池、水解酸化池、SBR 池均建于室内。

2. 设计水质水量

设计废水处理量为 3600 m^3/d，废水处理设施每天 24 h 运行。

进水水质参照厂方提出的数据确定，设计出水水质执行《肉类加工工业水污染物排放标准》（GB13457—1992）的一级标准，设计进、出水水质见表 8-1。

表 8-1　设计进、出水水质一览表　　前五项单位：mg/L

项目	COD_{Cr}	BOD_5	NH_3-N	SS	油脂	pH	水温
原水指标	≤4000	≤2000	≤100	≤4000	≤600	5.0～9.0	15～20℃
出水指标	≤80	≤30	≤15	≤60	≤15	6.0～8.5	

3. 改造扩建后主要构筑物设计

污水处理扩建工程的污水处理量为 3600 m^3/d，折合成小时平均处理量为 150 m^3/h。其中屠宰污水量约 2200 m^3/d，排放时间约 15 h，其余肉制品加工污水和生活污水量约 1400 m^3/d，24 h 连续排放，因此高峰水量约为 205 m^3/h。取变化系数 K=1.2，小时最大水量为 246 m^3/h。改造方案设计预处理部分水量按 250 m^3/h，经调节池调节后，按平均水量 150 m^3/h 设计。

（1）粗格栅部分

① 构建筑物。

新建格栅池：$B \times L \times H$ = 3000 mm×1000 mm×6000 mm；

格栅间：15 m^2，平面尺寸 $B \times L$ = 3000 mm×5000 mm。

② 主要设备。

粗格栅：1 台；

参数：

设计流量：Q_{max}=250 m^3/h；

设计类型：回转式格栅除污机；

栅条总宽：B=1000 mm；

耙齿间隙：b=3 mm；

安装角度：75°；

单机功率：N=0.55 kW；

部件材质：栅条 ABS，主体 SUS304；

配备电控柜和超声波液位计，能够满足自动控制的要求。

（2）集水池部分

集水池利旧，新增 2 台潜水泵，利用原有 1 台潜水泵作为备用。

参数：

流量：Q_{max}=250 m^3/h；

扬程：H=15 m；

功率：N=15 kW；

出口口径：DN150 mm；

材质：着脱装置、轨道及泵叶轮采用 SUS304。

（3）细格栅部分

原有细格栅保留，并新增 1 台处理量 400 m^3/h 转鼓式细格栅，2 台细格栅一用一备。

新增细格栅参数：

设计流量：Q_{max}=250 m^3/h；

设计类型：转鼓式细格栅；

设备数量：1 台；

栅条间隙：b=1 mm；

转鼓直径：D=950 mm；

安装角度：35°；

单机功率：N=0.55 kW；

材质：全部 SUS304。

转鼓的上方配有尼龙刷和冲洗水喷嘴，栅筛可在设备运行过程中实现自动清洗。

（4）平流沉淀池

① 构筑物。

新增有效容积为 650 m^3 的平流式隔油沉淀池，沉淀池设置行架式刮油刮泥机（水面以下部分采用不锈钢）2 台，水面上刮油排入浮油收集池，水池底板刮泥，沉淀污泥刮入集泥斗靠无堵塞泵排入平流沉淀池污泥储池。

参数：

设计流量：Q_{max}=250 m^3/h；

单池平面尺寸：4.5 m×20 m；

池数：n=2；

总池宽：B=9.0 m；

超高：h_1=0.3 m；

有效水深：h_2=3 m；

缓冲层高度：h_3=0.5 m；

泥斗高度：h_4=3.618 m；

总高度：H=7.418 m；

有效容积：$V_{有效}$=725.2 m^3。

② 主要设备。

沉淀池内设行车式刮油刮泥机 2 台，污泥泵 2 台（潜水泵），具体参数如下：

刮油刮泥机参数：

电机功率：行走电机 0.37 kW；抬耙电机 0.25 kW；

材质：行架主体碳钢，液下 SUS304；

配有电控柜和行车轨道。

污泥泵参数：

流量：Q=25 m^3/h；

扬程：H=10 m；

单机功率：N=1.5 kW；

出口口径：DN65 mm；

材质：着脱装置、轨道及泵叶轮采用 SUS304。

平流沉淀池浮油单独储存（储存容积 10 m^3），与平流沉淀池合建，浮渣定期外运。

新增浮油池尺寸：$B \times L \times H$=3 m×2 m×2 m；

总容积：$V_{总}$=12m^3。

（5）事故池

根据黑龙江省环保局的要求，污水处理系统的气浮系统或生化系统出现异常和设备检修时，污水不能直接排放，必须排入事故池临时储存，污水处理系统正常时再提升至平流沉淀池进行处理。

新增有效容积 700 m^3 的事故池，同时配备两台 100 m^3/h 的污水泵。

① 构筑物。

事故池尺寸：$B \times L \times H$=15 m×15 m×3.5 m；

总容积：$V_{总}$=787.5 m^3。

② 主要设备。

提升泵具体参数：

扬程：H=12 m；

电机功率：N=5.5 kW；

出口口径：DN100 mm；

材质：着脱装置、轨道及泵叶轮采用 SUS304。

（6）调节池

利用原有调节池和水解酸化池，将各池内的设备、材料拆除，中间挡墙打通，作为一个整体的调节池。

有效容积：$V_{有效}$=1500 m^3；

尺寸：$B \times L \times H$=25 m×15.6 m×4.95 m。

（7）浅层气浮处理系统

污水经过沉淀池后由泵提升进入浅层气浮池，池管口加入 PAC、PAM，经气浮池底部混合管充分混合，紧接着与溶气系统产生的部分带正电荷的微小气泡混合，使微小气泡与絮凝体、废水中的污染物进行吸附，桥联进入气浮布水系统，通过气浮的布水系统及无级调速装置使进入气浮池内的废水在布水区及气浮区达零速率。聚凝的絮体及被微气泡吸附桥联的污染物在浮力及零速率的作用下迅速进行固液分离，在浅层气浮池清水区被分离而上浮的浮渣污染物被带螺旋的撇泥勺捞走，在重力的作用下自流至浮渣池。

① 运行方式：连续进水、连续出水，浮渣自流进入浮渣池。

② 设计参数。

处理水量：200 m^3/h；

设计 SS 去除率：85%；

总停留时间：15.0 min；

回流比：R=30%；

水力表面负荷：q=5～8 $m^3/(m^2 \cdot h)$。

③ 构筑物。

气浮池主体尺寸：直径 8.0 m，H=3.8 m；

数量：1 组；

结构形式：钢结构，地上；

钢构土建地基承受负荷：60 t；

浮渣池：钢结构，尺寸 $B \times L \times H$=3000 mm×4000 mm×1500 mm。

④ 浅层气浮池设备。

浅层气浮机（含溶药系统、溶气释放器及释放管路、组合式刮沫机、走道扶梯、空压机、电气控制系统等）设计参数：

设计流量：Q=200 t/h；

设备数量：1 台；

设备材质：钢结构；

设备直径：8.0 m；

主机功率：N=3.3 kW。

溶气水泵设计参数：

设计流量：Q=100 t/h；

扬程：H=50 m；

单机功率：N=22 kW；

转数：n=2900 r/min；

设备数量：2 台（1 用 1 备）；

设备材质：不锈钢叶轮。

空气压缩机设计参数：

设计流量：Q＝0.53 m^3/min；

单机功率：N＝4.0 kW；

压力：P＝0.7 Mpa；

设备数量：1 台。

组合式溶药槽设计参数：

形式：上溶药，下用药；

体积：4.0 m^3；

设备数量：3 套；

设备材质：PVC。

配套搅拌电机 3 台，减速比 17，单机功率 N=1.1 kW。

加药泵 3 台，流量 Q=1 m^3/h，P≤0.6 MPa，单机功率 N=1.5 kW。

加药流量计 3 个，设计流量 Q=60～600 L/h。

浅层气浮池设备现场图如图 8-2。

图 8-2　浅层气浮池设备现场图

（8）水解酸化池

水解酸化池的作用是在兼氧的条件下水解废水中脂肪、蛋白质等大分子有机物为小分子有机物，同时通过水中硝化菌的作用把废水中的有机氮转化为能被硝化菌利用分解的氨氮。该池内安装有弹性填料，可作为生物载体，经过一段时间的培养驯化，水中的大量微生物以生物膜的形式固定于填料表面，同时池的下部会形成一层浓度较高的污泥层。当废水通过它时大量悬浮固体被截留水解。本池作为生化处理系统的预处理同时具有较高的有机物去除率，为后续生化处理创造了良好的条件。

改造中新建两组共用壁四格式水解酸化池一座，钢筋混凝土结构，池端设有蒸汽穿孔管加热区，对浅层气浮溢流进水进行加热，保证生化反应所需的温度。

① 运行方式：连续进水、连续出水，污泥定期由污泥泵泵入污泥浓缩池。

② 设计参数。

设计 BOD_5 去除率：40%；

容积负荷：q=0.96 kg BOD_5/(m^3 池容·d)；

出水堰负荷：1.1 m^3/(m·h)；

总停留时间：H=6.0 h；

有效池容 ：$V_{有效}$=1056 m^3；

构筑物尺寸：$B \times L \times H$=8.0 m×15.0 m×5.5 m；

数量：2 组；

结构形式：钢筋混凝土，半地上半地下。

③ 水解酸化池设备。

污泥泵：

数量：6 台；

材质：不锈钢叶轮；

流量 Q=40 t/h，扬程 H=10 m，单机功率 N=2.2 kW，转速 n=1450 r/min。

污水加热器：

数量：1 台，蒸汽管径 DN=32 mm，设备总长 1750 mm；

喷射式加热器或采用蒸汽管穿管直接加热。

组合填料（含钢筋支架）：576 m^3（h=3 m）。

（9）SBR 生化反应池

新增设四联 SBR 生化反应池。钢筋混凝土结构，尺寸 15 m×12 m×6 m，4 个。日处理水量 3600 m^3，进水水质 COD 1584 mg/L（原水 4000 mg/L 经沉淀、气浮、水解），出水水质 COD 80 mg/L，去除率 95.0%，运行周期取 8 h（6 h 进水同时曝气、1 h 沉淀、1 h 滗水），SBR 池内分生物选择区，约占总有效池容的 20%，有利于除去氨氮，内有滗水器、污泥回流泵、排泥泵、曝气器等。

SBR 池设备参数如下：

① 罗茨鼓风机。

风量：Q=16.7 m^3/min；

扬程：H=7 m；

单机功率：N=30 kW；

设备数量：6 台，4 用 2 备。

② 回流泵。

设计流量：Q=45 m^3/h；

单机功率：N=3.7 kW；

扬程：H=15 m。

③ 对夹式电动蝶阀。

直径：DN= 300 mm；

数量：4 个。

④ 曝气头 1400 个。

⑤ 滗水器。

滗水量：Q=45 m^3/h；

单机功率：N=0.75 kW；

滗水深度：2m；

数量：4 台。

SBR 池施工期及完工后现场图见图 8-3。

图 8-3　SBR 池施工期及完工后现场图

（10）清水池、反冲洗水池、消毒池

利用原两个反冲水水池和消毒池，将两个反冲洗水池打通作为清水池，接纳 SBR 池出水，作为曝气生物滤池的供水和反冲洗水，同时给两台带式压滤机清洗滤带供水，也可以用于生化池消泡用。清洗滤带用水靠原地下泵房的新购置清水泵供给。

（11）污泥浓缩池

将原设备间内的竖流沉砂池改造成污泥浓缩池，按要求平流沉淀池污泥单独储存，有效容积 100 m^3，污泥浓缩池需安装高速推流器。

① 构筑物。

平面尺寸：$L \times B$=4 m×8 m；

格数：n=2；

超高：h_1=0.5 m；

有效水深：h_2=3 m；

泥斗高：h_3=1.5 m；

总高：H=5 m；

有效容积：$V_{有效}$=117 m^3；

总容积：$V_{总}$=133 m^3。

② 高速推流器具体参数。

电机功率：N=0.85 kW；

推力：163 N；

叶桨转速：740 r/min；

叶桨直径：260 mm；

材质：SUS304。

③ 污泥斗。

尺寸：$L\times B\times H$=2 m×2 m×3 m；

下部排泥椎体上表面积 $A_{上}$ 为 2×2=4 m^2；

下表面积 $A_{下}$ 为 0.3×0.3=0.09 m^2；

椎体高度 H 为 0.5 m；

总面积 $A_{总}$ 为 30 m^2；

材质：8 mm 厚钢板，包括固定架、盖板、挡板。

污泥斗现场图如图 8-4 所示。

图 8-4　污泥斗现场图

（12）设备间

由于厂区位于寒冷地区，无霜期长，冬季气温低，极限温度-38℃，为了保证设备、设施在冬季也能正常运行，必须把某些设备放置在设备间内，并进行采暖保温措施。需要放置的构筑物有浅层气浮机系统、水解酸化系统、SBR 系统、鼓风机、溶药加药装置、电控系统、平流沉淀池等。故设计 2 个设备间，分别为设备间 1、设备间 2。

① 设备间 1，包括浅层气浮机系统、水解酸化系统、SBR 系统、鼓风机、溶药加药装置、电控系统。

设计规格：$L \times B \times H$=90 m×18.0 m×7.5 m。

② 设备间 2，主要为污泥处理系统、污泥浓缩溶药加药装置、电控系统。

设计规格：$L \times B \times H$=27 m×19.0 m×6.5 m。

③ 鼓风机房。鼓风机房位于设备间 1 中，鼓风机房设罗茨鼓风机 6 台（4 用 2 备），尺寸 $L \times B \times H$=5 m×8 m×4 m。

④ 配电间。配电间位于设备间 1 中，由变电所送来的 380V 总电源控制箱控制，是用电负荷中心，可将控制的配电柜放置其中。尺寸 $L \times B \times H$=5 m×8 m×4 m。

8.1.4 污水处理工艺各单位去除效果

污水处理工艺各单位去除效果见表 8-2。

表 8-2　污水处理工艺各单位去除效果　　单位：mg/L

序号	项目名称	平流沉淀池			气浮池		水解酸化池		SBR 池	
		进水	出水	去除率	出水	去除率	出水	去除率	出水	去除率
1	COD_{Cr}	2548	2051	19.5%	1231	40%	733	40.5%	55.5	92.4%
2	氨氮	89	80.1	10%	80.1	—	99.2	—	15	84.8%

8.1.5 经济技术分析

根据当时当地物价水平及企业提供的资料确定如下费用定额：

① 蒸汽按三个月计算，日用 20 t 蒸汽，蒸汽单价 150 元/ t;

② 污泥压滤及气浮系统使用药剂，PAC 使用量 300 kg/d，单价 150 元/ t;

③ 阴离子 PAM 使用量 40 kg/d，单价 15 000 元/ t，阳离子 PAM 使用量 15 kg/d，单价 40 000 元/t;

④ 日总耗电量为有功功率工作 20 h 的电量，电费按 0.65 元/度*；

⑤ 化验费用 80 元/d;

⑥ 清水日用量 30 t，水单价 3 元/t;

⑦ 维修费用：鼓风机、带式压滤机、污水泵取 15‰，其他设备取 5‰，电气设备维修取电器费用的 25‰;

* 1 度=1 千瓦·时（kW·h），余同。

含折旧污水吨水费用=10868.4/3600=3.02 元/t；

运行费用=8510.7 元/日；

不含折旧污水吨水费用=8592.5/3600=2.36 元/t。

8.1.6 平面布置图

污水处理站改造扩建后总平面图见图 8-5，效果图见图 8-6。

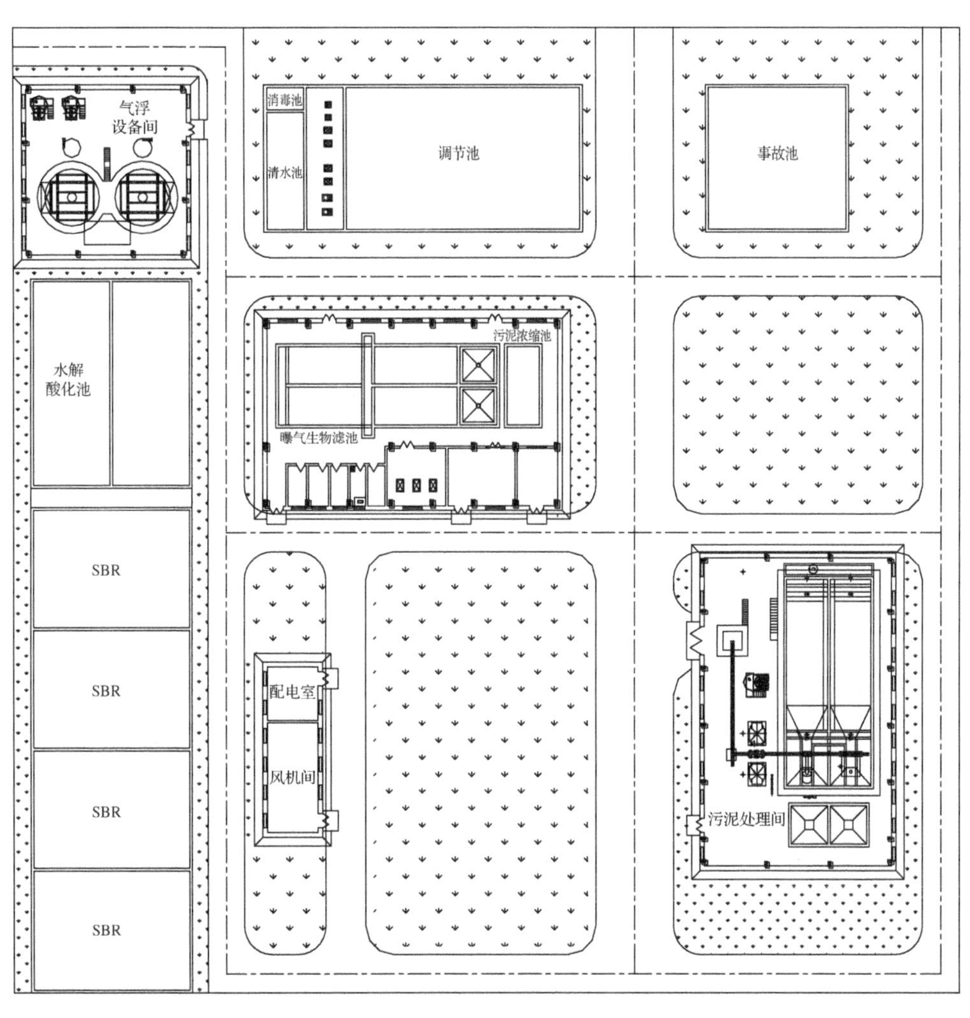

图 8-5　污水处理站改造扩建后总平面图

图 8-6　污水处理站改造扩建后效果图

8.2　内蒙古乌兰察布市某肉制品加工企业 1500 t/d 污水处理改造工程

8.2.1　工程概况

内蒙古乌兰察布市某肉制品加工企业是以高低温肉制品加工为主的企业。公司污水处理站建于 2004 年，设计处理水量 800 m^3/d，进水水质 COD1700 mg/L，BOD800 mg/L，氨氮 40 mg/L，动植物油 450 mg/L，悬浮物 1000 mg/L。设计出水水质为《肉类加工工业水污染物排放标准》（GB13457—1992）的二级标准，COD120 mg/L，$BOD_5$50 mg/L，氨氮 20 mg/L，动植物油 20 mg/L，悬浮物 100 mg/L，工艺为：粗格栅+隔油沉淀池+气浮池+清水池。由于该厂扩产，现有水量增加等多种原因，导致处理效果不佳，公司决定对现有设施进行升级改造，升级改造完毕后处理规模达到 1500 t/d，出水达到《肉类加工工业水污染物排放标准》（GB13457—1992）的二级标准。

8.2.2　原工艺、设备存在问题分析

污水处理站原工艺流程如图 8-7 所示。

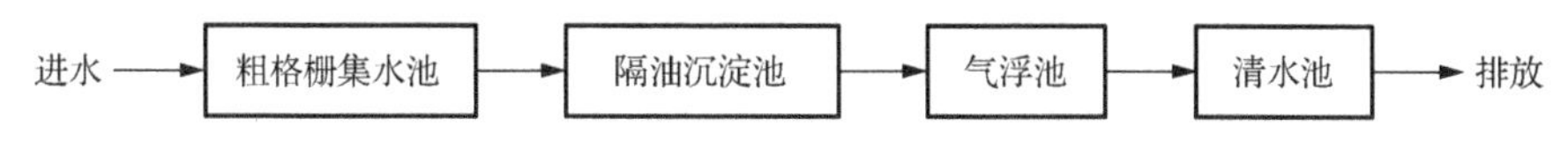

图 8-7　污水处理站原工艺流程图

原工艺存在的主要问题如下：

① 格栅间及格栅渠：原设计仅有一台粗格栅，栅间隙为 8 mm，没有设置细格栅，没有达到除去悬浮物的作用，原格栅间栅渣清除及外运也非常不方便。改造后将在粗格栅后新增一台间隙为 3 mm 的细格栅。同时原有格栅渠加长，增加小推车、栅渣收集平台等。原格栅间为简易板房，破损严重，没有采暖设施，没有通风设施，北方冬季寒冷，造成池内水面结冰，栅渣结块，工人无法清除。拆除原格栅间，重新建设砖混结构格栅间，增设采暖通风设施。

② 由于进水水量增大，冲击负荷较大，原隔油沉淀池容积已不能满足处理需求，需重新建设平流沉淀池，并增设刮渣刮泥设备。

③ 原设计工艺没有对水质水量的调节作用，需增设调节池。

④ 原设计工艺简单，没有二级处理部分，无法达到《肉类加工工业水污染物排放标准》（GB13457—1992）的二级标准，不能满足对现有水质水量的处理。

⑤ 无污泥处理设施，需增设污泥处理设施。

8.2.3　改造扩建方案

1. 工艺调整说明

针对肉食品加工废水 SS、COD 浓度高的特点和原处理设施存在的问题，改造扩建工程主要改动和增加内容如下：

① 原格栅间彩板房屋全部拆除，重新修建一砖混结构的格栅间。由于北方冬季寒冷，应在格栅间内安装采暖设施，并安装轴流风机，以利工人操作环境改善。原格栅渠加长，在原粗格栅后增加 1 台细格栅，栅间隙 3 mm，带超声波液位控制器，能实现自动控制。通过新增细格栅可以提高悬浮物的去除能力，以保证后续处理单元和水泵的正常运行，减轻后续处理单元的处理负荷，防止阻塞格栅和管道。同时增加小推车，栅渣收集平台等。

② 集水池及一级提升泵：现有集水池保留使用，有效容积在 25 m^3 左右。原有 2 台污水泵，单台流量 65 m^3 左右，保留使用。本次改造再新增 1 台流量为 55 m^3 的潜水泵，两用一备。

③ 原隔油沉淀池废弃，在现有东厂房内新建一座钢砼结构平流沉淀池（180 m^3）。为使沉淀池的上刮油、下刮泥运行稳定可靠，选择了行车式刮油刮泥机。平流沉淀池污泥靠压力排入污泥浓缩池，浮渣自流进入油渣池。

④ 新建一座全地下式的调节池，混凝土结构，在改造后调节池内增设预曝气系统，以防止池内悬浮物沉淀和防止调节池内产生恶臭。

⑤ 污水通过水泵将调节池污水提升送往气浮系统对污水进行强化预处理，以减轻后续处理工艺的负荷。利用原浅层气浮设备（100 m^3/h），必须对现有设备进行维修，并新购置两个药槽，两台无堵塞泵，用于将浮渣槽浮渣送至污泥浓缩池。

浅层气浮系统具有结构紧凑、操作维护简便、运行费用低的特点，对悬浮物、油脂的去除率可高达90%以上。浅层气浮产生的浮渣排入原浮渣池，用泵提升至新建污泥浓缩池，经带式压滤机压滤后，滤液返回调节池，泥饼通过螺旋输送机小车外运。

⑥ 经浅层气浮系统处理的出水自流进入新建的水解酸化池，在水解酸化池内中部设置高 3 m，直接 150 mm 的组合填料，在水解酸化池内由于缺氧和厌氧生物膜的厌氧酸化作用，使污水中的污染物大分子变成小分子，难生化的物质变成可生化的物质，也就是改变污水的可生化性，同时对 COD 有 20%～30%去除率，减轻了后续生化处理的压力。

⑦ 水解酸化池出水进一步自流至新建一座三级生物接触氧化池，利用生长在填料上的微生物膜吸附、进一步分解污水中的有机污染物质，靠微生物的代谢作用，将水中污染物质分解去除，从而使水质得到净化。出水进入二沉池进行泥水分离，二沉池出水进入消毒清水池，二氧化氯消毒达标后，通过新修管道连接到原排放口，排放到厂区内外排市政管网。

⑧ 利用原有东厂房北侧房间作为风机间和电控间。

⑨ 新建二格污泥浓缩池一座，位于现有东厂房带机间内；放置两台污泥螺杆泵，接纳平流沉淀池污泥、气浮浮渣、二沉池污泥和水解酸化池排出的水解污泥。

⑩ 增设污泥脱水系统。选用一台浓缩压榨一体化的带式压滤机（带宽为 1.0 m）进行污泥脱水，带式压滤机放置在原东厂房内北侧房间，对污泥浓缩池的污泥进行脱水处理。所有的压滤水均通过地下管道排入调节池。

⑪ 对现有的污水处理站东西厂房进行维修、装修，主要是屋顶、内外墙主面、门窗等。屋顶防水，珍珠岩保温，屋内外面抹面刷防水涂料，窗户采用两层塑钢窗户。

⑫ 为使冬季能稳定运行，对现有厂房安装采暖保温设施，采暖管道利用原地沟，对新建污水处理站部分管道进行伴热加橡塑保温，防腐处理。

⑬ 为方便运行管理和污泥外运，需修建污水处理站区内与厂区相连的道路。

⑭ 电控系统改造，利用原控制室主电源柜，并增设各单元所需电控柜。

2. 设计水质水量

设计废水处理量为1500 m^3/d，废水处理设施每天24 h连续运行。

进水水质参照厂方提出的数据确定，设计出水水质执行《肉类加工工业水污染物排放标准》（GB13457—1992）的二级标准，设计进、出水水质见表8-3。

表8-3　设计进、出水水质一览表　　前五项单位：mg/L

项　目	COD_{Cr}	BOD_5	NH_3-N	SS	油脂	pH	水温
原水指标	≤1700	≤800	≤40	≤1000	≤450	6.0～9.0	17～30℃
出水指标	≤120	≤50	≤20	≤100	≤20	6.0～8.0	

3. 改造扩建后主要构筑物设计

公司污水处理扩建工程的污水处理量为1500 m^3/d，折合成小时平均处理量为62.5 m^3/h。取时最大变化系数K=1.3，得出时最大水量为81.25 m^3/h。设计预处理部分水量按82 m^3/h，经调节池调节后，按平均水量62.5 m^3/h设计。

（1）格栅部分

原格栅间地上彩板房全部拆除，新建格栅间一座，砖混结构。

原有粗格栅保留，并新增1台栅间隙3 mm的细格栅。

新增细格栅具体参数如下：

设计流量：Q=62.5 m^3/h；

栅条总宽：B=800 mm；

耙齿间隙：b=3 mm；

安装角度：75°；

单机功率：N=0.55 kW。

材质全部为SUS304，配备现场电控柜和超声波液位计，能够满足手动和自动控制的要求。

扩建格栅渠，$B×L×H$=3 m×1 m×8 m；格栅间50 m^2，$B×L$=5 m×11.7 m。

（2）集水池部分

集水池及一级提升泵：现有集水池保留使用。原有两台污水泵，单台流量65 m^3左右，保留使用。本次改造再新增一台流量为55 m^3的潜水泵，两用一备。

新增潜水泵具体参数如下：

流量：Q=55 m^3/h；

扬程：H=22 m；

功率：N=7.5 kW；

材质：着脱装置、轨道及泵叶轮采用SUS304。

泵出口管道加粗，并和污水处理站排放总口相连，阀门控制，保证雨水能够靠泵提升超越排放。

（3）平流沉淀池

新增有效容积为 180 m^3 的一座平流式隔油沉淀池，规格 $B×L×H$=5 m×12 m×3.5 m。

沉淀池设置行架式刮油刮泥机（水面以下部分采用不锈钢）1 台，水面上刮油排入浮油收集池，水池底板刮泥，沉淀污泥刮入集泥斗，浮油及污泥均排入污泥浓缩池。

新增浮油池，钢结构，规格 $B×L×H$=3 m×1.5 m×1.5 m，总容积 $V_{总}$=6.75 m^3。

（4）调节池

新建调节池一座，有效容积 $V_{有效}$ = 400 m^3，停留时间 HRT=6.4 h，规格 $B×L×H$=8 m×20 m×3 m。

（5）浅层气浮处理系统

浅层气浮系统利旧。作用机理及过程与 8.1 节案例中浅层气浮处理系统一致。

运行方式：连续进水、连续出水，浮渣自流进入浮渣池。

设计参数：

处理水量：Q=100 m^3/h；

设计 SS 去除率 85%；

总停留时间：15.0 min；

回流比：R=30%；

水力表面负荷：q=5～8 $m^3/(m^2·h)$。

构筑物：

气浮池主体尺：直径 4.8 m，H=3.8 m；

数量：1 组；

结构形式：钢结构，地上；

更换或维修溶气罐，新增上配药下储存的溶药罐 2 个，新购置或改造旋流反应罐，维修行走和刮泥电机。

（6）五联体生化池及其他

① 水解酸化池。

本池作为生化处理系统的预处理系统，同时具有较高有机物去除率，为后续生化处理创造了良好的条件。

新建两组共用壁六格式水解酸化池一座。钢筋混凝土结构，增设 6 台潜污泵，回流用于水解酸化池内污泥浮起及水解污泥排放。

运行方式：连续进水、连续出水，污泥定期由污泥泵泵入污泥浓缩池。

设计参数：

设计 BOD_5 去除率 40%；

容积负荷：q=0.96 kg BOD_5 /(m^3 池容·d)；

出水堰负荷：1.1 m^3/(m·h)；

总停留时间：H=6.0 h；

有效池容：$V_{有效}$=351 m^3；

构筑物尺寸：$B \times L \times H$=5.8 m×16.9 m×5.6 m；

结构形式：钢筋混凝土，全地下。

水解酸化池设备：污泥泵 6 台。

设计参数：

流量：Q=23 m^3·h；

扬程：H=15 m；

单机功率：N=2.2 kW。

组合填料：规格性能ϕ150，实际安装容积 182.52 m^3(h=2.6 m)。

② 三级生物接触氧化池。

生物接触氧化池内装填一定数量的填料，利用吸附在填料上的生物膜和充分供应的氧气，通过生物氧化作用，将废水中的有机物氧化分解，达到净化目的。生物接触氧化法的优点是：净化效率高；处理所需时间短；对进水有机负荷的变动适应性较强；不必进行污泥回流，同时没有污泥膨胀问题；运行管理方便。

运行方式：连续进水、连续出水。

设计参数：

总停留时间：HRT = 6.0 h；

有效池容：$V_{有效}$ = 675 m^3；

构筑物尺寸：$B \times L \times H$=10.6 m×16.9 m×5.6 m。

结构形式：钢筋混凝土，全地下。

三级生物接触氧化池设备：

曝气系统：微孔盘式曝气器（含 ABS 管道、管件及相关紧固件）ϕ215，曝气量≥1.48 m^3/h，数量 441 个（含 5%备用）。

组合填料：规格性能ϕ150，实际安装容积 351 m^3（h=2.6 m）。

新建两组共用壁六格式三级生物接触氧化池，钢筋混凝土结构。其填料挂膜图如图 8-8 所示。三级生物接触氧化池现场图如图 8-9 所示。

图 8-8　三级生物接触氧化池现场填料挂膜图

图 8-9　三级生物接触氧化池现场图

③ 二沉池（斜板沉淀池）。

经接触氧化池处理的污水进入二沉池，在二沉池中进行泥水分离，从填料上脱落的生物膜形成沉淀排泥系统。二沉池可分很多种形式，但是斜板沉淀池具有去除率高、停留时间短、占地面积小等特点，本设计采用斜板沉淀池。

斜板填料规格 D60，安装高度为 1 m，实际安装容积 82.88 m^3。

④ 清水消毒池。

新建清水消毒池，接受二沉池的出水，并向水中加入二氧化氯发生器中产生的二氧化氯接触消毒。消毒后的出水，利用原清水池干式泵外排出水，部分出水用泵提升作为带式压滤机清洗滤带水源。

二氧化氯发生器规格为有效氯产量 1 kg/h。

⑤ 污泥储池。

有效容积 54 m^3，用于储存由二沉池排出的污泥，再用污泥泵输送至污泥浓缩池。

⑥ 地下泵房。

主要设备有清水池排水泵两台（利旧），污泥储池排泥泵两台，带机清洗泵1台。

排泥泵参数：

流量：Q=65 m^3/h；

扬程：H=15 m。

清洗泵参数：

流量：Q=10 m^3/h；

扬程：H=60 m。

⑦ 污泥浓缩池。

新建污泥浓缩池，位于带机间内。污泥浓缩池需安装高速推流器。

构筑物：

单格池长：L=3.5 m；

单格池宽：b=3.5 m；

格数：n=2；

总池宽：B=7.6 m；

超高：h_1=0.5 m；

有效水深：h_2=3 m；

泥斗高：h_3=1.25 m；

总高：H=4.75 m；

有效容积：$V_{有效}$=117 m^3；

总容积：$V_{总}$=133 m^3。

高速推流器参数：

电机功率：N=0.85 kW；

推力：163 N；

叶桨转速：r=740 r/min；

叶桨直径：D=260 mm；

材质：SUS304。

污泥螺杆泵具体参数：

形式：单螺杆泵；

数量：2 台；

安装地点：污泥脱水间；

安装方式：卧式安装；

流量：Q=6～24 m^3/h；

单机功率：N=5.5 kW。

⑧ 设备间。

由于厂区位于寒冷地区，无霜期长，冬季气温低，极限温度-30℃，为了保证设备、设施在冬季也能正常运行，必须把某些设备放置在设备间内，并进行采暖报温措施。需要放置在设备间内的操作系统有气浮机系统、带机系统、鼓风机、溶药加药装置、电控系统、平流沉淀池等。

气浮系统（西厂房）利旧，原位置不做变动，需对溶气罐及旋流罐进行改造，增加 2 个药槽，2 个螺杆泵，1 台空压机。

污泥脱水间，利用现有东厂房，包括带机系统、污泥浓缩溶药加药装置、污泥浓缩池。

平流沉淀间，利用现有东厂房，包括刮泥刮渣系统、油渣槽。

鼓风机房利用现有东厂房内北部单间，鼓风机房设罗茨鼓风机 4 台（3 用 1 备），调节池预曝气风机 1 台。

罗茨风机参数：

风量：Q=8 m^3/min；

扬程：H=6 m；

功率：N=15 kW；

转速：r=1400 转/min。

预曝气风机参数：

风量：Q=1.61 m^3/min；

转速：r=1550 转/min。

⑨ 配电间。

配电间利旧，位于现有西厂房和东厂房北侧小屋内，由变电所送来 380V 总电源控制箱，是用电负荷中心，可将控制的配电柜放置其中。

⑩ 药品库（兼化验室），化验室利用现有东厂房内清水池间。

⑪ 值班室，利用现有西厂房内原值班室。

8.2.4　污水处理工艺各单位去除效果

污水处理工艺各单位去除效果如表 8-4 所示。

表 8-4　污水处理工艺各单位去除效果

单位：mg/L

序号	项目名称	平流池、调节池			浅层气浮池		水解酸化池		生物接触氧化池	
		进水	出水	去除率	出水	去除率	出水	去除率	出水	去除率
1	COD_{Cr}	1407	1530	10%	655	40%	425	20%	45	85%
2	氨氮	22.2	20.0	10%	20	—	45.6	—	5.8	87.3%

8.2.5　经济技术分析

根据当时当地物价水平及企业提供的资料确定如下费用定额：

① 污泥压滤及气浮系统使用药剂，PAC 使用量 80 kg/d，单价 2000 元/t；

② 阴离子 PAM 使用量 15 kg/d，单价 15 000 元/t，阳离子 PAM 使用量 8 kg/d，单价 35 000 元/t；

③ 日总耗电量为有功功率工作 20 h 的电量，电费按 0.65 元/度；

④ 化验费用 100 元/d；

⑤ 清水日用量 30 t，水单价 3 元/t；

⑥ 维修费用：鼓风机、带式压滤机、污水泵取 15‰，其他设备取 5‰，电气设备维修取电器费用的 25‰；

⑦ 折旧费用，基数为本工程总造价，按 15 年直线法计算折旧，残值取 5%。

含折旧污水吨水费用=3906.46÷1500=2.60 元/t；

运行费用=2521.05 元/d；

不含折旧污水吨水费用=2521.05÷1500=1.68 元/t。

8.2.6　平面布置图

污水处理站改造后总平面图如图 8-10 所示。

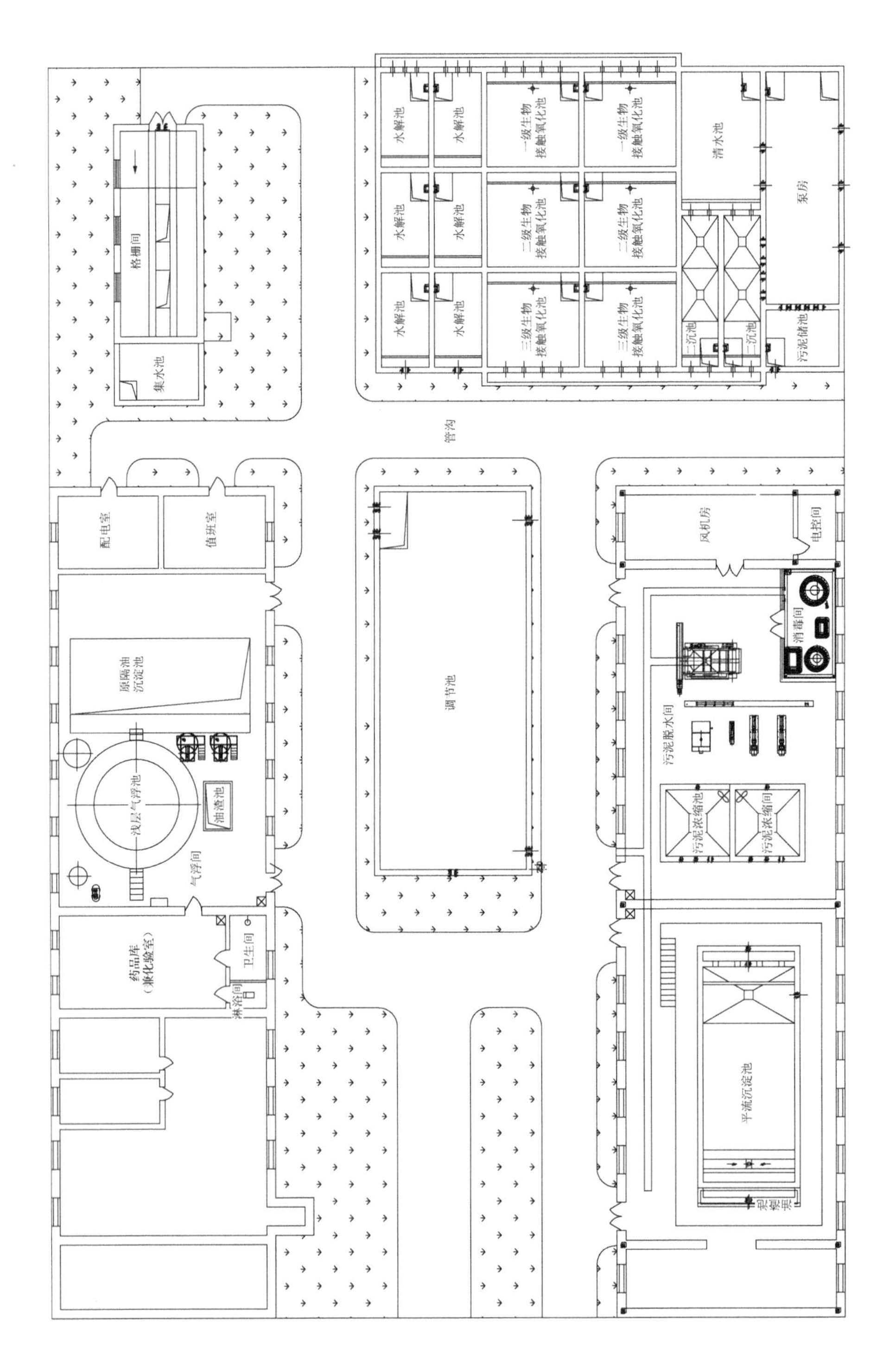

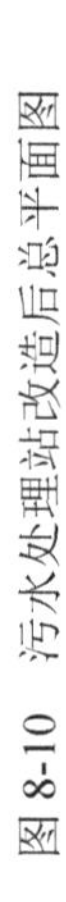
图 8-10　污水处理站改造后总平面图

8.3　唐山市某屠宰与肉食品加工企业 1000 t/d 污水处理工程

8.3.1　工程概况

1. 废水类型

屠宰废水和肉制品加工废水，处理规模 1000 t/d。

2. 原水水质

COD≤3000 mg/L，NH_3-N≤100 mg/L，SS≤2500 mg/L，TKN≤150 mg/L，TP≤30 mg/L，动植物油≤400 mg/L。

3. 出水标准

《城镇污水处理厂污染物排放标准》（GB18918—2002）中的一级 A 排放标准，即 COD≤50 mg/L，BOD≤10 mg/L，SS≤10 mg/L，NH_3-N≤5 mg/L，TP≤0.5 mg/L，动植物油≤1 mg/L。

4. 主体工艺选择

预处理（粗、细格栅+隔油沉淀池+气浮设备）+水解酸化+A^2O+辐流式二沉池+纤维过滤+消毒。

8.3.2　工艺流程设计

整体工艺流程如图 8-11 所示。

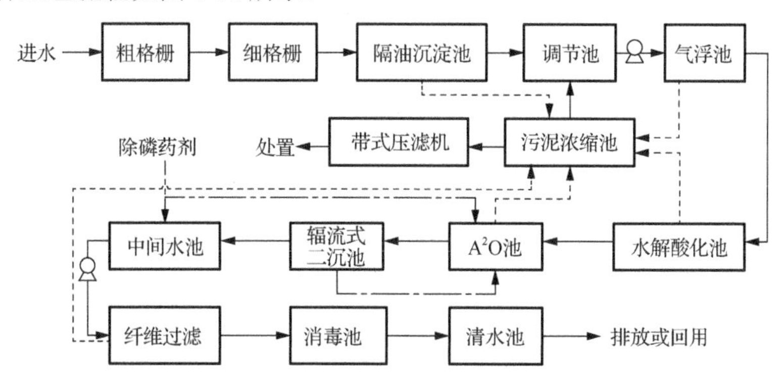

图 8-11　污水处理工艺流程图

厂区生产污水经粗格栅后去除大块碎肉、漂浮物等较大悬浮固体杂质后，由粗格栅后集水池内的潜水泵提升至细格栅，去除毛发等较细颗粒物和悬浮物。

格栅出水自流进入隔油沉淀池，隔油沉淀池采用平流式结构，既能去除漂浮的油脂、油块，又使大部分不溶于水、密度大于水的杂质沉淀下来。隔油沉淀池内设一台刮油刮泥机，上撇浮油、下刮沉泥，刮油刮泥机往复运行，往复频率根据现场调整，浮油渣自流入污泥浓缩池，底部污泥靠静水压力压入污泥浓缩池中。

隔油沉淀池出水自流进入调节池，调节池主要作用是均化水质、水量和 pH 调节。对调节池污水进行微曝气，防止污水厌氧发酵。

调节池中的污水用潜水泵提升至气浮池内，进行固液分离处理。在泵后投加混凝剂，利用管道混合器混合，经加药反应后的污水进入气浮的混合区，与释放后的溶气水混合接触，使絮凝体黏附在细微气泡上，然后进入气浮区。絮凝体在气浮力的作用下浮向水面形成浮渣，下层的清水经集水器流至清水池后，一部分回流作溶气使用，剩余清水通过溢流口流出。气浮池水面上的浮渣收集后自流排至污泥浓缩池。气浮可去除绝大部分 SS、色度及部分 COD_{Cr}、BOD_5。

气浮池出水自流进入水解酸化池进行生化处理。在产酸菌的作用下，污水中大分子的有机物分解为小分子有机物，水中溶解的有机物比例显著增加，COD_{Cr}/BOD_5 值提高，有利于难降解有机物的去除。水解酸化池产生的污泥排入污泥浓缩池。

水解酸化池出水自流进入 A^2O 反应池，在去除有机物的同时达到脱氮除磷的目的。污水首先进入厌氧区，兼性发酵菌将污水中可生物降解有机物转化为发酵产物，二沉池污泥回流至此，在厌氧条件下，聚磷菌将菌体内贮存的聚合磷酸盐分解，释放能量；随后污水进入缺氧区，反硝化菌利用好氧区中混合液回流带来的硝酸盐以及污水中可生物降解有机物进行反硝化，去除氨氮；接着污水进入好氧区，进行好氧硝化，有机物由好氧菌降解，聚磷菌吸收环境中的溶解性磷酸盐，以聚合磷酸盐的形式随污泥排出系统。

A^2O 反应池出水自流入二沉池，在重力作用下进行固液分离，去除生化池随水流出的悬浮污泥。二沉池设刮泥机，底部污泥由刮泥机刮入泥斗排至污泥浓缩池。

二沉池上清液自流入中间水池，由潜水泵提升至纤维过滤器进行深度处理（以除磷为主）。在泵后投加除磷药剂，利用管道混合器混合，经加药反应后的污水进入纤维过滤器，过滤后的出水自流入消毒池。纤维过滤器定期反冲洗，反洗污水排入污泥浓缩池。

消毒池内的污水通过二氧化氯消毒后进入清水池，排放或供厂区绿化、冲洗道路等回用。

隔油沉淀池的浮渣和污泥、气浮池浮渣、水解酸化池污泥和二沉池剩余污泥以及纤维过滤器的反洗水均排入污泥浓缩池。采用重力浓缩池形式，以降低污泥的含水率。

浓缩后的污泥由螺杆泵送至带式浓缩压滤一体机，压滤成泥饼后外运处置。污泥浓缩池上清液和带式压滤机滤液回流至粗格栅集水池。

8.3.3　工艺设计参数及设备参数

平均污水量 $Q_{平}$=1000 m^3/d=42 m^3/h。

1. 粗格栅及集水池

（1）构筑物

粗格栅渠道：

数量：1 座；

结构：钢筋砼结构，全地下；

尺寸：$B \times L \times H$ = 3200 mm×550 mm×3100 mm。

集水池：

数量：1 座；

结构：钢筋砼结构，全地下。

设计参数：

停留时间：t=0.75 h；

尺寸：2000 mm×3200 mm×4940 mm；

总容积：$V_{总}$=31.6 m^3；

有效容积：$V_{有效}$=12 m^3。

（2）设备

进水闸门：（手动 圆闸门）

数量：1 台；

参数：D=300 mm。

粗格栅：

数量：1 台（回转式格栅除污机）；

栅条总宽：B=500 mm；

耙齿间隙：b=3 mm；

功率：N=0.55 kW。

潜水泵：

数量：2 台，一用一备。

参数：

流量：Q=45 m^3/h；

扬程：H=10 m；

单机功率：N=2.2 kW。

2. 细格栅及隔油沉淀池

（1）构筑物

细格栅渠道：

数量：1 座。

结构：钢筋砼结构，地上。

尺寸：4000 mm×1400 mm×1400 mm。

隔油沉淀池

数量：1 座。

结构：钢筋砼结构，半地下。

设计参数：

表面负荷：q=1 $m^3/m^2 \cdot h$；

沉淀时间：t=4.3 h；

排泥周期：T=1 d；

污泥含水率：P_0=96%；

尺寸：15000 mm×3500 mm×4000 mm（不计泥斗）；

$V_{总}$=210 m^3（不计泥斗）；

$V_{有效}$=157.5 m^3。

（2）设备

细格栅：

数量：1 台（转鼓式格栅除污机）。

参数：

转鼓直径：D=1400 mm；

耙齿间隙：b=1 mm；

功率：N=1.5 kW。

无轴螺旋输送机

数量：1 台。

参数：

长度：L=3500 mm；

宽度：d=320 mm；

功率：N=1.5 kW。

行车式刮泥机

数量：1 台。

参数：

B=3500 mm；

H=4000 mm；

行走功率：N_1 =0.75 kW；

卷扬功率：N_2 =0.4 kW。

3. 调节池

（1）构筑物

调节池

数量：1 座。

结构：钢筋砼结构，全地下。

设计参数：

停留时间：HRT=9.4 h；

尺寸：12 000 mm×6000 mm×6000 mm；

$V_{总}$=432 m^3；

$V_{有效}$=396 m^3。

（2）设备

闸门

数量：1 台；

参数：$L\times B$=500 mm×500 mm。

潜水泵

数量：2 台，一用一备。

参数：

流量：Q=45 m^3/h；

扬程：H=15 m；

单机功率：N=3.7 kW。

4. 气浮池

（1）气浮池（高效浅层气浮池）

数量：1 台。

参数：

流量：Q=50 m^3/h；

直径：D=4000 mm；

行走功率：N_1=0.37 kW；

撇渣功率：N_2=0.25 kW。

（2）溶气水泵

数量：1 台。

参数：

流量：Q=15 m^3/h；

扬程：H=50 m；

功率：N=7.5 kW。

（3）空压机

数量：1 台。

参数：

流量：Q=0.3 m^3/min；

压力：P=0.8 MPa；

功率：N=2.2 kW。

（4）储气罐

数量：1 台。

参数：

体积：V=1 m^3（1.0 MPa）。

（5）PAC 加药装置

数量：1 套，含溶解槽、溶液槽。

溶解槽：数量 1 个，有效容积：$V_{有效}$=1.5 m^3；搅拌机功率：N=0.75 kW；

溶液槽：数量 2 个，有效容积：$V_{有效}$=1.5 m^3；搅拌机功率：N=0.75 kW。

（6）PAC 隔膜计量泵

数量：2 台，1 用 1 备。

参数：

流量：Q=0～200 L/h；

压力：P=3.5 bar（1 bar=10^5 Pa）；

功率：N=0.75 kW。

（7）PAM 加药装置

数量：1 套，含溶解槽、溶液槽。

溶解槽：1 个，有效容积：$V_{有效}$=1.5 m^3；搅拌机功率：N=0.75 kW；

溶液槽：2 个，有效容积：$V_{有效}$=1.5 m^3；搅拌机功率：N=0.75 kW。

（8）PAM 加药螺杆泵

数量：2 台，1 用 1 备。

参数：

流量：Q=0～20 L/h；

压力：P=5 bar；

功率：N=0.37 kW。

气浮池现场图如图 8-12 所示。

图 8-12 气浮池现场图

5. 水解酸化池

（1）构筑物

水解酸化池

数量：2 座。

结构：钢筋砼结构，半地下。

设计参数：

停留时间：HRT=22.54 h；

填料层高度：h=3 m；

尺寸（单池）：12 000 mm×7000 mm×6300 mm；

总容积：$V_{总}$=529.2 m^3（单池）；

有效容积：$V_{有效}$=470.4 m^3（单池）。

（2）设备

脉冲布水器

数量：2 台；

参数：Q=30 m^3/h。

组合填料

数量：504 m^3；

参数：ϕ150 mm×80 mm。

喷射式蒸汽加热器

数量：1 台；

参数：DN200 mm，L=1000 mm。

6. A^2O 反应池

(1) 构筑物

A^2O 反应池

数量：2 座。

结构：钢筋砼结构，半地下。

设计参数

停留时间：HRT=44.16 h；

池容比厌氧区∶缺氧区∶好氧区=1∶1∶4；

BOD 污泥负荷：N_S=0.08 kg BOD_5/(kg MLSS·d)；

曝气池混合液污泥浓度：MLSS=3500 mg/L；

回流污泥浓度：X_r=9000 mg/L；

污泥回流比：R=63.6%；

混合液回流比：r=100%；

污泥龄：θ_c=35.6 d；

剩余污泥量：ΔX=190.75 kg/d；

剩余污泥含水率：99.2%；

供气量：22 m^3/min；

尺寸：24 000 mm×12 000 mm×5600 mm（单池）；

厌氧区有效容积：$V_{有效1}$=206.3 m^3（单池）；

缺氧区有效容积：$V_{有效2}$=206.3 m^3（单池）；

好氧区有效容积：$V_{有效3}$=818 m^3（单池）；

有效容积：$V_{有效}$=1230.6 m^3（单池）；

总容积：$V_{总}$=1523 m^3（单池）。

(2) 设备

盘式微孔曝气器

数量：936 个；

参数：D=200 mm；

服务面积：0.25～0.5 m^2/个。

潜水搅拌器

数量：4 台。

参数：

功率：N=2.2 kW；

叶桨直径：d=320 mm。

污泥回流泵

数量：3 台，二用一备。

参数：

流量：Q=25 m^3/h；

扬程：H=10 m；

功率：N=1.5 kW。

剩余污泥泵

数量：2 台，一用一备。

参数：

流量：Q=15 m^3/h；

扬程：H=22 m；

单机功率：N=2.2 kW。

混合液回流泵

数量：4 台，二用二备。

参数：

流量：Q=45 m^3/h；

H=10 m；

功率：N=2.2 kW。

混合液回流堰门

数量：4 台。

参数：

尺寸：$L \times B$=1200 mm×500 mm；

单机功率：N=1.5 kW。

插板闸门

数量：1 台。

参数：

尺寸：$L \times B$=800 mm×800 mm；

最大深度：H=1700 mm。

A^2O 池现场图如图 8-13 所示。

图 8-13　A^2O 池现场图

7. 二沉池

（1）构筑物

数量：1 座。

结构：钢筋砼结构，半地下。

设计参数：

表面负荷：q=0.7 $m^3/(m^2 \cdot h)$；

直径：D=9000 mm；

尺寸：ϕ9000 mm×4400 mm；

有效容积：$V_{有效}$=223.8 m^3；

总容积：$V_{总}$=279.8 m^3。

（2）设备

中心传动刮泥机

数量：1台。

参数：

直径：D=9000 mm；

功率：N=0.75 kW；

转速：r=1560 r/min。

管道混合器

数量：1台。

参数：DN200 mm。

8. 深度处理部分

（1）建筑物

深度处理间

数量：1座。

结构：框架结构。

平面尺寸：$L \times B$=11 100 mm×7400 mm。

（2）构筑物

中间水池

数量：1座。

结构：钢筋砼结构，半地下。

设计参数：

停留时间：HRT=0.85 h；

平面尺寸：3600 mm×3900 mm×2850 mm；

有效容积：$V_{有效}$=35.8 m^3；

总容积：$V_{总}$=40 m^3。

消毒池

数量：1座。

结构：钢筋砼结构，半地下。

设计参数：

停留时间：HRT =0.74 h；

平面尺寸：3600 mm×3400 mm×2850 mm；

有效容积：$V_{有效}$=31.21m^3；

总容积：$V_{总}$=34.88m^3。

清水池

数量：1 座。

结构：钢筋砼结构，半地下。

设计参数：

停留时间：HRT =0.44 h；

平面尺寸：3600 mm×2000 mm×2850 mm；

有效容积：$V_{有效}$=18.36 m^3；

总容积：$V_{总}$=20.52 m^3。

（3）设备

过滤提升泵（潜水泵）

数量：2 台，一用一备。

参数：

流量：Q=45 m^3/h；

扬程：H=22 m；

单机功率：N=5.5 kW。

过滤反洗泵（潜水泵）

数量：2 台，一用一备。

参数：

流量：Q=45 m^3/h；

扬程：H=13 m；

功率：N=3.7 kW。

污水外排泵（潜水泵）

数量：2 台，一用一备。

参数：

流量：Q=45 m^3/h；

扬程：H=10 m；

单机功率：N=2.2 kW。

巴氏计量槽

数量：1 套。

设计流量：Q=3～250 L/s。

纤维过滤器

数量：2 套，一用一备。

设计流量：Q=45 m^3/h。

参数：

直径：D=1400 mm；

高度：H=3800 mm；

滤速：$v \leqslant 30$ m/h；
压力：$P < 0.4$ MPa。

加药罐
数量：1 个。
参数：
容积：V=1000 L；
功率：N=1.1 kW。

加药泵（隔膜计量泵）
数量：3 台，二用一备。
参数：
流量：Q=30～50 L/h；
压力：P=1.0 MPa；
单机功率：N=0.04 kW。

管道混合器
数量：1 个；
参数：DN100 mm。

二氧化氯发生器
数量：1 台；
流量：Q=200 g/h；
功率：N=0.06 kW。

反洗风机（供纤维过滤反洗）
数量：2 台，1 用 1 备；
流量：Q=5.88 m^3/min；
压力：P=0.6 MPa；
单机功率：N=11 kW。

排泥泵（消毒池排空、排泥）
数量：1 台；
流量：Q=10 m^3/h；
扬程：H=10 m；
功率：N=0.75 kW。

9. 风机房及配电间

（1）建筑物

风机房
数量：1 座；

结构：框架结构；

平面尺寸：$L \times B$=8100 mm×6000mm。

配电间

数量：1 座；

结构：框架结构；

平面尺寸：$L \times$B=8100 mm×6000 mm。

（2）设备

鼓风机（风机房内，供生化池曝气）

数量：3 台，2 用 1 备。

参数：

风量：Q=21.88 m^3/min；

压力：P=6000 mmAq；

单机功率：N=37 kW。

鼓风机（风机房内，供调节池、污泥浓缩池曝气）

数量：2 台。

参数：

风量：Q=0.9 m^3/min；

压力：P=6000 mmAq；

单机功率：N=2.2 kW。

10. 污泥脱水部分

（1）构筑物

污泥浓缩池

数量：1 座；

结构：钢筋砼结构，半地下；

尺寸：6000 mm×5000 mm×(3950+2650)mm；

有效容积：$V_{有效}$=125.32 m^3；

总容积：$V_{总}$=140.32 m^3。

反洗泵池

数量：1 座；

结构：钢筋砼结构，地下；

尺寸：3000 mm×22 000 mm×1650 mm。

（2）设备

带式污泥浓缩脱水一体机（配套空压机 N=3kW、管道混合器）

数量：1 套。

参数：

处理量：Q=200～270 kg DS/(m·h)；

带宽：B=1500 mm；

功率：N=(2.2+1.5)kW。

三槽式连续投药装置

数量：1 套。

参数：

体积：V=3 m^3/h；

浓度：C=0.1%～0.3%；

投药功率：N_1=0.37 kW；

搅拌功率：N_2=3×0.75 kW。

加药螺杆泵

数量：2 台，1 用 1 备。

参数：

流量：Q=(0.3～1.5)m^3/h；

扬程：H=60 m；

功率：N=1.1 kW。

污泥螺杆泵

数量：2 台，1 用 1 备。

参数：

流量：Q=(9～36)m^3/h；

扬程：H=30 m；

功率：N=7.5 kW。

反洗水泵（供带式脱水机反冲洗）

数量：2 台，1 用 1 备。

参数：

流量：Q=21 m^3/h；

扬程：H=60 m；

单机功率：N=7.5 kW。

电动泥斗

数量：1 台。

参数：

体积：V=5 m^3；

功率：N=3 kW。

8.3.4 污水处理工艺各单元去除效果

污水处理工艺各单元去除效果见表 8-5。

表 8-5　污水处理工艺各单元处理效果

处理单元		COD	BOD	SS	NH_4^+-N	动植物油
粗、细格栅	进水（mg/L）	3000	1500	2500	100	400
	出水（mg/L）	2700	1425	2000	100	380
	去除率（%）	10	5	20	—	5
隔油沉淀池	进水（mg/L）	2700	1425	2000	100	380
	出水（mg/L）	2160	1140	1300	100	114
	去除率（%）	20	20	35	—	70
气浮池	进水（mg/L）	2160	1140	1300	100	114
	出水（mg/L）	1296	684	260	70	22.8
	去除率（%）	40	40	80	30	80
水解酸化池	进水（mg/L）	1296	684	260	70	22.8
	出水（mg/L）	907.2	478.8	182	70	20.5
	去除率（%）	30	30	30	—	10
A^2O 池	进水（mg/L）	907.2	478.8	182	70	20.5
	出水（mg/L）	63.5	14.4	18.2	5.6	1
	去除率（%）	93	97	90	92	95
二沉池	进水（mg/L）	63.5	14.4	18.2	5.6	1
	出水（mg/L）	50.8	11.5	9.1	5	1
	去除率（%）	20	20	50	10.7	—
纤维过滤器	进水（mg/L）	50.8	11.5	9.1	5	1
	出水（mg/L）	40.6	9.2	7.3	4.7	1
	去除率（%）	20	20	20	6	—
排放标准		50	10	10	5	1

8.3.5 污水处理站平面布置图

污水处理站平面布置图见图 8-14。

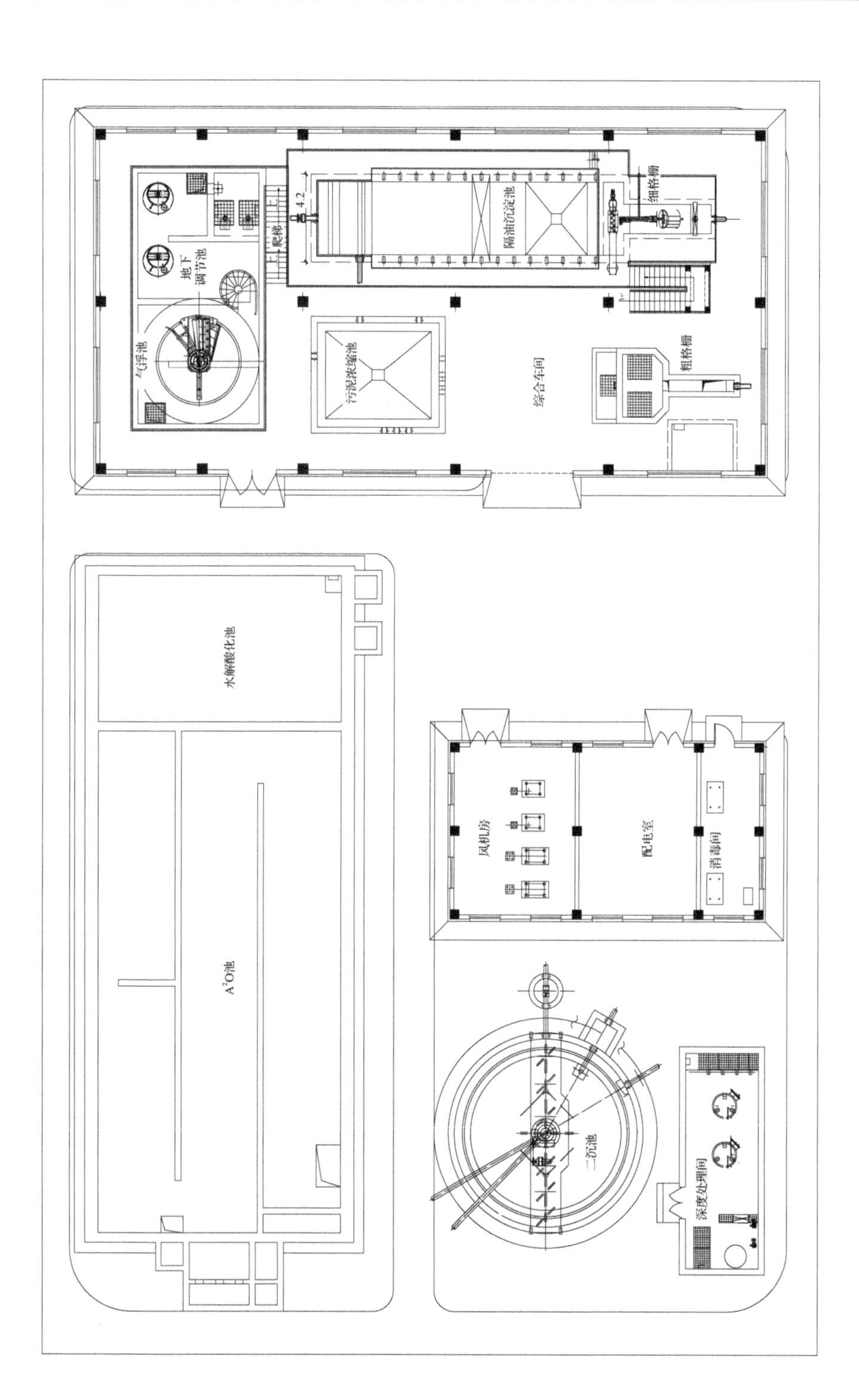

图 8-14　污水处理站平面布置图

8.4　沈阳市某屠宰与肉食品加工企业 6000 t/d 污水处理工程

8.4.1　工程概况

1. 废水类型

屠宰废水和肉制品加工废水，处理规模：6000 t/d。

2. 原水水质

COD≤4000 mg/L，BOD_5≤2000 mg/L，NH_3-N≤100 mg/L，SS≤4000 mg/L，TKN≤250 mg/L，动植物油≤600 mg/L，TP≤20 mg/L。

3. 出水标准

出水水质标准执行《辽宁污水综合排放标准》（DB21/1627—2008），动植物油排放浓度严格执行《肉类加工工业水污染物排放标准》（GB13457—1992）。沈阳双汇污水处理站尾水经处理达标后，排入市政污水管网，最终汇入沈北新区污水处理厂。主要水质控制指标如表 8-6 所示。

表 8-6　污水排放标准

单位：mg/L（pH 除外）

执行标准	pH	COD_{Cr}	BOD_5	氨氮	SS	TN	TP	动植物油
DB21/1627—2008 GB13457—1992	6～9	300	250	30	300	50	5	60

4. 主体工艺选择

粗细格栅—隔油沉淀池—调节池—气浮—水解酸化—A^2O—二沉池—缓冲池—高密度沉淀池—消毒。

8.4.2　工艺流程设计

1. 工艺流程图

工艺流程图如图 8-15 所示。

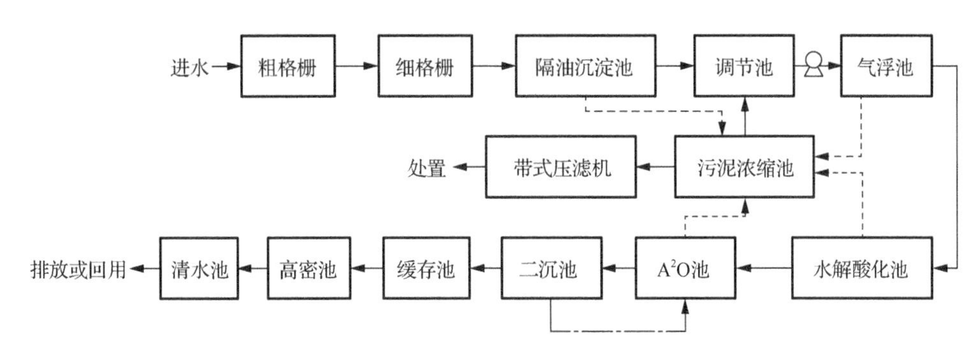

图 8-15　污水处理站工艺流程图

2. 工艺简述

厂区生产污水经粗格栅后去除大块碎肉、漂浮物等较大悬浮固体杂质后，由粗格栅后集水池内的潜水泵提升至细格栅，去除毛发等较细颗粒物和悬浮物。

格栅出水自流进入隔油沉淀池。隔油沉淀池采用平流式结构，既能去除漂浮的油脂、油块，又使大部分不溶于水、密度大于水的杂质沉淀下来。隔油沉淀池内设一台刮油刮泥机，上撇浮油、下刮沉泥。刮油刮泥机往复运行，往复频率根据现场调整，浮渣自流入污泥浓缩池，底部污泥靠静水压力压入污泥浓缩池中。

隔油沉淀池出水自流进入调节池，调节池主要作用是均化水质、水量和 pH 调节。对调节池污水进行微曝气，防止污水厌氧发酵。

调节池污水由潜水泵提升至气浮池内，进行固液分离处理。在泵后投加混凝剂，利用管道混合器混合，经加药反应后的污水进入气浮的接触区。在接触区内，溶气水中的微气泡与原水中絮体相互黏合，一起进入分离区，在气泡浮力的作用下，絮体与气泡一起上升至液面，形成浮渣。浮渣由刮沫装置刮至污泥区，再经排泥管自流至污泥浓缩池。下层的清水通过集水管自流至清水池。其中一部分清水回流，经射流吸气装置，形成溶气水供气浮系统使用，另一部分则自流至水解酸化池。气浮可去除绝大部分 SS、色度及部分 COD_{Cr}、BOD_5。

进入水解酸化池的污水进行生化处理。在产酸菌的作用下，污水中大分子的有机物分解为小分子有机物，水中溶解的有机物比例显著增加，COD_{Cr}/BOD_5 值提高，有利于难降解有机物的去除。水解酸化池产生的污泥排入污泥浓缩池。

水解酸化池出水自流进入 A^2O 反应池，在去除有机物的同时达到脱氮除磷的目的。污水首先进入厌氧区，兼性发酵菌将污水中可生物降解有机物转化为发酵产物，二沉池污泥（已排至 A^2O 池末端污泥井）回流至此，在厌氧条件下，聚磷菌将菌体内贮存的聚合磷酸盐分解，释放能量；随后污水进入缺氧区，反硝化菌利用好氧区中混合液回流带来的硝酸盐以及污水中可生物降解有机物进行反硝化，去除氨氮；接着污水进入好氧区，进行好氧硝化，有机物由好氧菌降解，聚磷菌吸收环境中的溶解性磷酸盐，以聚合磷酸盐的形式随污泥排出系统。

A^2O 反应池出水自流入二沉池，在重力作用下进行固液分离，去除生化池随水流出的悬浮污泥。二沉池设刮吸泥机，底部污泥靠静水压力排至中心积泥槽，并自流至 A^2O 池末端的污泥井。

二沉池上清液自流入消毒池。通过二氧化氯消毒后排放。

隔油沉淀池的浮渣和污泥、气浮池浮渣、水解酸化池污泥及 A^2O 池末端污泥井内的剩余污泥均排入污泥浓缩池。采用重力浓缩池形式，以降低污泥的含水率。

浓缩后的污泥由螺杆泵送至污泥脱水机（带式压滤机、叠螺脱水机），压滤成泥饼后外运处置。污泥浓缩池上清液和污泥脱水机滤液回流至粗格栅集水池。

8.4.3 工艺设计参数及设备参数

平均污水量 $Q_{平}$=6000 m^3/d=250 m^3/h。

1. 粗格栅及集水池

（1）构筑物

粗格栅渠道

数量：2 座；

结构：钢筋砼结构，全地下；

尺寸：4750 mm×900 mm×6600 mm（单座）。

集水池

数量：1 座。

结构：钢筋砼结构，全地下。

设计参数：

水力停留时间：HRT＞5 min；

尺寸：5000 mm×3850 mm×7900 mm；

总容积：$V_{总}$=152m^3；

有效容积：$V_{有效}$=35m^3。

（2）设备

闸门（手动方闸门）

数量：4 台。

参数：

洞口尺寸：900 mm×900 mm；

最大深度：H=6100 mm。

粗格栅

数量：2 台（回转式格栅除污机）。

参数：

栅条总宽：B=800 mm；

耙齿间隙：b=3 mm；

按照角度：∠=75°。

潜水泵

数量：3 台，二用一备。

参数：

流量：Q=200 m^3/h；

扬程：H=18 m。

无轴螺旋输送机

数量：1 台。

参数：

直径：D=360 mm；

长度：L=3.5 m。

2. 细格栅及隔油沉淀池

（1）构筑物

细格栅渠道

数量：1 座；

结构：钢筋砼结构，地上；

尺寸：4000 mm×1400 mm×1400 mm。

隔油沉淀池

数量：1 座（2 组）。

结构：钢筋砼结构，半地下。

设计参数：

表面负荷：q=1 m^3/(m^2·h)；

排泥周期：T=1 d；

污泥含水率：P_0=96%；

尺寸：27 500 mm×6000 mm×4000 mm（单组，不计泥斗）；

总容积：$V_{总}$=660 m^3（单组，不计泥斗）；

有效容积：$V_{有效}$=561 m^3。

（2）设备

细格栅

数量：2 台（反切式旋转细格栅）。

参数：

转鼓直径：D=1350 mm；

耙齿间隙：b=0.5 mm。

无轴螺旋输送机

数量：1 台。

参数：

长度：L=6000 mm；

直径：D=300 mm。

行车式刮泥机

数量：2 台。

参数：

池宽：B=6000 mm；

池深：H=4000 mm。

3. 调节池

（1）构筑物

调节池

数量：1 座。

结构：钢筋砼结构，半地下。

设计参数：

水力停留时间：HRT=10 h；

尺寸：23 700 mm×17 000 mm×6900 mm；

总容积：$V_{总}$=2780 m^3；

有效容积：$V_{有效}$=2523 m^3。

（2）设备

闸门（手动方闸门）

数量：2 台；

参数：洞口尺寸 500 mm×500mm。

潜水泵

数量：3 台，二用一备。

参数：

流量：Q=140 m^3/h；
扬程：H=20 m。

4. 气浮池

（1）气浮池（高效浅层气浮池）
数量：2 台。
参数：
流量：Q=150 m^3/h；
直径：D=7000 mm；
行走功率：N_1=0.37 kW；
撇渣功率：N_2=0.25 kW。
（2）溶气水泵
数量：2 台。
参数：
流量：Q=61 m^3/h;
扬程：H=63 m；
（3）空压机
数量：2 台。
参数：
流量：Q=0.6 m^3/min；
压力：P=1.0 MPa。
（4）储气罐
数量：2 台。
参数：
容积：V=1 m^3（1.0 MPa）。
（5）PAC 加药装置
数量：1 套，含溶解槽、溶液槽。
溶解槽：1 个，有效容积：$V_{有效}$=1.5 m^3；
溶液槽：2 个，有效容积：$V_{有效}$=1.5 m^3。
（6）PAC 隔膜计量泵
数量：3 台，2 用 1 备。
参数：
流量：Q=0～1000 L/h；
扬程：H=35 m。

（7）PAM 加药装置（三槽式自动投药溶解装置）

数量：1 套。

有效容积：$V_{有效}=3\times1.0\ m^3$。

（8）PAM 加药螺杆泵

数量：2 台，1 用 1 备。

参数：

流量：Q=0～500 L/h；

扬程：H=35 m。

（9）电动葫芦

数量：1 台。

参数：

起吊重量：T=0.5 t；

起吊高度：H=10 m。

气浮池现场图如图 8-16 所示。

图 8-16　气浮池现场图

5. 水解酸化池

（1）构筑物

水解酸化池

数量：4 座。

结构：钢筋砼结构，半地下。

设计参数：

水力停留时间：HRT=12 h；

填料层高度：h=4.5 m；

尺寸（单池）：14 000 mm×7650 mm×7600 mm（单池）；

总容积：$V_{总}$=814m^3（单池）；

有效容积：$V_{有效}$=760.4m^3（单池）。

（2）设备

脉冲布水器

数量：4 台。

参数：

流量：Q=1500 m^3/h。

组合填料

数量：1930 m^3。

参数：

规格：ϕ150 mm×80 mm。

喷射式蒸汽加热器

数量：1 台；

参数：DN300 mm；L=1250 mm。

6. A^{2}O 反应池

（1）构筑物

A^{2}O 反应池

数量：2 座。

结构：钢筋砼结构，半地下。

设计参数：

水力停留时间：HRT =44.16 h；

BOD 污泥负荷：N_S=0.08 kg BOD_5/(kg MLSS·d)；

曝气池混合液污泥浓度：MLSS=3500 mg/L；

回流污泥浓度：X_r =9000 mg/L；

污泥回流比：R=60%；

混合液回流比：r=100%；

污泥龄：θ_c=17.8 d；

剩余污泥量：ΔX=799 kg/d；

供气量：119.4 m^3/min；

尺寸：363 000 mm×15 600 mm×6000 mm（单池）；
厌氧区有效容积：$V_{有效1}$=320 m^3（单池）；
缺氧区有效容积：$V_{有效2}$=262.5 m^3（单池）；
好氧区有效容积：$V_{有效3}$=2132.5 m^3（单池）；
有效容积：$V_{有效}$=2715 m^3（单池）；
总容积：$V_{总}$=3258 m^3（单池）。

污泥井

数量：1 座；
结构：钢筋砼结构，半地下；
尺寸：7950 mm×4400 mm×7200 mm。

（2）设备

管式微孔曝气器

数量：656 套。
参数：
长度：L=1000 mm；
直径：d=70 mm；
工作气量：0～14 m^3/h。

潜水搅拌器

数量：4 台；
推力：582N；
叶桨直径：d=320 mm；
转速：r=740 r/min。

污泥回流泵

数量：3 台，二用一备。
参数：
流量：Q=76.25 m^3/h；
扬程：H=10 m。

剩余污泥泵

数量：2 台，一用一备。
参数：
流量：Q=47 m^3/h；
扬程：H=10 m。

混合液回流泵

数量：4 台。

参数：

流量：Q=62.5 m^3/h；

扬程：H=0.75 m。

混合液回流堰门（手动）

数量：4 台。

参数：

尺寸：$L \times B$=3000 mm×500mm。

进水调节堰门（手动）

数量：2 台；

参数：

尺寸：$L \times B$=3000 mm×500 mm。

电动葫芦

数量：1 台。

参数：

起吊重量：T=1 t；

起吊高度：H=9 m。

SBR 池现场图如图 8-17 所示。

图 8-17　SBR 池现场图

7. 二沉池

（1）构筑物

数量：2 座。

结构：钢筋砼结构，半地下。

设计参数：

表面负荷：q=0.6m^3/($m^2 \cdot$h)；

直径：D=20 000 mm；

尺寸：ϕ20 000 mm×3800 mm；

有效容积：$V_{有效}$=1099 m^3（单池）；

总容积：$V_{总}$=1193 m^3（单池）。

（2）设备

中心传动刮吸泥机

数量：2 台。

参数：

直径：D=20 000 mm。

二沉池现场图如图 8-18 所示。

图 8-18　二沉池现场图

8. 缓冲池及高密度沉淀池

（1）构筑物

数量：缓冲池 1 座，高密池 1 座。

结构：钢筋砼结构，半地下。

缓冲池容积：V=500 m^3。

高密池参数：

流量：Q=250 m^3/h；

表面负荷：3.5 m^3/(m^2·h)。

（2）设备

高密度沉淀池设置絮凝区、搅拌区、配水区、沉淀区、出水渠等，配置搅拌器、刮泥机、斜管填料、罗茨鼓风机等设备。

提升泵：二沉池排水引入缓冲池，通过提升泵将污水分别提升至高密度澄清池进行后续化学除磷。

数量：3 台，2 用 1 备；

单台流量：Q=150 m^3/h；

填料：斜管填料布置，倾斜方向为进水方向，阴角处设计 304 不锈钢支撑。

曝气反冲洗管道：填料底部设置穿孔曝气反冲洗管道（材质 PVC 给水管，立管采用 304 不锈钢），反冲洗强度要大，孔口风速不低于 20 m^3/s。

罗茨风机：

风量：3.06 m^3/min；

功率：P=4 kW；

压力：39 kPa。

污泥螺杆泵：

数量：4 台，2 用 2 备，变频；

流量：Q=15 m^3/h；

扬程：H=20 m；

功率：P=5.5 kW。

潜水泵：

数量：3 台，2 用 1 备；

流量：Q=150 m^3/h；

扬程：H=15 m；

功率：P=11 kW。

絮凝搅拌器：

数量：2 台，变频；

功率：P=1.1 kW；

池深：H=3.5 m；

转速：55 r/min。

混合搅拌器：

数量：2 台；

功率：P=7.5 kW；

池深：H=3.5 m。

PAM 一体化制备及投加装置：

数量：1 台；

制备能力：2 m^3/h；

功率：P=0.37+3×0.55 kW；

除磷剂储存罐 2 台，容积 30 m^3，除磷剂稀释罐 1 台，容积 20 m^3，材质 PE，阀门采用 PVC 材质。

复合碱制备罐：

数量：2 台；

直径：ϕ1200 mm；

功率：P=0.75 kW。

PAM 加药螺杆泵：

数量：3 台，2 用 1 备，变频；

流量：Q =0～1000 L/h；

扬程：H =20 m；

功率：P =0.75 kW。

复合碱加药泵：

数量：3 台，2 用 1 备，耐腐耐磨砂浆泵；

流量：Q=0～3 m^3/h；

扬程：H=13 m；

功率：P=1.1 kW。

液碱加药泵：

数量：3 台，2 用 1 备，机械隔膜计量泵；

流量：Q=0～170 L/h；

扬程：H=7 bar；

功率：P=0.25 kW。

液碱卸料泵：

数量：1 台，泵头及叶轮聚四氟材质；

流量：20 m^3/h；

扬程：H=20 m；

功率：P=3 kW。

除磷剂加药泵：

数量：3 台，2 用 1 备，泵头及叶轮聚四氟材质；

流量：Q=0～500 L/h；

扬程：H=5 bar；

功率：P=0.25 kW。

除磷剂稀释泵：

数量：2 台，1 用 1 备，泵头及叶轮聚四氟材质；

流量：Q=10 m^3/h；

扬程：H=20 m；

功率：P=3 kW。

除磷剂卸料泵：

数量：1 台，泵头及叶轮聚四氟材质；

流量：Q=20 m^3/h；

扬程：H=20 m；

功率：P=3 kW。

电磁流量计：

数量：2 套，SS304；

流量：Q=0～250 m^3/h。

玻璃钢斜管：

数量：72 m^2；

直径：ϕ80 mm，斜长 1 m；

附抗浮装置、3 mm 丁腈橡胶及螺栓等。

不锈钢集水槽：

数量：8 件，SS304；

规格：$L\times B\times H$=6600 mm×200 mm×250 mm；

δ=5mm。

不锈钢出水堰板：

数量：16 件，SS304；

规格：$L\times B\times H$=6000 mm×250 mm×3 mm；

δ=3 mm。

9. 消毒池

（1）构筑物

数量：1 座。

结构：钢筋砼结构，半地下。

设计参数：

停留时间：t=1 h；

尺寸：15 950 mm×7000 mm×3500 mm；

有效容积：$V_{有效}$=335 m^3；

总容积：$V_{总}$=391 m^3。

（2）设备

巴氏计量槽

数量：1 套；

参数：流量：Q=3～250 L/s。

10. 污泥浓缩池

数量：1 座；

结构：钢筋砼结构，半地下；

尺寸：18 350 mm×11 000 mm×7050 mm；

有效容积：$V_{有效}$=880 m^3；

总容积：$V_{总}$=1011 m^3。

11. 反洗水池及地下泵房

（1）构筑物

反洗水池

数量：1 座；

结构：钢筋砼结构，半地下；

尺寸：4500 mm×3250 mm×5000 mm；

有效容积：$V_{有效}$=65.8 m^3。

总容积：$V_{总}$=73 m^3。

地下泵房

数量：1 座；

结构：钢筋砼结构，半地下；

尺寸：8500 mm×4500 mm×2200 mm。

（2）设备

带机污泥输送泵

数量：2 台，1 用 1 备。

参数：

流量：Q=20～60 m^3/h；

扬程：H=30 m。

叠螺机污泥输送泵

数量：2 台，1 用 1 备。

参数：

流量：Q=7.23～51.8 m^3/h；

扬程：H=30 m。

带机清洗泵

数量：2 台，1 用 1 备。

参数：

流量：Q=26.3 m^3/h；

扬程：H=60 m。

细格栅冲洗泵

数量：2 台，1 用 1 备。

参数：

流量：Q=30 m^3/h；

扬程：H=60 m。

12. 风机房及配电间

（1）建筑物

风机房

数量：1 座；

结构：框架结构；

平面尺寸：$L \times B$=12 000 mm×8100 mm。

低压配电间

数量：1 座；

结构：框架结构；

平面尺寸：$L \times B$=8100 mm×8100 mm。

值班室

数量：1 座；

结构：框架结构；

平面尺寸：$L \times B$=3600 mm×8100 mm。

化验室

数量：1 座；

结构：框架结构；

平面尺寸：$L \times B$=3600 mm×8100 mm。

仓库

数量：1 座；

结构：框架结构；

平面尺寸：$L \times B$=5400 mm×8100mm。

（2）设备

鼓风机（风机房内，供生化池曝气）

数量：4 台，3 用 1 备。

参数：

风量：Q=39.8 m^3/min；

压力：P=0.07 MPa。

13. 综合厂房

（1）建筑物

综合厂房

数量：1 座；

结构：框架结构；

平面尺寸：$L \times B$=80 600 mm×36 100 mm；

层数：2 层。

（2）设备

鼓风机（供调节池曝气）

数量：1 台。

参数：

风量：Q=8.51 m^3/min；

压力：P=0.07 MPa。

鼓风机（供污泥浓缩池曝气）

数量：1 台。

参数：

风量：Q=5.36 m^3/min；

压力：P=0.04 MPa。

带式污泥浓缩脱水一体机（配套管道混合器）

数量：1 套。

参数：

处理量：Q=270～360 kg DS/(m·h)；

带宽：B=2000 mm。

三槽式连续投药装置（供带机）

数量：1 套。

参数：

制备能力：Q=2000 L/h;

配置浓度：C=0.2%。

带机加药螺杆泵

数量：2 台，1 用 1 备。

参数：

流量：Q=0.3～1.5 m^3/h;

扬程：H=60 m。

空压机（供带机）

数量：1 台。

参数：

风量：Q=0.48 m^3/h;

压力：H=0.8 MPa。

螺旋固液分离机（叠螺机）

数量：1 套。

参数：

处理量：Q≥200 kg DS/(m·h);

环片厚度≥2.8 mm。

自动加药装置（供叠螺机）

数量：1 套。

参数：

流量：Q=2000 L/h;

浓度：C=0.05%～0.15%。

加药螺杆泵（供叠螺机）

数量：2 台，1 用 1 备。

参数：

流量：Q=0.3～1.5 m^3/h;

扬程：H≥0.3 MPa。

电动泥斗

数量：2 台。

参数：

体积：V=5 m^3。

14. 消毒及在线监测间

（1）建筑物

消毒间

数量：1 座；

结构：框架结构；

平面尺寸：$L \times B$=4200 mm×3600 mm。

在线监测间

数量：1 座；

结构：框架结构；

平面尺寸：$L \times B$=3000 mm×3600 mm。

（2）设备

二氧化氯发生器

数量：1 台；

参数：产氯量：$Q \geqslant$1500 g/h。

化料器

数量：1 台；

参数：处理量：Q=70 kg/次。

盐酸储罐

数量：1 台；

参数：体积：V=3 m^3。

氯酸钠储罐

数量：1 台。

参数：V=1 m^3。

卸酸泵

数量：1 台。

参数：

流量：Q=4 m^3/h；

扬程：H=11 m。

8.4.4 污水处理工艺各单元去除效果

污水处理工艺各单元处理效果见表 8-7。

表 8-7　污水处理工艺各单元处理效果

序号	名称	项目	COD_{Cr}	BOD_5	SS	NH_3-N	动植物油
1	粗、细格栅	进水（mg/L）	4000	2000	4000	90	600
		出水（mg/L）	3800	1900	3200	90	570
		去除率（%）	5	5	20	—	5%
2	隔油沉淀池	进水（mg/L）	3800	1900	3200	90	570
		出水（mg/L）	3040	1520	2080	100	171
		去除率（%）	20	20	35	—	70%
3	气浮机	进水（mg/L）	3040	1520	2080	100	171
		出水（mg/L）	1824	912	416	70	34.2
		去除率（%）	40	40	80	30	80%
4	水解池	进水（mg/L）	1824	912	416	70	34.2
		出水（mg/L）	1641.6	638.4	249.6	130	27.4
		去除率（%）	20	30	40	—	20%
5	A^2O 池	进水（mg/L）	1641.6	638.4	249.6	130	27.4
		出水（mg/L）	295.5	191.5	174.7	21	19.2
		去除率（%）	82	70	30	83.8	30%
6	二沉池	进水（mg/L）	295.5	191.5	174.7	21	19.2
		出水（mg/L）	267	172.4	104.8	18	19.2
		去除率（%）	10	10	40	14.2	—
7	高密池	进水（mg/L）	—	—	—	—	—
		出水（mg/L）	—	—	—	—	—
		去除率（%）	—	—	—	—	—
8	消毒清水池	进水（mg/L）	267	172.4	104.8	18	19.2
		出水（mg/L）	267	172.4	104.8	15	19.2
		去除率（%）	—	—	—	16.7	—
9	处理后标准	—	≤300	≤250	≤300	≤30	≤60

8.4.5 污水处理站平面布置图

污水处理站平面布置图见图 8-19。

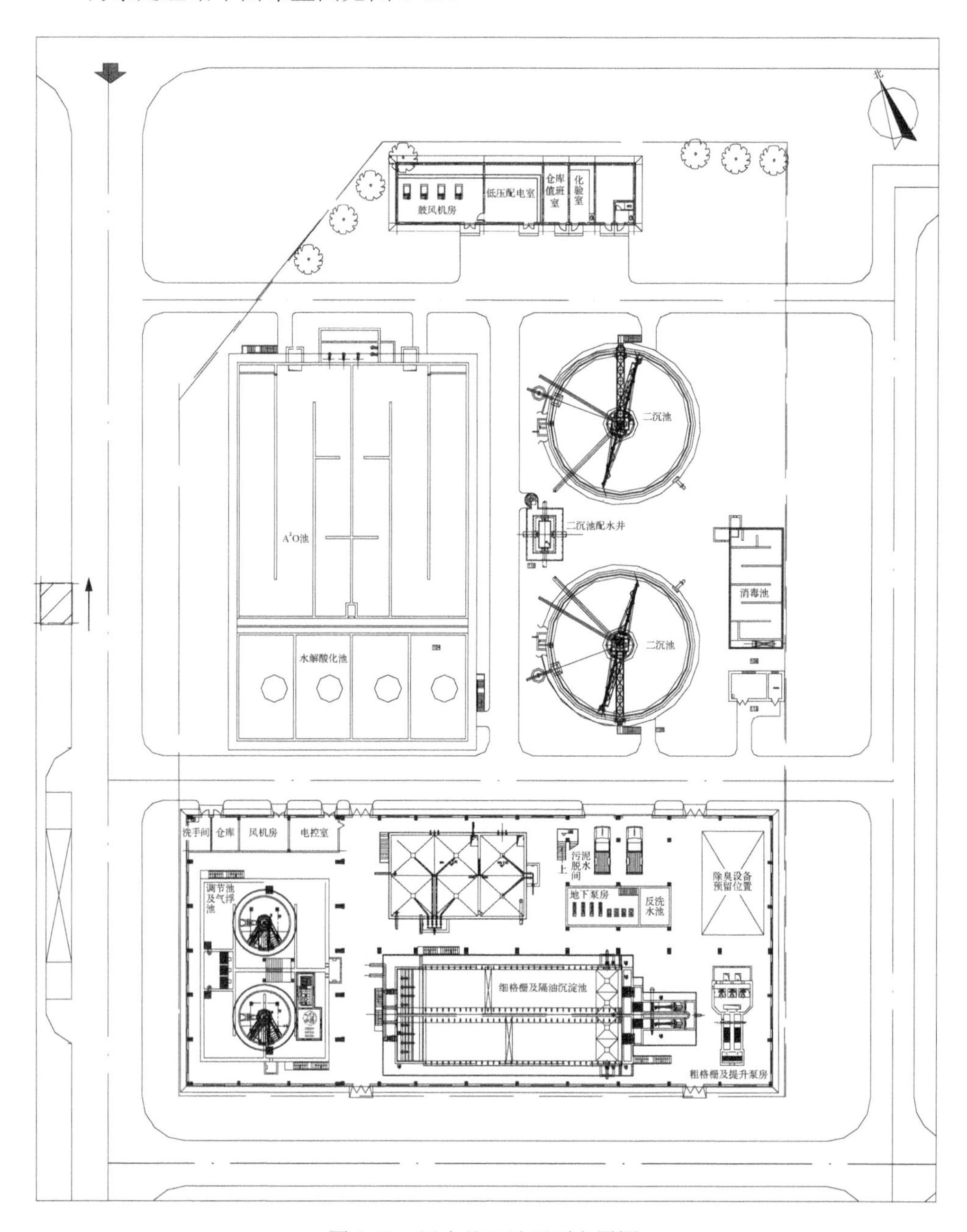

图 8-19　污水处理站平面布置图

该加工企业污水处理站效果图如图 8-20 所示。

图 8-20　沈阳某屠宰与肉食品加工企业污水处理站效果图

8.5　昆明市某屠宰与肉食品加工企业 1000 t/d 污水处理工程

8.5.1　工程概况

1. 废水类型

废水主要来自原料肉解冻水、杀菌蒸制废水、车间地坪及设备冲洗废水。处理规模 1000 t/d，24 h 连续运行。

2. 原水水质

COD≤1700 mg/L，BOD≤800 mg/L，NH_3-N≤40 mg/L，SS≤1000 mg/L，TP≤20 mg/L，动植物油≤450 mg/L。

3. 出水标准

出水水质按当地要求应执行《肉类加工工业水污染物排放标准》（GB13457—1992）的三级标准，即 COD≤500 mg/L，BOD5≤300 mg/L，SS≤350 mg/L，油脂≤60 mg/L，pH6.0～9.0；应双汇公司要求，将出水标准提高，具体设计出水标准如下：

COD≤300 mg/L，BOD≤200 mg/L，NH_3-N≤20 mg/L，SS≤250 mg/L，TP≤7 mg/L，动植物油≤40 mg/L。

4. 主体工艺选择

预处理（粗细格栅+隔油沉淀池+气浮设备）+二级生化（水解酸化池+缺氧池+生物接触氧化池）+辐流式二沉池+活性砂过滤+消毒。

8.5.2 工艺流程设计

1. 工艺流程图

工艺流程图如图 8-21 所示。

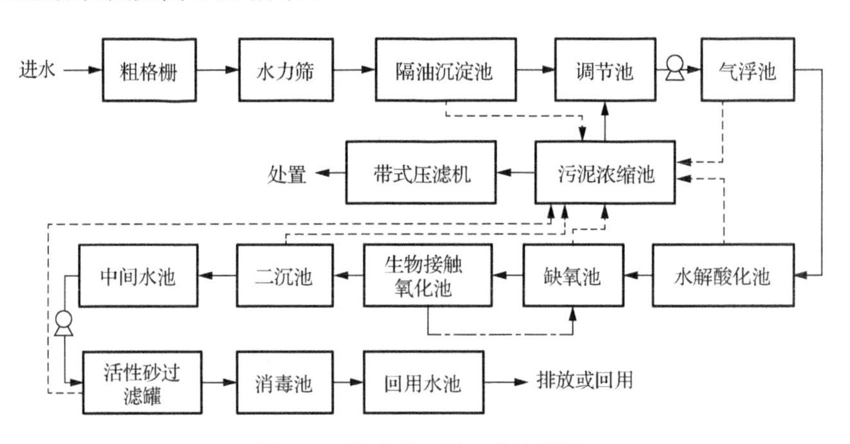

图 8-21　污水处理站工艺流程图

2. 工艺简述

厂区生产污水经粗格栅去除较大悬浮固体杂质，由粗格栅后集水池内的潜水泵提升至水力筛，去除较细颗粒物和悬浮物。

水力筛出水自流进入隔油沉淀池，隔油沉淀池采用平流式结构，既能去除漂浮的油脂、油块，又使大部分不溶于水、密度大于水的杂质沉淀下来。隔油沉淀池内设一台刮油刮泥机，上撇浮油、下刮沉泥。刮油刮泥机往复运行，往复频率根据现场调整，浮油和泥渣自流入平流浮渣及污泥池。浮渣及污泥池，底部污泥由泵提升至污泥浓缩池中。

隔油沉淀池出水自流进入调节池，调节池主要作用是均化水质、水量和 pH 调节。对调节池污水进行微曝气，防止污水厌氧发酵。

调节池中的污水用潜水泵提升至组合气浮池内，进行固液分离处理。在泵后投加混凝剂，利用管道混合器混合，经加药反应后的污水进入气浮的混合区，与释放后的溶气水混合接触，使絮凝体黏附在细微气泡上，然后进入气浮区。絮凝体在气浮力的作用下浮向水面形成浮渣，下层的清水经集水器流至清水槽后，一部分回流作溶气使用，剩余清水通过溢流口流出。气浮池水面上的浮渣收集后自流排至浮渣槽，由泵提升至污泥浓缩池中。气浮可去除绝大部分 SS、色度及部分 COD_{Cr}、BOD_5。

气浮池出水自流进入水解酸化池进行生化处理。在产酸菌的作用下，污水中大分子的有机物分解为小分子有机物，水中溶解的有机物比例显著增加，COD_{Cr}/BOD_5 值提高，有利于难降解有机物的去除。水解酸化池产生的污泥由泵提升至污泥浓缩池。回流污泥池的污泥回流至水解酸化池进水口。

水解酸化池出水自流进入缺氧池及生物接触氧化池，在去除有机物的同时达到脱氮除磷的目的。污水首先进入缺氧区，兼性发酵菌将污水中可生物降解有机物转化为发酵产物，反硝化菌利用好氧区中混合液回流带来的硝酸盐以及污水中可生物降解有机物进行反硝化，去除氨氮；接着污水进入生物接触氧化池，进行好氧硝化，有机物由好氧菌降解，聚磷菌吸收环境中的溶解性磷酸盐，以聚合磷酸盐的形式随污泥排出系统。生物接触氧化池的混合液回流至缺氧池。在接触氧化池出水端加除磷药剂。

生物接触氧化池出水自流入二沉池，在重力作用下进行固液分离，去除生化池随水流出的悬浮污泥。二沉池设刮泥机，底部污泥由刮泥机刮入泥斗排至污泥浓缩池。

二沉池上清液自流入中间水池，由潜水泵提升至活性砂过滤器进行深度处理（以除磷为主）。在泵后投加除磷药剂，利用管道混合器混合，经加药反应后的污水进入活性砂过滤器，过滤后的出水自流入消毒池。活性砂过滤器定期反冲洗，反洗污水排入污泥浓缩池。

消毒池内的污水通过二氧化氯消毒后进入回用水池，排放或供厂区绿化、冲洗道路等回用。

隔油沉淀池的浮渣和污泥、气浮池浮渣、水解酸化池污泥和二沉池剩余污泥以及活性砂过滤器的反洗水均排入污泥浓缩池，采用重力浓缩池形式，以降低污泥的含水率。

浓缩后的污泥由螺杆泵送至带式浓缩压滤一体机，压滤成泥饼后外运处置。污泥浓缩池上清液和带式压滤机滤液回流至粗格栅集水池。

如遇设备检修或事故等突发事件，不能保证污水正常处理时，污水由集水池内污水泵提升至事故池，待事故解除后污水重新流回集水池进行正常处理。

8.5.3 工艺设计参数及设备参数

平均污水量$Q_{平}$=1000 m^3/d=42 m^3/h。

1. 粗格栅及集水池

(1) 构筑物

粗格栅渠道

数量：1 座；

结构：钢筋砼结构，全地下；

尺寸：3200 mm×550 mm×4250 mm。

集水池

数量：1 座。

结构：钢筋砼结构，全地下。

参数：

尺寸：3000 mm×2000 mm×6150 mm；

有效容积：$V_{有效}$=4.8 m^3。

(2) 主要设备及参数

粗格栅

数量：1 台（回转式格栅除污机）。

参数：

栅宽：B=500 mm；

栅条间隙：b=3 mm；

功率：N=0.55 kW；

安装角度：75°。

潜水泵

数量：2 台，一用一备。

参数：

流量：Q=45 m^3/h；

扬程：H=15 m；

功率：N=3.7 kW。

2. 水力筛及隔油沉淀池

(1) 构筑物

隔油沉淀池

数量：1 座。

结构：钢筋砼结构，半地下。

参数：

表面负荷：q=1 $m^3/(m^2·h)$；

沉淀时间：t=4.3 h；

排泥周期：T=1 d；

污泥含水率：P_0=96%；

尺寸：15 000 mm×3500 mm×6000 mm；

有效容积：$V_{有效}$=135 m^3。

（2）主要设备及参数

水力筛

数量：1 台。

参数：

筛面宽度：B=1800 mm；

筛板间隙：b=1 mm。

行车式刮泥机

数量：1 台。

参数：

池净宽：B=4000 mm；

有效水深：H=3500 mm；

功率：N=0.95 kW。

3．调节池

（1）构筑物

调节池

数量：1 座。

结构：钢筋砼结构，全地下。

参数：

水力停留时间：HRT=5.82 h；

尺寸：8250 mm×6300 mm×5700mm；

有效容积：$V_{有效}$=244.3 m^3。

（2）设备

潜水泵

数量：2 台，一用一备。

参数：

流量：Q=45 m^3/h；

扬程：H=15 m；

功率：N=3.7 kW。

4. 事故池

构筑物

数量：1 座。

结构：钢筋砼结构，半地下式。

参数：

水力停留时间：HRT=5.42 h；

尺寸：6950 mm×6300 mm×5700 mm；

有效容积：$V_{有效}$=227.68 m^3。

5. 水解酸化池

（1）构筑物

数量：2 座，每座三格。

结构：钢筋砼结构，半地下。

参数：

水力停留时间：HRT=17.14 h；

填料层高度：h=3 m；

尺寸：15 000 mm×5000 mm×5700 mm（单池）；

有效容积：$V_{有效}$=360 m^3（单池）。

（2）设备

潜水排泥泵

数量：6 台。

参数：

流量：Q=18 m^3/h；

扬程：H=14 m；

功率：N=3.7 kW。

（3）组合填料

数量：363m^3。

参数：ϕ150 mm×80 mm。

6. 缺氧池

（1）构筑物

数量：1 座。

结构：钢筋砼结构，半地下。

参数：

水力停留时间：HRT=6.15 h；

尺寸：15 000 mm×3400 mm×5900 mm（单池）；

有效容积 $V_{有效}$=258.23 m^3（单池）。

（2）主要设备及参数

潜水搅拌机

数量：2 台。

参数：

推力：582 N；

桨叶直径：D=14 m；

桨叶转速：r=740 r/min；

功率：N=2.2 kW。

7. 生物接触氧化池

（1）构筑物

数量：2 座，每座 3 格。

结构：钢筋砼结构，半地下。

参数：

水力停留时间：HRT=17.5 h；

填料容积负荷：0.8 kg BOD_5/(m^3·h)；

尺寸：15 000 mm×5000 mm×5900 mm（单池）；

有效容积：$V_{有效}$=367.5 m^3（单池）。

（2）主要设备及参数

混合液回流泵

数量：2 台，1 用 1 备。

参数：

流量：Q=45 m^3/h；

扬程：H=14 m；

功率：N=3.7 kW。

组合填料

数量：363 m^3。

规格：ϕ150 mm×80mm。

可提式微孔曝气器

数量：84 套。

参数：

规格：ϕ65 mm×1000 mm×2 根/套；

单根标准通气量：5 m^3/h。

生物接触氧化池现场图如图 8-22 所示。

图 8-22　生物接触氧化池现场图

8．气浮系统

（1）构筑物

气浮池

数量：1 套。

结构：碳钢防腐，地上式（水解酸化池上）。

参数：

处理能力：Q=50 m^3/h；

刮渣功率：N=0.55 kW；

搅拌功率：N=1.1×3 kW。

浮渣槽

数量：1 个。

结构：碳钢防腐。

参数：

尺寸：3000 mm×1600 mm×1200 mm；

有效容积：$V_{有效}$=4.32 m^3。

（2）主要设备及参数

溶气水泵

数量：1 台。

参数：

流量：Q=20～25 m^3/h；

扬程：H=50 m；

功率：N=7.5 kW。

空压机

数量：1 台。

参数：

风量：Q=1 m^3/min；

最大压力：P=1.0 MPa；

功率：N=1.5 kW。

PAC 管道混合器

数量：1 台。

规格：DN150 mm×L1200 mm。

PAC 加药装置

数量：溶解槽 1 个，储液槽 1 个。

参数：

有效容积：溶解槽 $V_{有效}$=1.0 m^3；储液槽 $V_{有效}$=1.0 m^3；

功率：N=1.27 kW。

PAC 隔膜计量泵

数量：2 台，1 用 1 备。

参数：

流量：Q=200 L/h；

压力：P=7 bar；

功率：N=0.75 kW。

PAM 管道混合器

数量：1 台。

规格：DN200 mm×L800 mm。

PAM 自动加药装置

数量：1 台。

参数：

溶药量：Q=0.75 m^3/h；

功率：N=1.12 kW。

PAM 螺杆泵

数量：2 台，1 用 1 备。

参数：

流量：Q=100～500 L/h；

压力：P=0.35 MPa；

功率：N=1.1 kW。

浮渣螺杆泵

数量：2 台，1 用 1 备。

参数：

流量：Q=10 m^3/h；

扬程：H=30 m；

功率：N=3.0 kW。

气浮系统现场图如图 8-23 所示。

图 8-23　气浮系统现场图

9. 二沉池

（1）构筑物

二沉池

数量：1 座。

结构：钢筋砼结构，半地下。

参数：

表面负荷：q=0.66 m^3/(m^2·h)；

水力停留时间：HRT=6.05 h；

直径：D=9000 mm；

尺寸：ϕ9000 mm×4400 mm（不含泥斗高 1.0 m）；

有效容积：$V_{有效}$=223.8 m^3。

（2）主要设备及参数

中心传动刮泥机

数量：1台。

参数：

池径：D=9000 mm；

周边线速：v=2～3 m/min；

功率：N=0.75 kW。

二沉池现场图如图8-24所示。

图8-24　二沉池现场图

10. 中间水池

（1）构筑物

数量：1座。

结构：钢筋混凝土结构，地下式。

参数：

水力停留时间：HRT=1.8 h；

尺寸：5000 mm×4950 mm×3400 mm；

有效容积：$V_{有效}$=75.49 m^3。

（2）主要设备及参数

潜水泵

数量：2台，1用1备。

参数：

流量：Q=45 m^3/h；

扬程：H=28 m；

功率：N=7.5 kW。

11. 消毒池

构筑物

数量：1 座。

结构：钢筋混凝土结构，地下式。

参数：

水力停留时间：HRT=1.46 h；

尺寸：5000 mm×3950 mm×3550 mm；

有效容积：$V_{有效}$=61.23 m^3。

12. 回用水池

数量：1 座。

结构：钢筋混凝土结构，地下式。

参数：

水力停留时间：HRT=1.43 h；

尺寸：5000 mm×3950 mm×3400 mm；

有效容积：$V_{有效}$=60.24 m^3。

13. 平流浮渣及污泥池

构筑物

数量：1 座。

结构：钢筋混凝土结构，半地下式。

参数：

尺寸：3500 mm×3500 mm×4750mm；

有效容积：$V_{有效}$=52.06 m^3。

14. 回流污泥池

数量：1 座。

结构：钢筋混凝土结构，地下式。

参数：

尺寸：5000 mm×4950 mm×3400 mm；

有效容积：$V_{有效}$=75.49 m^3。

15. 污泥浓缩池

（1）构筑物

数量：1座。

结构：钢筋混凝土结构，半地下式。

参数：

尺寸：7000 mm×7000 mm×5000 mm；

有效容积：$V_{有效}$=220.5 m^3。

（2）主要设备及参数

潜水搅拌机

数量：4台。

参数：

推力：145 N；

桨叶直径：D=230 mm；

桨叶转速：r=1400 r/min；

功率：N=0.55 kW。

16. 风机房、中控室等

（1）建筑物

数量：1座；

结构：框架结构；

平面尺寸：24.95 m×6.45 m。

（2）主要设备及参数

生化池风机

数量：2台，1用1备。

参数：

风量：Q=15.06 m^3/min；

风压：P=70 kPa；

功率：N=30 kW。

调节池风机

数量：1台。

参数：

风量：Q=0.9 m^3/min；

风压：P=70 kPa；

功率：N=3 kW。

17. 深度处理间、在线监测间

（1）建筑物

数量：1 座。

结构：框架结构。

平面尺寸：9.8 m×5.6 m。

（2）主要设备及参数

活性砂过滤器

数量：1 台。

参数：

规格：ϕ3.0 m×H7.2 m；

滤速≤6～9 m/h。

空压机

数量：1 台。

参数：

风量：Q=0.36 m^3/min；

风压：P=70 kPa；

功率：N=0.37 kW。

管道混合器

数量：1 台。

规格：DN100 mm×L1200 mm。

PAC 加药装置

数量：溶解槽 1 个，储液槽 1 个。

参数：

有效容积：溶解槽 $V_{有效}$=1.0 m^3，储液槽 $V_{有效}$=1.0 m^3；

功率：1.27 kW。

PAC 隔膜计量泵

数量：3 台，2 用 1 备。

参数：

流量：Q=80 L/h；

压力：P=3 MPa；

功率：N=0.25 kW。

二氧化氯发生器

数量：1 套。

参数：

有效氯产量：Q=800 g/h；

总功率：N=3.7 kW；

配套药剂储罐、加药泵。

活性砂过滤器现场图如图 8-25 所示。

图 8-25　活性砂过滤器现场图

18. 污泥处理间及地下泵房

（1）建筑物

数量：一座；

结构：框架结构；

平面尺寸：12.45 m×7.3 m。

（2）主要设备及参数

带式污泥浓缩脱水一体机

数量：1 套。

参数：

带宽：1500 mm；

处理量：Q=200～270 kg DS/[m·h(干)]；

功率：N=3.7 kW。

带式压滤机现场图如图 8-26 所示。

图 8-26　带式压滤机现场图

污泥螺杆泵

数量：2 台，1 用 1 备。

参数：

流量：Q=9～36 m^3/h；

扬程：H=30 m；

功率：N=7.5 kW。

反洗水泵

数量：2 台，1 用 1 备。

参数：

流量：Q=21 m^3/h；

扬程：H=60 m；

功率：N=7.5 kW。

PAM 加药装置

数量：1 套。

参数：

溶药量：Q=1.5 m^3/h；

功率：N=1.48 kW。

PAM 螺杆泵

数量：2 台，1 用 1 备。

参数：

流量：Q=0.3～1.5 m^3/h；

压力：P=3 bar；

功率：N=1.1 kW。

电动泥斗

数量：1台。

参数：

体积：V=5 m^3；

功率：N=3 kW。

8.5.4　污水处理工艺各单元处理效果

污水处理工艺各单元处理效果见表8-8。

表8-8　污水处理工艺各单元处理效果

处理单元		COD	BOD	SS	TP	NH_4^+-N	动植物油
粗、细格栅	进水（mg/L）	900	416	500	20	29	450
	出水（mg/L）	810	395	450	20	29	427.5
	去除率（%）	10	5	10	—	—	5
隔油沉淀池	进水（mg/L）	810	395	450	20	26	427.5
	出水（mg/L）	729	316	360	18	26	213.75
	去除率（%）	10	20	20	10	—	50
气浮池	进水（mg/L）	729	316	360	18	26	213.75
	出水（mg/L）	600	221	252	18	26	85.5
	去除率（%）	17.7	30	70	—	—	60
水解酸化池	进水（mg/L）	600	221	252	18	26	85.5
	出水（mg/L）	260	177	226	18	35	77
	去除率（%）	56.7	20	10	—	—	10
缺氧池及生物接触氧化池	进水（mg/L）	260	177	226	18	35	77
	出水（mg/L）	31	53	68	9	4.8	23.1
	去除率（%）	88.1	70	70	50	83.4	70
二沉池	进水（mg/L）	31	53	68	9	4.8	23.1
	出水（mg/L）	29	50	64	9	4.8	23.1
	去除率（%）	5	5	5	—	—	—
活性砂过滤器	进水（mg/L）	29	50	64	9	4.8	23.1
	出水（mg/L）	14.5	25	32	4.5	3.5	11.6
	去除率（%）	50	50	50	50	27.1	50
排放标准		300	200	250	7	20	40

8.5.5　污水处理站现场平面图

设计污水处理站平面布置图如图8-27所示。

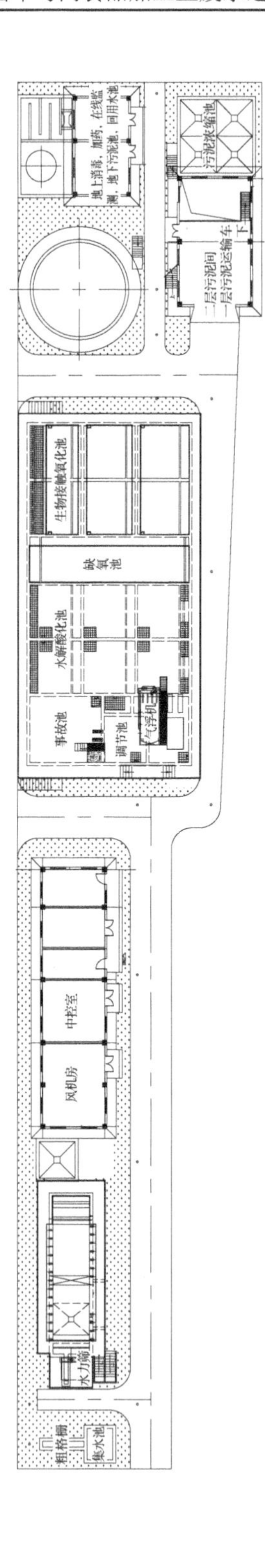

图 8-27　设计污水处理站平面布置图

现场平面图如图 8-28 所示。

图 8-28　现场平面图

8.6　天津市蓟州区某屠宰与肉类加工企业 800 t/d 污水处理工程

8.6.1　工程概况

1. 废水类型

废水主要来自屠宰冲洗废水、杀菌蒸制废水、车间地坪及设备冲洗废水。处理规模 1000 t/d，24 h 连续运行。

2. 原水水质

COD≤2000～2500 mg/L，BOD≤1000～1200 mg/L，NH_3-N≤40 mg/L，SS≤900～1200 mg/L，TP≤20 mg/L，动植物油≤450 mg/L。

3. 出水标准

污水经处理后出水需达到天津市地标《污水综合排放标准》（DB12/356—2018）一级标准，同时满足《城市污水再生利用　城市杂用水水质》（GB/T18920—2002）中城市绿化标准。具体设计出水标准如下：

COD≤40 mg/L，BOD≤10 mg/L，NH_3-N≤5 mg/L，SS≤10 mg/L，TP≤0.5 mg/L。

4. 主体工艺选择

预处理（水力筛+隔油+调节+加药气浮）+二级生化（水解酸化+好氧 MBR 生物反应池）+消毒。

8.6.2　工艺流程设计

1. 工艺流程图

工艺流程图如图 8-29 所示。

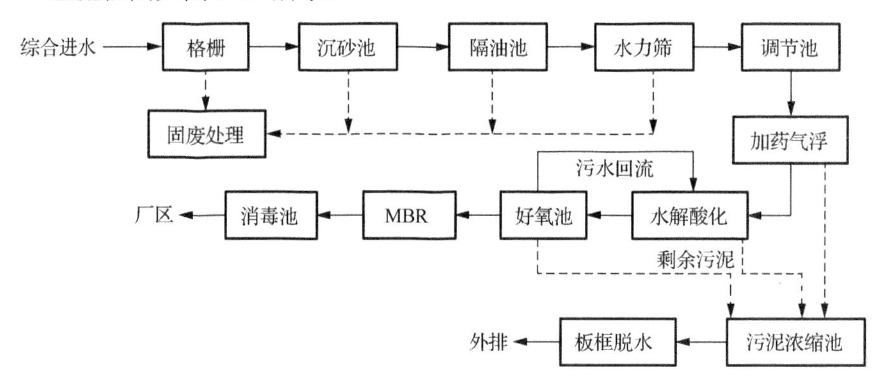

图 8-29　企业污水处理工艺流程图

2. 工艺简述

厂区生产污水经粗格栅后去除含油碎肉、油脂等杂质漂浮物及颗粒后，由粗格栅后集水池内的潜水泵提升至细格栅，去除毛发等较细颗粒物和悬浮物。

格栅出水自流进入沉砂池，去除达到较重的杂质颗粒物。

隔油（沉淀）池去除漂浮的油脂、油块，使大部分不溶于水、密度大于水的杂质沉淀下来。隔油沉淀池内设一台刮油刮泥机。上撇浮油、下刮沉泥，刮油刮泥机往复运行，往复频率根据现场调整，浮油渣自流入污泥浓缩池，底部污泥靠静水压力压入污泥浓缩池中。

水力筛，水流在从小端到大端的流动过程中，纤维状污染物被筛网截留，水则从筛网的细小孔中流入集水装置。由于整个筛网呈圆锥体，被截留的污染物沿筛网的倾斜面卸到固定筛上，以进一步去除囊袋、皮毛、油脂、粪便等固体物。

以上预处理出水自流进入调节池，由于污水排水具有时段不均匀性、变化系数大的特点，应尽量减少冲击负荷的影响。调节池把不同时段排入的加工废水进行均匀混合，使后继污水处理单元接收的废水水质稳定、水量恒定。内设曝气系统，既可防止污泥沉淀，又可去除一部分有机物，同时有利于污水中阴离子表面活性剂的吹脱。池体设置有检修爬梯、出水口、溢流口、两套自动液位计等。

调节池中的污水用潜水泵提升至气浮池内进行处理，利用管道混合器混合，经加药反应后的污水进入气浮的混合区，与释放后的溶气水混合接触，使絮凝体黏附在细微气泡上，然后进入气浮区，用于去除残留于废水中粒径较小的分散油、乳化油、绒毛、细小悬浮颗粒等杂物，以保证后续水解酸化池处理单元的稳定运行及处理效果。絮体作为化学污泥，通过污泥泵排至污泥浓缩池，待浓缩后通过带式压滤机进行污泥脱水。上清液进入调节池。气浮可去除绝大部分 SS、色度及部分 COD_{Cr}、BOD_5。

屠宰废水中的有机物主要为蛋白质和脂肪，该类物质属大分子长链有机物，难以被一般的好氧菌直接利用，废水在此进行好氧预酸化处理，将有机大分子水解酸化为易降解的小分子。另外，本废水的浓度较高，直接用好氧工艺去除全部的有机物将消耗大量的电能，因此，采用无需消耗电能的水解酸化工艺来去除部分有机物可节省运行成本。水中溶解的有机物比例显著增加，COD_{Cr}/BOD_5 值提高，有利于难降解有机物的去除。水解酸化池产生的污泥排入污泥浓缩池。

水解酸化池出水自流进入好氧反应池，在去除有机物的同时达到脱氮除磷的目的，在厌氧条件下，反硝化菌利用好氧区中混合液回流带来的硝酸盐以及污水中可生物降解有机物进行反硝化，去除氨氮；接着污水进入好氧区，进行好氧硝化，起到脱氮作用，多于污泥外排，起到脱磷作用。

好氧出水通过 MBR 水过滤后的出水自流入消毒池。

消毒池内的污水通过二氧化氯消毒后进入清水池，排放或供厂区绿化、冲洗道路等回用。

隔油沉淀池的浮渣和污泥、气浮池浮渣、水力筛和水解酸化池污泥剩余污泥排入污泥浓缩池，采用重力浓缩池形式，以降低污泥的含水率。

浓缩后的污泥由污泥泵送至带式浓缩压滤机，压滤成泥饼后外运处置。污泥浓缩池上清液和压滤机滤液回流至粗格栅集水池。

8.6.3　工艺设计参数及设备参数

平均污水量 $Q_{平}$=800 m^3/d=40 m^3/h。

1. 粗格栅及集水池

粗格栅渠道

数量：1 座；

结构：钢筋砼结构，全地下；

尺寸：3200 mm×550 mm×3100 mm。

粗格栅

数量：1 台；

栅条总宽：B=500 mm；

耙齿间隙：b=3 mm；

功率：N=0.55 kW。

潜水泵

数量：2 台，一用一备。

参数：

流量：Q=45 m^3/h；

扬程：H=10 m；

功率：N=2.2 kW。

2. 沉砂池及隔油沉淀池

沉砂池与隔油沉淀池设计为组合池形式，隔油沉淀池上设置刮渣机。

（1）隔油沉淀池

数量：1 座；

结构：钢筋砼结构，地上；

有效容积：$V_{有效}$=80m^3；

容积：V = 88 m^3；

处理量：Q = 40 m^3/h；

水力停留时间：HRT = 2 h。

（2）行车式刮泥机

数量：1 台。

参数：

B=3500 mm；

H=4000 mm；

行走功率：N_1 =0.75 kW；

卷扬功率：N_2 =0.4 kW。

（3）水力筛

规格：

栅缝 0.5 mm；

栅网尺寸 500 mm×1600 mm。

3. 调节池

（1）构筑物

调节池

数量：1 座；

结构：钢筋砼结构，全地下；

设计参数：

池数：1 座；

处理量：Q = 40m^3/h；

水力停留时间：HRT=8 h；

有效容积：$V_{有效}$=320m^3；

容积：V=350m^3。

（2）设备

潜水泵

数量：2 台，一用一备；

流量：Q=48 m^3/h；

扬程：H=10 m；

功率：N=3 kW。

液位控制浮球：1 套。

供氧风机

设备参数：DN65 mm，N=7.5 kW；

风量：$Q_{氧}$=13.33 m^3/min；

数量：2 台（1 用 1 备）。

4. 气浮池

（1）气浮池（高效浅层气浮池）

结构：碳钢防腐。

池数：1 座。

处理量：40 m^3/h。

数量：1 台。

参数：

流量：Q=40 m^3/h；

直径：D=4000 mm；

行走功率：N_1=0.37 kW；

撇渣功率：N_2=0.25 kW。

（2）溶气水泵

数量：1 台。

参数：

流量：Q=15 m^3/h；

扬程：H=50 m；

功率：N=7.5 kW。

（3）空压机

数量：1 台。

参数：

流量：Q=0.3 m^3/min；

压力：P=0.8 MPa；

功率：N=2.2 kW。

（4）储气罐

数量：1 台；

参数：体积：V=1 m^3（1.0MPa）。

（5）PAC 加药装置

数量：1 套，含溶解槽、溶液槽；

溶解槽：数量 1 个，有效容积：$V_{有效}$=1.5m^3；搅拌机功率：N=0.75 kW；

溶液槽：数量 2 个，有效容积：$V_{有效}$=1.5m^3；搅拌机功率：N=0.75 kW。

（6）PAC 隔膜计量泵

数量：2 台，1 用 1 备。

参数：

流量：Q=0～200 L/h；

压力：P=3.5 bar；

功率：N=0.75 kW。

（7）PAM 加药装置

数量：1 套，含溶解槽、溶液槽；

溶解槽：1 个，有效容积：$V_{有效}$=1.5 m^3；搅拌机功率：N=0.75 kW；

溶液槽：2 个，有效容积：$V_{有效}$=1.5 m^3；搅拌机功率：N=0.75 kW。

（8）PAM 加药螺杆泵

数量：2 台，1 用 1 备。

参数：

流量：Q=0～20 L/h；

压力：P=5 bar；

功率：N=0.37 kW。

5. 水解酸化池

（1）构筑物

水解酸化池

数量：2 座。

结构：钢筋砼结构。

设计参数：

停留时间：HRT=10 h；

填料层高度：h=3 m；

容积：400 m^3；

有效容积：445 m^3。

（2）设备

脉冲布水器

数量：2 台；

参数：Q=30 m^3/h。

组合填料

数量：280m^3。

6. MBR 反应池

（1）构筑物

MBR 反应池

数量：1 座。

结构：钢筋砼结构，半地下。

设计参数：

停留时间：HRT=40 h；

有效容积：1600 m^3；

总容积：1780 m^3。

（2）设备

盘式微孔曝气器

数量：1065 个；

参数：D=215 mm；

服务面积：0.25～0.3 m^2/个。

罗茨风机

参数：N=37 kW；

数量：2 台（1 用 1 备）。

MBR 膜组件

两列膜池，每列设 4 组膜箱，每列单独设置产水泵 2 台，1 用 1 备；

数量：12 组。

反清洗系统

数量：1 套。

离心泵

设备参数：Q=45 m^3/h，H=12 m，N=3.7 kW。

数量：4 台（2 用 2 备）。

污泥回流泵

设备参数：Q=50 m^3/h，H=10 m，N=3 kW；

设备数量：2 台（1 用 1 备）。

膜区冲刷风机

设备参数：N=11 kW；

数量：2 台（1 用 1 备）。

液位计液位控制

数量：2 套。

污泥回流泵

数量：2 台，一用一备。

参数：

流量：Q=25 m^3/h；

扬程：H=10 m；

功率：N=1.5 kW。

剩余污泥泵

数量：2 台，一用一备。

参数：

流量：Q=15 m^3/h；

扬程：H=22 m；

功率：N=2.2 kW。

混合液回流泵

数量：2 台，一用一备。

参数：

流量：Q=45 m^3/h；

扬程：H=10 m；

功率：N=2.2 kW。

7. 消毒池

数量：1 座。

结构：钢筋砼结构，半地下。

设计参数：

停留时间：HRT =0.8 h；

有效容积：$V_{有效}$=320 m^3。

8. 清水池

数量：1 座。

结构：钢筋砼结构，半地下。

设计参数：

停留时间：HRT =0.5 h；

有效容积：$V_{有效}$=200 m^3。

9. 风机房及配电间

（1）构筑物

风机房

数量：1 座；

结构：框架结构。

配电间

数量：1 座；

结构：框架结构。

（2）设备

鼓风机（风机房内，供生化池曝气）

数量：3 台，2 用 1 备。

参数：

风量：Q=21.88 m^3/min；

压力：P=6000 mmAq；

功率：N=37 kW。

鼓风机（风机房内，供调节池、污泥浓缩池曝气）

数量：2 台。

参数：

风量：Q=0.9 m^3/min；

压力：P=6000 mmAq；

功率：N=2.2 kW。

10. 污泥处理部分

（1）构筑物

钢筋混凝土、半地下；

池数：1座；

停留时间：HRT=4 h；

有效容积：150 m^3。

（2）附属设备

排泥泵

设备参数：Q=25 m^3/h，H=10 m，N=1.5 kW；

设备数量：2（1用1备）。

液位计液位控制

数量：1套。

气动隔膜泵

数量：2台（1用1备）。

加药系统

数量：1套；

溶药罐：1套，V=1 m^3；

减速机：1套，N=1.5 kW；

储药罐：1套，V=1 m^3；

加药泵：Q=500 L/h，N=0.55 kW，P=0.5 MPa；

设备数量：2台（1用1备）。

隔膜板框压滤机

参数：80 m^2，N=4 kW；

数量：2套。

污泥螺杆泵

数量：2台，1用1备；

参数：

流量：Q=9～36 m^3/h；

扬程：H=30 m；

功率：N=7.5 kW。

8.6.4 污水处理工艺各单元去除效果

污水处理工艺各单元处理效果如表8-9所示。

表 8-9　污水处理工艺各单元处理效果

处理单元		COD	BOD	SS	NH_4^+-N	动植物油
粗、细格栅	进水（mg/L）	2500	1200	1200	100	400
	出水（mg/L）	1375	900	960	100	380
	去除率（%）	25	25	20	—	5
隔油沉淀池	进水（mg/L）	1375	900	960	100	380
	出水（mg/L）	1125	540	624	100	114
	去除率（%）	40	40	35	—	70
气浮池	进水（mg/L）	1125	540	624	100	114
	出水（mg/L）	675	162	124.8	70	22.8
	去除率（%）	40	70	80	30	80
水解酸化池	进水（mg/L）	675	162	124.8	70	22.8
	出水（mg/L）	472.5	97.2	87.36	70	20.5
	去除率（%）	30	40	30	—	10
好氧池	进水（mg/L）	472.5	97.2	87.36	5.6	1
	出水（mg/L）	35	7.19	9.1	5	1
	去除率（%）	92.6	92.6	50	10.7	—
排放标准		40	24	10	5	1

第九章　屠宰及肉类加工业废气治理案例

9.1　哈尔滨市某屠宰与肉食品加工企业污水处理站废气治理设计

9.1.1　项目概况

该污水处理站的臭气基本来源主要有：格栅集水池、格栅机、隔油沉淀池、细格栅、格栅配水渠、隔油池配套污泥池、污泥浓缩池、带式脱水机、污泥储斗、调节池、浅层气浮机、浮渣池等。

在污水处理工艺过程中产生的气味物质主要由碳、氮和硫元素组成。少数的气味物质是无机化合物，如氨、膦和硫化氢。大多数的气味物质是有机物，如低分子脂肪酸、胺类、醛类、酮类、醚类、卤代烃以及脂肪族的、芳香族的、杂环的氮或硫化物。这些物质都带有活性基团，容易发生化学反应，特别是被氧化。当活性基团被氧化后，气味就消失，生物除臭工艺就是基于本原理。

将以上臭气源进行封闭后，通过管道及风机将臭气收集输送至除臭污染物装置处理，以达到恶臭污染物排放国家标准。

经除臭装置处理后的气体排放应优于《恶臭污染物排放标准》（GB14554—1993）中的有组织排放 15 m 的要求，厂界臭气浓度应满足 GB14554—1993 中的二级新改扩建要求，其规定如表 9-1 所示。

表 9-1　除臭系统出口浓度控制表

序号	控制项目	排放量
1	氨	4.9 kg/h
2	三甲胺	0.54 kg/h
3	硫化氢	0.33 kg/h
4	甲硫醇	0.04 kg/h
5	甲硫醚	0.33 kg/h
6	二甲二硫	0.43 kg/h
7	二硫化碳	1.5 kg/h
8	苯乙烯	6.5 kg/h
9	臭气浓度	2000*

* 臭气浓度是根据嗅觉器官试验法对臭气气味的大小予以数量化表示的指标，无法用基本单位导出，但又具有意义，无量纲单位，在一般表达中可省略。

9.1.2　设计基本参数

设计基本参数包括处理气量和环境情况。

处理气量：污水处理站废气处理工程1套生物除臭装置，处理气量为15000 m^3/h。

环境情况：由于项目地点都处于北方，特别是哈尔滨地区，冬天环境温度较低，要特别注意考虑防冻保温措施，所以设计在设备外部用岩棉保温彩钢板建一间保温板房，冬天在低温情况下，充入暖气，保持房间内温度适宜，保证设备正常运行。

9.1.3　设计标准

经过处理达标后气体通过15 m排气筒外排，保证系统总出口应达到《恶臭污染物排放标准》（GB14554—1993）规定的15 m高度有组织排放标准。

9.1.4　工艺流程设计

来自臭气源的臭气通过收集系统进行收集后，离心风机将臭气收集到生物滤池除臭装置。臭气经过预洗池进行加湿后进入生物滤池池体，通过湿润、多孔和充满活性微生物的滤层，在滤层中的微生物对臭气中的恶臭物质进行吸附、吸收和降解，将污染物质分解为二氧化碳、水和其他无机物，完成除臭过程，经过净化后尾气达标排放。

9.1.5　除臭工程技术方案

1. 密闭系统

本设计的加盖封闭根据不同的池体要求采用不同的加盖材料，收集系统所需要的相关支撑结构应选用耐系统工艺介质和环境腐蚀的材料。各池体的加盖情况和设计方式如表9-2所示。

表9-2　污水处理站构筑物加盖一览表

序号	设备/构筑物	池体尺寸（m）	加盖材料
1	格栅集水池	$L\times W$=8.8×11	304不锈钢骨架+4mm厚阳光板
2	格栅机	$L\times W$=2×1.1，H=2.5	304不锈钢骨架+4mm厚阳光板
3	隔油沉淀池	$L\times W$=22.4×9.9，H=2.5	反吊膜（氟碳纤维膜）
4	细格栅	$L\times W$=3.9×1.5，H=2	304不锈钢骨架+4mm厚阳光板
5	隔油池配套污泥池	$L\times W$=9.4×1	304不锈钢骨架+4mm厚阳光板
6	污泥浓缩池	$L\times W$=8.9×4.6	304不锈钢骨架+4mm厚阳光板

续表

序号	设备/构筑物	池体尺寸（m）	加盖材料
7	带式脱水机	$L\times W$=8.3×4.5，H=6	304 不锈钢骨架＋4mm 厚阳光板
8	污泥储斗	$L\times W$=2×2	304 不锈钢骨架＋4mm 厚阳光板
9	调节池	$L\times W$=25.3×15	304 不锈钢骨架＋4mm 厚阳光板
10	浅层气浮机	ϕ6×2，H=2.5	反吊膜（氟碳纤维膜）
11	浮渣池	$L\times W$=5×2.5	304 不锈钢骨架＋4mm 厚阳光板
12	水解酸化池	$L\times W$=22.1×17.6	304 不锈钢骨架＋4mm 厚阳光板

2. 臭气收集输送系统

臭气收集系统管道风管可选用圆管，材质为可耐紫外线照射的有机玻璃钢（FRP）。良好的管道设计才能确保池体内处于负压状态，防止恶臭气体的散逸。

① 管路设计原则：最大限度地防止恶臭气体外散；重点散发源重点处理；压降损失最低；降低经济成本。

② 管路设计思路：池体顶部吸风，吸入氨气等密度小于空气的气体；管道形式，管道截面为圆形。

③ 管路设计参数：流速，干管流速为 10～15 m/s，支管流速为 6～8 m/s；管道材质，有机玻璃钢（FRP）；管道厚度以《通风与空调工程施工质量验收规范（GB50243—2002）》规定为准；设置必要的风量手动阀；管路上设置必要的疏水装置。

玻璃钢通风管道厚度满足 GB 50234—2002《通风与空调工程施工质量验收规范》中 4.2.2 所规定的中低压系统有机玻璃钢风管板材厚度，具体如表 9-3 所示。

表 9-3　玻璃钢通风管道厚度标准　单位：mm

序号	圆形风管直径 D 或短形风管长边尺寸	厚度	标准
1	D(b)≤200	2.5	GB50234—2002
2	200< D(b)≤400	3.2	GB50234—2002
3	400< D(b)≤630	4.0	GB50234—2002
4	630< D(b)≤1000	4.8	GB50234—2002
5	1000< D(b)≤2000	6.2	GB50234—2002

臭气处理设备进口浓度与构筑物内换气次数关系较大。根据不同池体的浓度，参照经验，各构筑物内加盖后换气次数和抽气量如表 9-4 所示。

表 9-4　污水处理站各单元臭气治理量计算表

序号	设备/构筑物	面积（m^2）	高度（m）	体积（m^3）	置换数（次/h）	总气量（m^3/h）	备注
1	格栅集水池	96.8	5	484	4	1936	
2	格栅机	2.2	2.5	5.5	6	33	
3	隔油沉淀池	221.8	3	665.4	6	3992.4	
4	细格栅	5.9	2	11.8	6	70.8	
5	格栅配水渠	7.5	1	7.5	4	30	
6	隔油池配套污泥池	9.4	0.5	4.7	4	18.8	
7	污泥浓缩池	41	2	82	4	328	
8	带式脱水机	37.4	6	224.4	6	1346.4	
9	污泥储斗	4	2	8	4	32	
10	调节池	379.5	3	1138.5	4	4554	
11	浅层气浮机	56.6	2	113.2	6	679.2	
12	浮渣池	12.5	1	12.5	4	50	
13	水解酸化池	389	0.5	194.5	4	778	
14	总计					13848.6	

注：本表在计算过程中，计算高度为构筑物加盖后的平均高度。

从上面计算得知，污水处理站处理气体量为 13 849 m^3/h，取管路中气体量的损失系数为 1.1，经计算得气体处理量为 15 234 m^3/h，最终选用除臭设备处理量为 15 000 m^3/h。

3. 生物过滤除臭系统

（1）预处理

由于微生物需要在一定的温度和湿度下才能生长，所以异味气体在进入生物滤池前需要进行温度和湿度的调节，以满足微生物生长所需要的条件。预处理装置主要作用就是对气体进行调温、调湿。另外，预处理装置还可除去气体内所含的悬浮颗粒物及部分污染物质，能起到缓冲作用，减少污染物冲击负荷造成的影响。预处理装置配有水喷淋系统、填料、循环水泵等。

预处理功能为：降低废气中的粉尘含量，达到后续要求；为生物填料层提供适度的湿度，避免微生物产生的弱硫酸和弱硝酸过剩积存，保持微生物良好的生成环境；增加对水溶性污染物的吸收效率；调节温度。

（2）生物滤床

经过预处理的气体被导入生物过滤池滤料层下的布气系统，然后被缓慢释放，气体经过活性生物填料。处理后的气体以扩散气流的形式从生物滤池表面排出。

生物滤床采用模块化设计，每个模块均含有布气、支撑、填料和检测系统。生物滤床由下而上分别是水层、气体过流面、均流支撑板和有机生物填料。在该设备内安装有 pH 监测仪。

生物滤池的最主要部分是填料，填料经过严格筛选，采用组合式有机物和惰性成分作为填料，并进行合理的级配；具有良好的机械结构与生物特性；粗细颗粒有机结合，具备优异机械性能，并有效防止收缩，可长期保持低压降；在填料表面生长大量的微生物菌群，该菌群为优势菌种，经过驯化后，对异味物质的去除高于一般生物除异味细菌。由于填料本身是有机养分，当过滤池暂停运行时，微生物可以利用填料的有机成分继续维持生命活动，因此它可适用于间歇性的工艺过程。在周末或假期停工时，生物填料中微生物可依靠填料本身保持活性；重新启运后，其功能依然维持原状，不会因为短期处理物质的中断而影响处理效果。为了防止设备在高温下连续工作而导致填料湿度的下降，特在滤床顶部配备有喷淋装置。

填料主要为有机成分和惰性成分复合组成，有机成分包括特选的木块、树皮等物质，惰性成分主要为生物陶粒、填料球等其他物质。这种组合式的填料能为微生物提供良好的生长环境，挂膜效果优于其他载体。有机质能为微生物提供有机养分，运行过程中无需添加营养液；惰性物质一方面具有良好的挂膜效果，另一方面也大大增强了滤床的机械性能，避免了普通滤床运行过程中出现的压力增大、气体短流等现象的发生。这种复合式的填料有效地解决了目前普通生物滤池和生物滴滤池出现的填料腐烂、更换周期快、需要添加营养液、操作复杂等缺点。另外，在填料的装载采用模块化技术，使安装、维修和更换更加方便，布气效果更好，气体在床层分布更均匀。

生物恶臭气体的去除系统是最为关键的核心技术之一。去除系统选用特选微生物，在运行前，生物填料需用溶液特殊处理，处理用溶液含有特定微生物及生物活性酶，能有效提高单位体积的生物降解速率。系统具有稳定的水相和稳定的微生态系统，营养物质的供应在种类与数量上能充分保证微生物的活性，使对污染质的去除能力达到最大化。菌种能够迅速适应生物滤池的环境条件，能够在反应器通常的 pH 及温湿度条件下生长，并适应必然发生的变化，同时还应有竞争优势。高效异味脱除微生物的筛选、培养需严格控制微生物降解条件，即充足的营养物质和溶解氧量、适宜的温度、pH 和水量微生物固定化，将微生物连同酶一起固定，提高微生物浓度，增强抗毒特性，延长细胞停留时间。

（3）工艺影响因素

生物过滤池的工作受以下几种因素的影响：

① 反应速率。

反应速率的快慢取决于气体成分的浓度和性质，填料上的微生物种类、数量和活性，温度，废气和填料的湿度，pH。

② 停留时间。

停留时间由体积流量、填料堆放体积等决定。

③ 气味物质浓度。

污染物质浓度受所处理空间的温度、压力等各种条件的影响。

该处理过程中，我们将严格控制反应条件，尽量减少此类因素的影响，从而保证良好的处理效果。

（4）工艺条件控制

① 湿度控制。

从气味源收集到的气体首先进行预处理使气体变潮湿，相对湿度必须为80%～100%，将其中的小颗粒，灰尘去除掉并分离油分，否则填料会干化，微生物将失活。经过加湿的气体不易堵塞生物滤池，然后气体进入生物过滤池中，在微生物的作用下进行处理。在整个运行过程中，要调节喷水量，维持预处理加湿器中气体所要求的湿度。其中，用于喷淋的水可以是自来水、厂区工业用水。

② 填料控制。

填料要保证足够的体积，堆放时要使有规则与无规则两种形式相结合，保证合理的停留时间。

③ 微生物控制。

填料表面接种复合微生物菌种，从而可以处理种类繁多的恶臭气体。

（5）相关计算书

① 污水处理站除臭工程中生物滤池容量计算及臭气接触时间计算见表 9-5。

表 9-5　生物滤池容量计算及臭气接触时间计算表

<table>
<tr><th>序号</th><th>项目</th><th colspan="6">参数</th><th>单位</th><th>参考公式</th></tr>
<tr><td>一</td><td>风量（Q）</td><td colspan="6">15 000</td><td>m^3/h</td><td>设计值</td></tr>
<tr><td>二</td><td colspan="9">生物滤池容量计算及臭气接触时间计算</td></tr>
<tr><td>1</td><td>设计负荷（F）</td><td colspan="6">243.5</td><td>$m^3/(m^2 \cdot h)$</td><td>设计值</td></tr>
<tr><td>2</td><td>填料设计高度（H_1）</td><td colspan="6">1.5</td><td>m</td><td>设计值</td></tr>
<tr><td>3</td><td>滤池设计池体面积（S_1）</td><td colspan="6">61.6</td><td>m^2</td><td>$S_1=Q/F$</td></tr>
<tr><td rowspan="2">4</td><td rowspan="2">设计尺寸</td><td colspan="3">L</td><td colspan="3">W</td><td>m</td><td>$S_1=L \times W$</td></tr>
<tr><td colspan="3">11</td><td colspan="3">5.6</td><td>m</td><td></td></tr>
<tr><td>5</td><td>实际负荷</td><td colspan="6">243.5</td><td>$m^3/(m^2 \cdot h)$</td><td>$Q/(L \times W)$</td></tr>
<tr><td>6</td><td>空塔风速（V_1）</td><td colspan="6">0.068</td><td>m/s</td><td>$V_1=Q/(3600 \times L \times W)$</td></tr>
<tr><td>7</td><td>填料实际高度（H_1）</td><td colspan="6">1.5</td><td>m</td><td>设计值</td></tr>
<tr><td>8</td><td>填料停留时间（T）</td><td colspan="6">22.2</td><td>s</td><td>$T=(L \times W \times H_1)/Q$</td></tr>
<tr><td>三</td><td>池体尺寸</td><td colspan="2">L</td><td colspan="2">W</td><td colspan="2">H</td><td>m</td><td></td></tr>
<tr><td>1</td><td>预洗池尺寸</td><td colspan="2">2</td><td colspan="2">5.6</td><td colspan="2">2.6</td><td>m</td><td></td></tr>
<tr><td>2</td><td>生物滤池尺寸</td><td colspan="2">11</td><td colspan="2">5.6</td><td colspan="2">2.6</td><td>m</td><td></td></tr>
<tr><td>3</td><td>除臭装置池体总尺寸</td><td colspan="2">13</td><td colspan="2">5.6</td><td colspan="2">2.6</td><td>m</td><td></td></tr>
</table>

根据前面计算，得出生物滤池规格、生物填料体积、填料高度及臭气经生物填料的流速和停留时间汇总如表 9-6 所示。

表 9-6 其他相关参数的计算结果

序号	设计风量（m^3/h）	生物滤池尺寸（m）	生物填料体积（m^3）	填料高度（m）	臭气经生物填料的流速（m/s）	臭气经生物填料的停留时间（s）
1	15000	13×5.6×2.6	92.4	1.5	0.068	22.2

② 水泵选型。

水泵选型的参数见表 9-7。

表 9-7 水泵选型参数

序号	型号	数量（台）	流量（m^3/h）	扬程（m）	转速（r/min）	电机额定功率（kW）	备注
1	65-125（1）	4	22.8	22	2900	1.5	一用一备

③ 风机选型。

风机选型的参数见表 9-8。

表 9-8 风机选型参数

序号	型号	数量（台）	风量（m^3/h）	材质	驱动设备供电电源（V）	电机额定功率（kW）	备注
1	ZYF-8C-22kW	2	15000	FRP	380	22	一用一备

4. 生物除臭设备说明

（1）技术要求

① 所供设备收集处理后满足排放要求。

② 中标后对所确定的除臭工艺提供平面设计布置图。

③ 所选择的除臭装置可连续运行。如果发生停电，在停电三天之内，保证来电后 8 小时能恢复正常运行并达到规定的除臭标准。

④ 由于除臭设备安装于室内，暖气供热，除臭装置不需另外再做冬季保温措施，系统在冬季低温情况下仍具有很高的处理效果。

⑤ 除臭系统的设计需满足使用性能和现场安全要求；充分考虑在本设备检修或厂区系统设备出现故障检修时的安全可靠性。

⑥ 装置方便维修，设置必要的检修通道。

⑦ 当进气中含有灰尘等颗粒物质时，生物过滤池前设置水洗涤等预处理。

⑧ 生物填料的外形及布置，应减少或避免在除臭装置内出现的气体短路，生物填料的体积应具有足够的接触面积和足够的接触时间以完成有效的生物降解。

⑨ 除臭系统的运转方式以连续运行为原则，但也能满足污水处理厂间歇运行。

⑩ 除臭装置有足够的强度和刚度，能承受弯矩和扭矩同时作用的荷载。

（2）加湿、喷淋系统

① 加湿、喷淋系统成套配置，含循环水泵（带液位开关），布水管道及 PP 喷头、支架、吊架等。

② 喷淋前宜设置过滤器，并配有电动阀及 pH 检测仪等相关附件。

③ 喷头布置在封闭的生物除臭壳体内部。

（3）主要部件使用寿命

① 填料，生物填料的使用寿命不低于 10 年。

② 生物除臭池，包括池体、喷淋加湿系统、支撑等全部构件，其使用寿命大于 15 年。

（4）生物除臭装置安装要求

① 生物除臭滤池为整体安装。

② 喷淋管道在冲洗干净后再安装喷头。

③ 除臭风机安装于钢筋混凝土基础底座上，包括风机、电机、润滑系统及其他附件。共用底座有足够的强度和刚度并采用四点吊装。

9.1.6　运行费用

1. 用电量分析表（表 9-9）

表 9-9　用电量分析表

设备名称	功率（kW）	数量（台）	单价［元/（kW·h)］	合计（元/天）	总计（元/天）
水泵	3	2	1	144	672
风机	22	1	1	528	

2. 用水量分析表（表 9-10）

表 9-10　用水量分析表

项目名称	生物滤池系统平均用水量（t/d）
生物加湿喷淋用水	4

3. 药剂用量分析表（表 9-11）

表 9-11　药剂用量分析表

序号	药品名称	单耗（kg/m^3）	日耗量（kg/d）	单价（元/t）	日成本（元/天）
1	磷酸二氢钾	3.6×10^{-6}	1.8	16 000	28.8
2	尿素	3.6×10^{-6}	1.8	13 000	23.4
3	葡萄糖	7.3×10^{-5}	14	4000	56
	合计	—	—	—	108.2

9.2　广东省某屠宰厂污水处理站臭气治理工程方案设计

9.2.1　项目概况

广东某屠宰厂污水处理站日处理能力 4000 t，处理屠宰与肉制品加工废水，处理工艺为“粗格栅+隔油沉淀池+调节池+气浮池+水解酸化池+CASS+接触氧化”。污水处理站需进行臭气治理的单元有格栅池、捞渣提升池、平流沉淀池、调节池、厌氧池、污泥贮池、脱水机房、气浮设备、污泥斗等。

9.2.2　设计基本参数

1. 臭气处理量

该污水处理站臭气处理量如表 9-12 所示。

表 9-12　各除臭工程臭气处理量

工程名称	臭气处理量（m^3/h）	备注
污水处理站臭气治理工程	20 000	

2. 进气参数

经检测，该污水处理站各环节产臭气单元的主要指标如表 9-13 所示。

表 9-13　臭气浓度指标

序号	项目	进气浓度指标（mg/m^3）
1	氨	10～20
2	硫化氢	20～30
3	臭气浓度	4000～8000（无量纲）

9.2.3　设计标准

废气经收集、生物除臭后，15 m 排放口达到《恶臭污染物排放标准》（GB14554—1993）规定的 15 m 高度有组织排放标准要求，见表 9-14。

表 9-14　臭气处理后主要排放指标（15 m 高空）

序号	项目	15 m 高空排放标准（kg/h）
1	氨	4.9
2	硫化氢	0.33
3	甲硫醇	0.04
4	臭气浓度	2000（无量纲）

9.2.4　工艺流程说明及工艺流程图

工艺流程流程说明及工艺流程图见图 9-1。

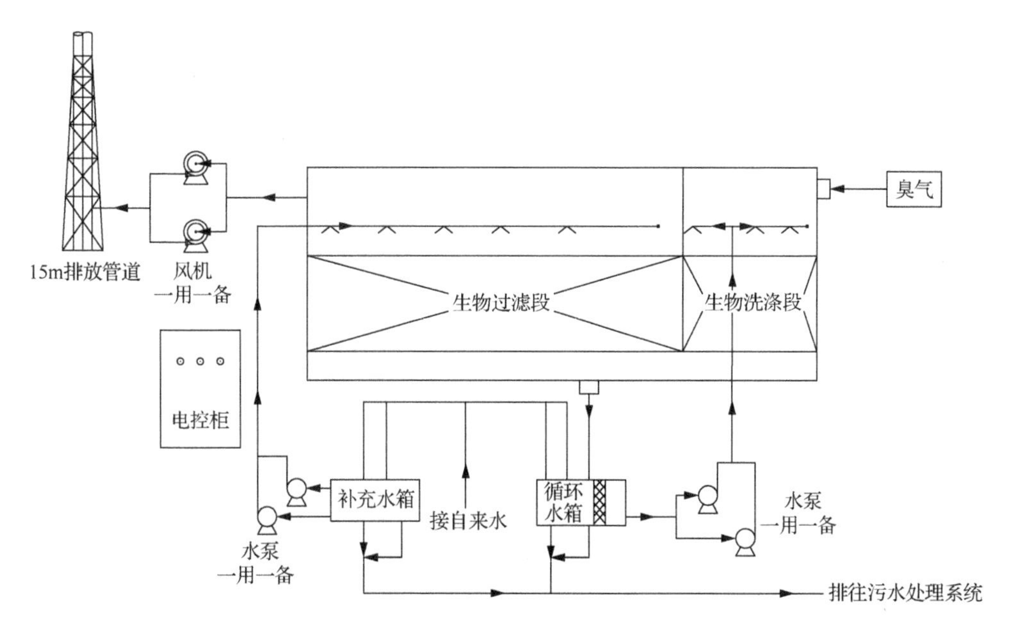

图 9-1　生物滤池除臭系统工艺流程图

污水处理各构筑物进行封闭后，臭气经由收集支管和主管送到生物滤池除臭系统，首先进入生物洗涤增湿装置。生物洗涤增湿装置内的雾化喷嘴将水充分雾化后与气流混合，迅速使待处理的气体湿度达到饱和状态，为生物过滤工序的稳定运行创造良好的条件。

经生物洗涤增湿装置加湿后的饱和气体由下而上进入生物滤池装置，在气体运动时，气体中的异味分子穿过填料层，与填料表面形成的生物膜充分接触，被微生物氧化、分解，异味分子被转化为二氧化碳、水、矿物质等，从而达到异味净化的目的。

经生物滤池处理后的气体经 15 m 排放管道达标高空排放。

9.2.5　除臭工程技术方案

生物滤池除臭系统由密封装置、臭气收集装置、生物滤池除臭装置、风机、排放管道、保温装置、自动控制装置等 7 个单元装置组成，现分述如下。

1. 密封系统

为便于臭气收集，需要对产生臭气的构筑物进行加盖密封。本项目需密封覆盖的构筑物、相关参数及封闭方式见表 9-15。

表 9-15　密封尺寸表

号	构筑物名称	构筑物尺寸（m）	数量	密封罩尺寸（m）	密封投影面积（m^2）	封闭方式
1	粗格栅	—	1 个	4.5×5.63	25.2	SUS304 骨架+4mm 阳光板密封（房屋式）
2	捞渣提升池	7.0×7.0	1 个	7.0×7.1.5	49	
3	平流沉淀池	13.5×11.0	1 个	13.5×11.0×2.5	148.5	钢结构骨架反吊氟碳纤维膜密封
4	调节池	22.0×16.0	1 个	3.0×16.0×1.5	48	SUS304 骨架+4mm 阳光板密封（房屋式）
5	厌氧池	27.4×14.7	2 个	—	6	SUS304 骨架+4mm 阳光板密封（检修口及进出水渠）
6	污泥贮池	9.4×16.0	1 个	9.4×16.0×1.5	150.4	SUS304 骨架+4mm 阳光板密封（房屋式）
7	气浮设备	ϕ8.0	1 个	ϕ8.0×2.5	50.24	钢结构骨架反吊氟碳纤维膜密封
8	脱水机房	16.0×9.6	1 个	16.0×9.6×6.3	153.6	SUS304 骨架+4mm 阳光板密封（房屋式）
9	污泥斗	7.5×4.0	1 个	7.5×4.0×7.0	30	SUS304 骨架+4mm 阳光板密封（房屋式）
10	好氧池进水分水池	4.2×2.7	1 个	4.2×2.7×0.5	11.34	SUS304 骨架+4mm 阳光板密封（房屋式）
11	好氧池选择区	11.7×4.5	2 个	11.7×4.5×3.0	105.3	SUS304 骨架+4mm 阳光板密封（房屋式）

本工程选用钢结构骨架反吊氟碳纤维膜覆盖系统对污水处理站平流沉淀池和气浮设备进行加盖，具体参数见表 9-16。

表 9-16　纤维膜加盖技术参数表

序号	构筑物名称	构筑物尺寸（m）	数量	密封罩尺寸（m）
1	平流沉淀池	13.5×11.0	1个	13.5×11.0×2.5
2	气浮机	ϕ8	1个	ϕ8.0×2.5

设计时采用可进人检修的钢结构支撑反吊氟碳纤维膜加盖罩形式，该形式的显著特点是普通碳钢（反吊）＋氟碳纤维膜的结构形式的经济性远远超出其他结构，而且二次更换只需要更换氟碳纤维膜部分。

膜材拟采用进口污水池专用膜材，质保期 15 年。膜材的基材为聚酯纤维布，涂聚氯乙烯合金涂层，再涂聚二氟乙烯（PVDF）表面保护层，双面 PVDF 表面层，表面涂层为不可焊接 PVDF。颜色为双面白色或正面白色，背面灰色。

材质防腐措施采用钢结构防腐措施。钢结构支撑材质采用 Q235B 型普通焊缝钢管。钢结构彻底除锈后，喷涂油漆防腐，采用富锌底漆、氨基面漆专用漆进行喷涂，以满足使用要求。

主体钢结构支撑系统和管道支架的钢结构支撑系统均采取相同的防腐措施，即采取相同的喷砂除锈喷涂方法，以保证所有的钢结构均具有良好的耐腐蚀性能。

与气体接触的金属件选用不锈钢材质，与封闭内气体接触的金属件采用不锈钢材料。与封闭内气体不接触的金属件使用不锈钢材料时，采用高于等于 304 标准的不锈钢材质。

膜结构密封现场见图 9-2。需采用不锈钢 304 骨架+阳光板密封形式的构筑物。

图 9-2　膜结构密封现场图

阳光板密封现场见图 9-3。

图 9-3　阳光板密封现场图

2. 臭气收集输送系统

（1）风管材质及相关要求

本项目工程的收集风管材质均为玻璃钢管，管道外层采用防紫外线胶衣。

（2）臭气收集现场图片

臭气收集现场如图 9-4 所示。

图 9-4　臭气收集现场图

3. 生物滤池除臭系统

生物滤池装置由生物洗涤段和生物过滤段两部分组成。

（1）工艺简介

生物洗涤段是生物滤池除臭系统的重要部分。要使生物滤池除臭系统内生物填料保持高效的活性，其本身有一定的水分要求，一般湿度不低于 95%。为满足此要求，同时防止气体在通过滤床时填料自身水分流失，需要对气体进行增湿处理，以准确控制气体的湿度。根据系统要求，控制气体湿度保持在到设定范围。

生物洗涤段内装生物洗涤填料，其本身就是一个生物洗涤器，可在生物洗涤填料上形成生物膜，有效去除气体中的致臭分子，大大增加整个系统的抗冲击负荷，有效地减轻生物过滤单元的负担，提高整个系统运行稳定性。

生物洗涤段布置在生物滤池除臭系统前端，处理气体在生物洗涤段内填料有效停留时间不小于2秒。

生物过滤段是生物滤池除臭系统的深度处理单元，生物过滤段布置在生物洗涤段后。废气在生物过滤装置内的填料有效停留时间不小于20秒，通过计算选择生物洗涤过滤装置的设计参数见表9-17。

表9-17　生物洗涤过滤装置设计参数表

序号	项目	单位	技术参数
1	规格	mm	11200×7600×2800
2	数量	套	1
3	处理风量	m^3/h	20000
4	洗涤段规格	mm	2000×2000×2800
5	洗涤段停留时间	s	2.02
6	过滤段规格	mm	(11200×7600−2000×2000)×2800
7	过滤面积	m^2	81.12
8	填料高度	m	1.4
9	填料装填量	m^3	113.6
10	有效停留时间	s	20.44
11	主反应区表面负荷	$m^3/(m^2·h)$	246.5
12	塔体材质		玻璃钢结构
13	使用地点		污水处理站

（2）装置组成

生物滤池装置由装置壳体、循环洗涤泵和循环水箱、补充泵和水箱、填料等组成。

① 装置壳体。

装置箱体本体结构为玻璃钢结构，不采用混凝土结构，可保证塔体足够的强度和刚度；洗涤过滤箱体配置风管接口、管道接口、填料收纳架、填料、检修门、喷淋加湿装置等完善的附件。箱体带有顶盖，并设有合理的检修孔。生物洗涤过滤箱体内部生物填料下方的布气空腔和生物填料上方的维修空间高度均不小于0.5 m，方便设备的维护。

填料支撑板采用玻璃钢格栅板，保证有足够的刚度、强度及耐腐蚀性。

滤池底部设排水系统。滤池顶部设有喷淋系统，可根据需要适时对填料进行喷淋，以保证微生物有适宜的工作环境。

② 循环洗涤泵和循环水箱。

除臭系统设置 2 台洗涤泵，一用一备。采用耐腐蚀离心泵，满足设计的流量和扬程，能 24 小时连续运转，防护等级为 IP55，电机电源为三相，380V，50Hz。

设 1 个洗涤加湿循环水箱，采用玻璃钢材质，规格为ϕ1000 mm×1000 mm，水箱设置过滤器。

循环洗涤泵选型。技术参数见表 9-18。

表 9-18　循环洗涤泵技术参数表

名称	技术参数	单位	数量	处理对象	材质
洗涤加湿水泵（一用一备）	流量：26m^3/h 扬程：25m 功率：4kW	台	2	生物洗涤段	SUS304

③ 补充泵和水箱。

除臭系统设置 2 台补充泵，一用一备。采用耐腐蚀离心泵，满足设计的流量和扬程，能 24 h 连续运转，防护等级为 IP55，电机电源为三相，380V，50Hz。

设 1 个补充水箱，采用玻璃钢材质，规格为ϕ1000 mm×1000 mm。

补充泵选型。技术参数见表 9-19。

表 9-19　补充泵技术参数表

名称	技术参数	单位	数量	处理对象	材质
补充水泵（一用一备）	流量：30m^3/h 扬程：25m 功率：4kW	台	2	生物洗涤段	SUS304

④ 填料。

洗涤填料。采用多面空心球。该填料阻力小，比表面积大，可以充分解决气液交换。技术参数见表 9-20。

表 9-20　洗涤填料技术参数表

规格	比表面积 m^2/m^3	孔隙率 m^3/m^3	堆积系数个/m^3	堆积重 kg/cm^3
ϕ25	500	0.81	85 000	210
ϕ38	300	0.86	28 500	100
ϕ50	220	0.9	11 500	95

生物滤料。生物滤池除臭系统采用多级配的特殊高效的混合的复合生物填料，填料中无机和有机填料按比例合理混合，发挥各自的优势，各种优势的叠加扩大效应使组合填料各方面的性能大大高于单一填料。其通透性和结构稳定性良好，具有吸附污染物和利于微生物生长的最佳环境，适宜处理 5～40℃的废气。填料应是不易腐烂的，能吸水，有利于微生物的生长和挂膜，且具有较大的空隙率和较强的吸附能力。填料使用寿命长，正常运行期间无需更换。由于其独特的材质，抗生物降解，耐酸性较高，在与酸性类臭气接触后，不会发生质变，因而不会出现压实、板结的现象。生物填料使用寿命不低于 10 年。

生物填料适宜微生物生长，除臭效率高，技术成熟可靠，填料具有调节 pH 的措施和能力。在生物滤池启用前，该填料需要用含有专用微生物的溶液进行处理。

4. 风机

风机为离心式风机，材质为玻璃钢，适应于腐蚀性空气条件下长期间断或 24 h 连续运行。

额定风量以 20℃、湿度为 65%为准，允许最高温度 85℃，总绝对效率高于 90%。

风机设置防振垫，隔振效率≥80%。

风机有足够的流量和功率，风压在最大抽气量的条件下，具有高于系统压力损失 10%的余量。

轴与壳体贯通处无气体泄漏。

风机配套隔音防护罩，满足下列要求：能自动控制开停，也能由时间控制器控制开停，现场设有手动控制开头；防护等级 IP55，三相电源，电源 380V/50HZ。绝缘等级为 F 级。

风机选型及具体参数见表 9-21。

表 9-21　风机选型参数表

使用系统	生物滤池除臭装置
数量	2 台（一用一备）
风量	20 000 m^3/h
风压	2500 Pa
功率	22 kW
材质	玻璃钢
备注	配 2 台变频器

5. 保温装置

因为处于南方地区，该项目不考虑保温措施。

6. 15 m 排气筒

除臭后的净化尾气排放采用 15 m 高空有组织排放。

排放系统由排气筒、排放管支架及避雷针组成。排气筒采用玻璃钢材质，配置高度为 12 m 的碳钢热浸锌防腐材质支架，顶架安装避雷针，可达到有效防雷。

本工程 15 m 高排气筒照片见图 9-5。

图 9-5　15 m 排气管道现场照

7. 自动控制装置

自动控制装置主要控制因子及其控制逻辑为：

① 抽气风机配置变频器，可通过调节风机变频器的频率来控制风机的转速从而调节抽风量，在保证各臭气产生单元处于负压操作的同时，最大限度降低能耗。

② 在各个储液箱安装液位控制器，控制水箱液位，通过液位计的液位控制点，自动打开或关闭补充电磁阀，当超过设定时间仍无法补充到正常液位时，系统发出声光报警提示。

③ 在循环过滤器下部持液段安装 pH 计，测量循环箱内 pH，并保持在一定范围内。当 pH 低于工艺设定值时，通过自动控制系统自动打开或关闭相应电磁阀调节，使其 pH 适合微生物生长，保证生物洗涤装置的净化效果。

④ 隔油沉淀池、气浮机根据单元数量安装相应数量的硫化氢在线监测仪，其传输信号至中控室显示。

9.2.6　土建设计

（1）设备基础尺寸

数据见表 9-22。

表 9-22　基础外形尺寸、安装与维修所需空间及土建荷载表

设备名称	土建外形尺寸（m）	安装与维修空间（m）	土建荷载（kg/m^2）
生物滤池除臭装置	8.0×16.0	8.0×16.0×5.0	930

（2）风管支架基础

本项目通风管道系统中的支架主要有两种，一种是管道贴墙布置时，固定在混凝土池壁上的三脚架，一种是管道架空敷设时的支撑架。

由于生物除臭系统排水中主要是各种盐类等无害物质，排放水 pH 为中性，可直接就近排入厂区污水管网。

9.2.7　运行费用

（1）电费

设备运行电费一览表见表 9-23。

表 9-23　设备运行电费表（电费按 0.6 元/度）

电耗设备名称	运行数量（台）	装机功率（kW）	运行功率（kW）	运行时间（时/天）	耗电量（度/天）	电费（元/天）
洗涤加湿泵	2	8	3.2	24	76.8	46.08
补充水泵	2	8	3.2	1	3.2	1.92
风机	2	44	17.6	24	422.4	253.44
合计	—	60	24	—	502.4	301.44

注：运行功率=装机功率×0.8（机械效率η=0.8）。

（2）水费

设备运行水费一览表见表 9-24。

表 9-24 设备运行水费表（水费按 3 元/吨）

设备名称	耗水量（t/d）	水费（元/天）
预洗装置	4	12
生物滤池装置	1.35	4.05
合计	5.35	16.05

（3）运行费用。设备运行费用分析表见表 9-25。

表 9-25 设备运行费用分析表

系统名称	项目名称	费用（元/天）
20 000 m^3/h 污水处理站臭气治理工程	填料更换费	提供的生物滤料使用寿命达 10 年以上，正常运行情况下填料无需更换
	检修维护费	30
	管理费用	系统自动化程度较高，无需专人看管
	电费	301.44
	水费	16.05

9.3 天津市某屠宰厂污水处理站臭气治理工程方案设计

9.3.1 项目概况

天津某屠宰厂污水处理站日处理能力 800 t，处理屠宰与肉制品加工废水，处理工艺为“粗格栅+隔油沉淀池+调节池+气浮池+水解酸化池+MBR”。污水处理站需进行臭气治理的单元有格栅池、捞渣提升池、平流沉淀池、调节池、水解酸化池、氧化池、污泥贮池、脱水机房、气浮设备、污泥斗等。

9.3.2 设计基本参数

（1）臭气处理量

分别在格栅池、捞渣提升池、调节池、水解酸化池、氧化池、污泥贮池、脱水机房、污泥斗上加盖，加盖材质为 304 不锈钢骨架+4mm 厚阳光板；隔油沉淀池和浅层气浮设备上安装反吊膜（氟碳纤维膜）。其加盖和加膜厚的体积乘以 4～6 倍的换气率后，计算的体积量为臭气处理量，通过计算得知废气处理量为 12 000 m^3/h。

（2）设计标准

废气经收集、生物除臭后，15 m 排放口达到《恶臭污染物排放标准》

（GB14554—1993）规定的 15 m 高度有组织排放标准要求。臭气处理后主要排放指标数据见表 9-14。

9.3.3　生物滤池除臭系统装置组成

生物滤池除臭系统由密封装置、臭气收集装置、生物滤池除臭装置、风机、保温装置、排放管道、自动控制装置等 7 个单元装置组成，现分述如下：

1. 密封系统

为便于臭气收集，需要对产生臭气的构筑物进行加盖密封。

2. 臭气收集输送系统

本项目工程的收集风管材质均为玻璃钢管，管道外层采用防紫外线胶衣。

3. 生物滤池除臭系统

生物滤池装置由生物洗涤段和生物过滤段两部分组成。

生物洗涤段是生物滤池除臭系统的重要部分。要使生物滤池除臭系统内生物填料湿度不低于 95%，需要对气体进行增湿处理，以准确控制气体的湿度。具体介绍参见 9.2.5 小节。

生物过滤段是生物滤池除臭系统的深度处理单元，生物过滤段布置在生物洗涤段后。废气在生物过滤池装置内的填料有效停留时间不小于 20 秒，通过计算选择生物洗涤过滤装置的设计参数见表 9-26。

表 9-26　生物洗涤过滤装置设计参数表

序号	项目	单位	技术参数
1	规格	mm	4480×7600×2800
2	数量	套	1
3	处理风量	m^3/h	20000
4	洗涤段规格	mm	800×800×2800
5	过滤段规格	mm	（4480×7600-800×800）×2800
6	过滤面积	m^2	33.41
7	填料高度	m	1.4
8	填料装填量	m^3	113.6
9	主反应区表面负荷	$m^3/(m^2·h)$	246.5

生物滤池装置具体由装置壳体、循环洗涤泵和循环水箱、补充泵和水箱、填料等组成。

（1）循环洗涤泵和循环水箱

除臭系统设置 2 台洗涤泵，一用一备。采用耐腐蚀离心泵，防护等级为 IP55。

设 1 个洗涤加湿循环水箱，采用玻璃钢材质，规格为ϕ1000 mm×1000 mm，水箱设置过滤器。

循环洗涤泵选型，参数见表 9-27。

表 9-27　循环洗涤泵技术参数表

名称	技术参数	单位	数量	处理对象	材质
洗涤加湿水泵（一用一备）	流量：20 m^3/h 扬程：25 m 功率：3 kW	台	2	生物洗涤段	SUS304

（2）补充泵和水箱

除臭系统设置 2 台补充泵，一用一备。采用耐腐蚀离心泵，防护等级为 IP55。

设 1 个补充水箱，采用玻璃钢材质，规格为ϕ1000 mm×1000 mm。

补充泵选型，参数见表 9-28。

表 9-28　补充泵技术参数表

名称	技术参数	单位	数量	处理对象	材质
补充水（一用一备）	流量：25m^3/h 扬程：25m 功率：3kW	台	2	生物洗涤段	SUS304

（3）填料

洗涤填料。采用多面空心球。该填料阻力小，比表面积大，可以充分解决气液交换。具体参数为直径ϕ38 mm，比表面积 300 m^2/m^3，孔隙率 0.86 m^3/m^3，堆积系数 28 500 个/m^3，堆积重 100 kg/cm^3。

生物滤料。生物滤池除臭系统采用多级配的特殊高效的混合的复合生物填料，填料中无机和有机填料按比例合理混合，其通透性和结构稳定性良好，具有吸附污染物和利于微生物生长的最佳环境，填料适宜于处理 5～40℃的废气。生物滤料的具体特性参见 9.2.5 节中关于生物滤料的介绍。

4. 风机

风机为离心式风机，材质为玻璃钢，适应于腐蚀性空气条件下长期间断或 24 h 连续运行。

数量：2 台（一用一备）；

风量：Q = 12 000 m^3/h；

风压：$P=2500$ Pa；

功率：$N=11$ kW；

材质：玻璃钢，配 2 台变频器。

5. 保温装置

因为处于南方地区，该项目不考虑保温措施。

6. 15 m 排气筒

除臭后的净化尾气排放采用 15m 高空有组织排放。

排放系统由排气筒、排放管支架及避雷针组成。排气筒采用玻璃钢材质，配置高度为 12 米的碳钢热浸锌防腐材质支架，顶架安装避雷针，可达到有效防雷。

7. 自动控制装置

自动控制装置主要控制因子及其控制逻辑为：

① 抽气风机配置变频器，降低能耗；

② 在各个储液箱安装液位控制器，控制水箱液位；

③ 在循环过滤器下部持液段安装 pH 计，使其 pH 适合微生物生长，保证生物洗涤装置的净化效果；

④ 隔油沉淀池、气浮机根据单元数量安装相应数量的硫化氢在线监测仪，其传输信号至中控室显示。

9.3.4 运行费用

1. 电费

设备运行电费表见表 9-29。

表 9-29　设备运行电费表（电费按 0.6 元/度）

电耗设备名称	运行数量（台）	装机功率（kW）	运行功率（kW）	运行时间（时/天）	耗电量（度/天）	电费（元/天）
洗涤加湿泵	2	6.4	3.2	24	76.8	36.86
补充水泵	2	3.2	1.6	1	1.6	0.77
风机	2	22	11	24	264	126.72
合计	—	31.6	15.8	—	342.4	164.35

注：运行功率=装机功率×0.8（机械效率η=0.8）。

2. 水费

设备运行水费表见表 9-30。

表 9-30　设备运行水费表（水费按 3 元/t）

设备名称	耗水量（t/d）	水费（元/天）
预洗装置	4	12
生物滤池装置	1.35	4.05
合计	5.35	16.05

3. 运行费用

设备运行费用分析表见表 9-31。

表 9-31　设备运行费用分析表

系统名称	项目名称	费用（元/天）
12 000 m^3/h 污水处理站臭气治理工程	填料更换费	提供的生物滤料使用寿命达 10 年以上，正常运行情况下填料无需更换
	检修维护费	30 元/天
	管理费用	系统自动化程度较高，无需专人看管
	电费	164.35 元/天
	水费	16.05 元/天

参 考 文 献

[1] 戴维斯(Davis M L), 康韦尔(Cornwell D A). 环境工程导论. 第4版. 王建龙译. 北京: 清华大学出版社, 2010.

[2] 孔祥娟. 我国城镇污水处理厂污泥处理处置工作现状、问题及展望. 中国建设信息(水工业市场), 2012, (04).

[3] 吴松霖. 城市生活污泥处理新技术及其资源化. 中国科技纵横, 2013, (9): 18-19.

[4] 华东师范大学科研新成果——污泥变成有机肥处理技术. 农业科技通讯, 2005, (3): 43.

[5] 夏永生, 魏东良, 吴秀荣. 城市生活污泥处理新技术及其资源化. 黑龙江科技信息, 2013, (26): 135.

[6] 陈业钢, 郭海燕. 污泥碳化零排放技术应用. 给水排水, 2013, 39(8): 10012-10015.